U0192894

大学信息技术基础

DAXUE XINXI JISHU JICHU

毛科技　陈立建　主　编

龙胜春　竺超明　周　雪　钱　芳　王炳忠　副主编

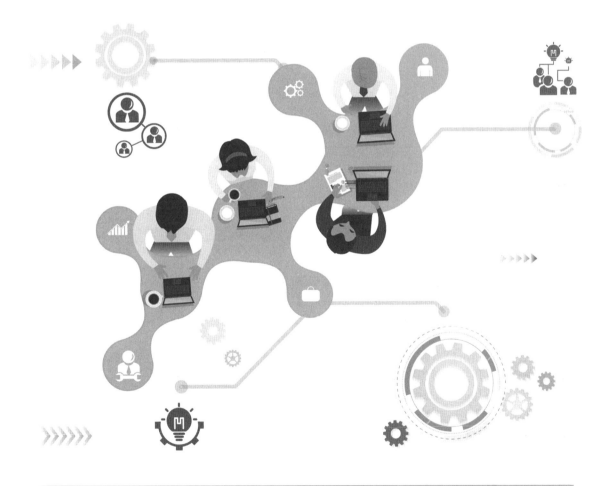

浙江工商大学出版社
ZHEJIANG GONGSHANG UNIVERSITY PRESS

·杭州·

图书在版编目（CIP）数据

大学信息技术基础 / 毛科技，陈立建主编 . —杭州：
浙江工商大学出版社，2021.7（2023.9 重印）
ISBN 978-7-5178-4472-3

Ⅰ .①大… Ⅱ .①毛… ②陈… Ⅲ .①电子计算机—
高等学校—教材 Ⅳ .① TP3

中国版本图书馆 CIP 数据核字（2021）第 078787 号

大学信息技术基础

DAXUE XINXI JISHU JICHU

毛科技　陈立建主　编　　龙胜春　竺超明　周　雪　钱　芳　王炳忠 副主编

策划编辑	姚　媛
责任编辑	姚　媛
封面设计	林朦朦
责任校对	穆静雯
责任印制	包建辉
出版发行	浙江工商大学出版社
	（杭州市教工路 198 号 邮政编码 310012）
	（E-mail：zjgsupress@163.com）
	（网址：http：//www.zjgsupress.com）
	电话：0571-88904980，88831806（传真）
排　　版	杭州市拱墅区冰橘平面设计工作室
印　　刷	杭州高腾印务有限公司
开　　本	787mm×1092mm 1/16
印　　张	23.75
字　　数	433 千
版 印 次	2021 年 7 月第 1 版　2023 年 9 月第 6 次印刷
书　　号	ISBN 978-7-5178-4472-3
定　　价	76.00 元

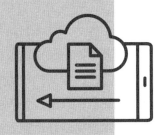

前 言

　　随着信息技术的飞速发展，其应用已渗透到人类社会的方方面面，信息技术的普及对当今社会的大学生提出了更高的要求，我国高等院校的信息技术教育也进入了一个崭新的阶段。

　　本书以教育部高等教育学校计算机基础课程教学指导委员会发布的《高等学校计算机基础教学发展战略研究报告暨计算机基础课程教学基本要求》为重要依据，系统、深入地介绍了计算机科学与技术的基本概念、原理和应用，安排的教学内容具有很强知识性、实用性和操作性，并将重点放在新技术的发展和应用上。本书可作为高等院校各专业本科生及高职高专学生的"大学信息技术基础"和"大学计算机应用基础"等课程的教学用书，也可作为高等院校成人教育的培训教材和教学参考书。

　　本书共分 7 章，第 1 章主要介绍了计算机系统的组成与发展、信息技术基础等，由浙江工业大学的毛科技和浙江开放大学的陈立建编写；第 2 章主要介绍了 Windows 10 操作系统，由浙江开放大学的钱芳编写；第 3 章主要介绍了 Word 2019 的基础及应用，由浙江工业大学的毛科技和龙胜春编写；第 4 章主要介绍了 Excel

2019 的基础及应用，由浙江工业大学的毛科技和浙江开发大学的周雪编写；第 5 章主要介绍了 PowerPoint 2019 的基础及应用，由浙江工业大学的毛科技和王炳忠编写；第 6 章主要介绍了计算机网络及安全，主要由浙江工业大学的毛科技和浙江开放大学的竺超明编写；第 7 章是新技术专辑，主要介绍了物联网、大数据、云计算、人工智能和区块链等技术，由浙江工业大学的毛科技和浙江开放大学的陈立建编写。

本书由浙江工业大学的毛科技和浙江开放大学的陈立建担任主编并进行统稿。在编写本书的过程中，浙江工业大学计算机科学与技术学院的研究生华子雯、汪敏豪、徐瑞吉、武坤秀、陆伟、樊鑫奔、徐金宇、金润辉、王宇翔等参与了资料收集和材料整理工作，在此对他们的辛苦付出表示感谢！

本书受浙江工业大学重点建设教材项目资助，在此表示感谢！

由于时间紧迫以及作者水平有限，书中难免存在不足之处，恳请广大读者批评指正。

编　者

2021 年 7 月于杭州

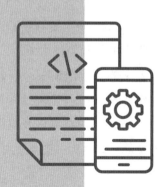

目 录

1　计算机系统概述

计算机系统由相似的硬件和软件组成，计算机技术随着时间不断发展变化，但系统内在的概念没有变化。

1.1　计算机发展和展望

计算机是一种能自动、高速、精确地对信息进行存储、传送与加工处理的电子工具。计算机技术的飞速发展，不仅使计算机成为当前使用最为广泛的现代化工具，而且促使信息技术革命的到来，使社会发展步入了信息时代。信息革命以计算机（Computer）、通信（Communication）和控制（Control）技术为主要代表，以机器智能代替人类的脑力劳动为主要特征，从而影响信息活动的一切领域。信息革命促使人类社会从工业社会向信息社会过渡。

1.1.1　计算机的发展

计算技术发展的历史是人类文明史的一个缩影。人类最早的计算工具可以追溯到中国古代的算筹，算筹后来被方便的算盘取代，算盘是世界上第一种手动式计算器，迄今为止还在被使用。1622 年，英国数学家威利·奥特瑞德（William Oughtred）发明了圆盘计算尺，这称得上是最早的模拟计算工具了。1623 年，威廉·契克卡德（Wilhelm Schickard）教授为自己的挚友、天文学家开普勒（Kepler）制作了一种机械计算机。1642 年，法国数学家、物理学家布莱士·帕斯卡（Blasie Pascal）发明了手动计算机器，能进行加法和减法运算。1673 年，德国数学家、思想家 G. W. 莱布尼兹（G. W. Leibniz）

制造了能进行四则运算的机械计算机器。这些早期的计算机器都是手动机械计算装置，且都没有突破手工操作的框架。直到 19 世纪初，计算机才取得突破，不但能快速地完成四则运算，还能够自动完成复杂的运算，这标志着人们从手动机械跃入了自动机械的新时代。"穿孔纸带"、二进制、布尔代数，以及手摇式计算机、按键式计算机的出现，为数字计算机的出现准备了方法与理论基础。

1847 年，英国数学家布尔（Boole）出版了著作《逻辑的数学分析》，布尔所创立的布尔代数奠定了计算机进行逻辑运算的基础。1936 年，艾伦·图灵（Alan Turing）发表了《可计算数字及其在判断性问题中的应用》一文，论文中图灵构造了一台完全属于想象中的"计算机"，人们称之为"图灵机"。图灵机由三部分组成：一条带子、一个读写头和一个控制装置。带子分成许多小格，每小格可存一位数。相对于带子而言，读写头可以左右移动，每移动一小格，就读出一个符号或在带子上打印一个符号。图灵证明了一个很重要的定理：只有图灵机能解决的计算问题，实际计算机才能解决；如果是图灵机不能解决的问题，则实际计算机也无法解决。这种能够模拟任何给定的图灵机的机器就是"通用图灵机"，通用图灵机把程序和数据都以数码的形式存储在纸带上，是"存储程序"型的，这种程序能把高级语言写的程序译成机器语言写的程序。通用图灵机实际上是现代通用数字计算机的数学模型。图灵机理论不仅解决了数理逻辑的一个基础理论问题，而且证明了通用数字计算机是可以被制造出来的。"图灵机"的概念奠定了计算机的理论和模型基础，图灵则成为计算机理论和人工智能（Artificial Intelligence，AI）的奠基人之一。为了纪念图灵，美国计算机学会于 1966 年创立了"图灵奖"，这是计算机科学领域的最高奖项。

在计算机技术发展历史上存在着两条道路：一条是各种机械式计算机的发展道路；另一条是采用继电器作为计算机电路元件的发展道路。后来建立在电子管和晶体管等电子元件基础上的电子计算机正是受益于这两条发展道路。

1946 年 2 月，美国宾夕法尼亚大学开发了世界上第一台数字电子计算机——电子数值积分计算机（Electronic Numerical Integrator and Calculator，ENIAC），标志着现代电子计算机的诞生。

ENIAC 是一个庞然大物，如图 1-1 所示，其占地 170 平方米，重达 30 吨，耗电 174 千瓦。机器中约有 18000 支电子管、1500 个继电器，以及其他各种元器件，每秒可以进行 5000 次加法运算，相当于手工计算的 20 万倍，机电计算机的 1000 倍。ENIAC 的主要任务是分析炮弹轨道。ENIAC 原计划是为第二次世界大战服务的，但当它投入运行时战争已经结束，便转向为研制氢弹而进行计算。ENIAC 的成功是计算机发展史上的一座里程碑。

图 1-1　第一台通用数字电子计算机 ENIAC

在 ENIAC 的研制过程中，匈牙利数学家冯·诺依曼（John von Neumann）博士针对它存在的问题，提出一个全新的存储程序通用数字电子计算机方案，即离散变量自动电子计算机（Electronic Discrete Variable Automatic Computer，EDVAC）方案，这就是人们通常所说的冯·诺依曼型计算机。该计算机采用二进制代码表示数据和指令，并提出了"程序存储"的概念，从而奠定了现代计算机的坚实基础。尽管 ENIAC 还有许多弱点，如没有真正的存储器，工作时发热量大，计算方式依赖于电路的连接方式，等等，但是在人类计算工具发展史上，它的问世，表明电子计算机时代的到来，是一座不朽的里程碑。

从 ENIAC 诞生至今，计算机所采用的基本电子元器件已经经历了电子管、晶体管、中小规模集成电路、大规模和超大规模集成电路 4 个发展阶段，人们通常将这 4 个发展阶段称为计算机发展进程中的 4 个时代。

1）第一代——电子管计算机

第一代计算机 (1946—1957 年) 是电子管计算机，它的基本电子元件是电子管。因此，第一代计算机体积大、耗电多、速度低、造价高，且使用不便，主要局限于一些军事和科研部门的科学计算。

2）第二代——晶体管计算机

第二代计算机（1958—1964 年）是晶体管计算机。随着晶体管取代计算机中的电子管，晶体管计算机诞生了。晶体管计算机的基本电子元件是晶体管，与第一代电子管计算机相比，晶体管计算机体积小、耗电少、成本低、逻辑功能强，且使用方便、可靠性高。因此，它被广泛应用于军事研究，甚至数据处理、工业过程控制等领域，并开始进入商业市场。

3）第三代——中小规模集成电路计算机

第三代计算机（1965—1970年）是中小规模集成电路计算机。随着半导体技术的发展，第三代计算机的基本电子元件是小规模集成电路和中规模集成电路，磁芯存储器得到进一步发展，并开始采用性能更好的半导体存储器，运算速度提高到每秒几十万次到几百万次基本运算。计算机软件技术进一步发展，操作系统正式形成，并出现多种高级程序设计语言，如BASIC（Beginners' All-purpose Symbolic Instruction Code）语言等。

由于采用了集成电路，所以第三代计算机各方面的性能都有了极大提高：体积缩小，价格降低，功能增强，可靠性大大提高。它被广泛应用于科学计算、数据处理、工业控制等方面，并进入众多学科领域。

典型的第三代机有IBM360系列、Honeywell6000系列、富士通F230系列等。

4）第四代——大规模和超大规模集成电路计算机

第四代计算机（1971年至今）是大规模（如图1-2所示）和超大规模集成电路计算机。随着大规模和超大规模集成电路的出现，电子计算机的发展进入第四代。在这一时期，集成度很高的半导体存储器替代了磁芯存储器，运算速度可达每秒几百万次，甚至上亿次基本运算。计算机软件系统进一步发展，操作系统等系统软件不断完善，应用软件的开发已逐步成为一个现代产业，计算机的应用已渗透到社会生活的各个领域。

图1-2　大规模集成电路

在计算机4个时代的发展进程中，计算机的性能越来越好，生产成本越来越低，体积越来越小，运算速度越来越快，耗电量越来越少，存储容量越来越大，可靠性越来越高，软件配置越来越丰富，应用范围越来越广泛。1965 年，戈登·摩尔（Gordon Moore）发现，每个新的芯片大体上包含其前任两倍的容量，每个芯片产生的时间都在前一个芯片产生后的 18—24 个月内，如果这个趋势继续，计算能力相对于时间周期将呈指数式的上升，就是所谓的摩尔定律。

1.1.2 微处理器的发展

中央处理器（Central Processing Unit，CPU）是指计算机内部对数据进行处理并对处理过程进行控制的部件，伴随着大规模集成电路技术的迅速发展，芯片集成密度越来越高，CPU 可以集成在一个半导体芯片上。这种具有中央处理器功能的大规模集成电路器件，被统称为"微处理器"。

以处理器指令集来划分微处理器的话，可以分为两个体系：精简指令集计算机（Reduced Instruction Set Computer，RISC）与复杂指令集计算机（Complex Instruction Set Computer，CISC）。一开始的处理器都是 CISC 架构，随着时间演进，有越来越多的指令集加入。由于当时编译器的技术并不成熟，程序都会直接以机器码或是汇编语言写成。为了减少程序设计师的设计时间，人们逐渐开发出单一指令，针对复杂操作的程序码，设计师只需写下简单的指令，再交由 CPU 去执行即可。但是后来有人发现，在整个指令集中，只有约 20% 的指令常常会被使用到，使用率约占整个程序的 80%；剩余 80% 的指令，其使用率只占整个程序的 20%。于是，1979 年美国加州大学伯克利分校的大卫·帕特森（David Patterson）教授提出了 RISC 的想法，主张硬件应该专心加速常用的指令，较为复杂的指令则利用常用的指令去组合。

CPU 架构是 CPU 厂商给属于同一系列的 CPU 产品定的一个规范，是区分不同类型 CPU 的重要标志。目前市面上的 CPU 分类主要有两大阵营，一个是以 Intel、AMD 为首的复杂指令集 CPU，另一个是以 IBM、ARM 为首的精简指令集 CPU。CPU 产品的架构也不相同，例如，Intel、AMD 的 CPU 是 X86 架构的，IBM 公司的 CPU 是 PowerPC 架构，而 ARM 公司是 ARM 架构。

X86 架构是基于 Intel 8086 且向后兼容的中央处理器指令集架构，包括 Intel 8086、80186、80286、80386 及 80486，由于以 "86" 作为结尾，因此其架构被称为 "X86"。通常操作系统有 X86、X64 与 IA-64 3 种版本之分，分别用于不同的 CPU。较老的 CPU 只能安装 X86 版的系统，也就是我们常见的 32 位系统。32 位系统在过去的很长一段时间内，占据着桌面计算机的主流地位。64位系统能够在较新的X86-64架构的CPU上运行。而IA-64只能运行于Intel的安腾（Itanium）系列处理器。X86-64的简称为X64，X86-64架构的诞生颇有时代意义。当时，处理器的发展遇到了瓶颈，内存寻址空间由于受到32位CPU的限制而只能最大到约4G，于是就有了X86-64。

IA-64的历史早于X86-64，最初由Intel和惠普联合推出。由于IA-64不与32位兼容，所以没有受到重视。而后为了满足日益扩张的计算需求，Intel重新将IA-64拿出来，发布了安腾系列服务器CPU。

虽然X86-64和IA-64处理器都能够运行64位操作系统和应用程序，但是区别在于，X86-64架构基于X86，是为了让X86架构CPU兼容64位计算而产生的技术。X86-64架构的设计是采用直接简单的方法将目前的X86指令集进行了扩展。这个方法与当初的由16位扩展至32位的情形很相似，其优点在于用户可以自行选择X86平台或X64平台，兼容性高。IA-64则是原生的纯64位计算处理器，并且与X86指令不兼容。如果想要执行X86指令需要硬件虚拟化支持，而且效率不高。IA-64架构体系的优点在于拥有64位内存寻址能力，能够支持更大的内存寻址空间，并且由于架构的改变，性能比X86-64的64位兼容模式更高更强。IA-64操作系统只能在Intel安腾系列处理器及AMD部分服务器处理器运行，所以主流市场并不常见。此外，这些IA-64架构处理器也不能够使用X64操作系统，而X86-64处理器可以自由选择X86或是X64操作系统。

微处理机的主要发展经历如下（按微处理器发布年份划分，部分年份有重叠）。

1）第一代（1971—1973年）

1971年，Intel公司推出MCS-4，Intel 4004的4位微处理器。如图1-3所示。

图1-3　Intel首个4位微处理器Intel 4004

1972年，Intel公司推出Intel 8008的8位微处理器。

2）第二代（1973—1978 年）

1974 年，Intel 公司推出 Intel 8080（第二代微处理器）。

3）第三代（1978—1984 年）

1978 年，Intel 公司推出 16 位的 8086 微处理器。

1979 年，Intel 公司推出 8088 微处理器。

1981 年，以 8088 微处理器为核心组成 IBM PC 机。

1982 年，Intel 公司推出 80286 微处理器（16 位）。工作方式有实模式和保护模式两种。

4）第四代（1985—1992 年）

1985 年，Intel 公司推出 80386 微处理器（32 位），增加虚拟 86 工作模式。与后来的 80486、Pentium（奔腾）等统称为 IA-32 处理器，或 32 位 8086 处理器。

1989 年，Intel 公司推出 80486 微处理器，工作频率 100 MHz，简单指令集 RISC。

5）第五代（1993—2000 年）

1993 年，Intel 公司推出 Pentium 586，简称 P5，主频 60 MHz。

1995 年，Intel 公司推出 Pentium Por（高能奔腾），简称 P6，主频 166 MHz。IBM、Apple、Motorola 3 家公司推出 Power IP。

1997 年，Intel 推出 Pentium MMX（多能奔腾），增加了处理多媒体数据的 MMX 指令集。

1998—1999 年，Pentium Pro 的改进版 Pentium II 和 Pentium III 问世。

2000 年，Intel 公司推出代号为 Northwood 的 Pentium 4，主频 2.2 GHz。

6）第六代（2000—2002 年）

Itanium 处理器——IA-64 结构的开放硬件结构。

2000 年，Intel 公司推出 64 位 Itanium 处理器。

2002 年，Intel 公司推出 Itanium 2 处理器，主频 1 GHz。

7）第七代（2003—2004 年）

2004 年，Intel 公司推出 64 位存储器技术，用在 Pentium 4 终极版，6×× 系列。

8）第八代（2005 年至今）

2005 年，Intel 推出采用双核设计的桌面级处理器，有 Pentium D820、Pentium D830、Pentium D840。Intel 酷睿（Core）2 系列上市，采用 65 nm 工艺。

2006 年，Intel 发布了第一款 Core 架构的内核 Merom（移动端）。在服务器市场，

Intel 推出了内核 Penryn，即采用 45 nm 工艺的 Merom，四核处理器。

2009 年，Intel Core i 系列全新推出，采用了先进的 32 nm 工艺。Intel 发布移动版 Core i7 四核处理器（用于笔记本电脑）。

2018 年，Intel 推出了 14 nm 工艺的第九代 Core i 系列处理器，是历史上首次支持高达 128 GB 内存的处理器。

2020 年 9 月，Intel 发布了代号 Tiger Lake 的第十一代 Core 系列微处理器，如图 1-4 所示，从工艺到架构都有极大变化，Tiger Lake 采用 10 nm+ 工艺，从上代的 3.9 GHz 一下子提升到 4.8 GHz，在保持功耗不变的情况下提升了 20% 的性能。

图 1-4   Tiger Lake Core 系列微处理器

1.1.3   未来计算机的发展趋势

20 世纪后半叶，科技的发展使计算机的运算速度达到每秒万亿次。然而，这种高密度、高功能的集成技术使得计算机的散热、冷却等技术问题日益突出。此外，芯片尺寸每缩小一半，生产成本则要增加 5 倍。这些物理学及经济方面的制约因素将使现有芯片计算机的发展走向终结，因此超导、量子、光子、生物和神经等一些全新概念的计算机应运而生。

1）超导计算机

所谓超导，是指在接近绝对零度的温度下，电流在某些介质中传输时所受阻力为零的现象。与传统的半导体计算机相比，使用约瑟夫逊器件的超导计算机的耗电量仅为其几千分之一，而执行一条指令所需时间要减少 100 倍。

2）量子计算机

量子计算机是一种利用量子力学特有的物理现象（特别是量子干涉）来实现的一种全新信息处理方式的计算机。量子计算机的优点如下：一是能够实行量子并行计算，加快了解题速度；二是用量子位存储，大大提高了存储能力；三是可以对任意物理系统进行高效率的模拟；四是发热量极小。

3）光子计算机

光子计算机即全光数字计算机，其主要以光子代替电子，以光互连代替导线互连，以光硬件代替计算机中的电子硬件，以光运算代替电运算。光子计算机的优点是并行处理能力强，具有超高速运算速度。和电子计算机相比，光子计算机的信息存储量大，抗干扰能力强。

20 世纪 90 年代，世界上第一台光子计算机由来自英国、法国、比利时、德国、意大利等国家的 70 多名科学家研制成功，其运算速度比电子计算机快 1000 倍。光子计算机的进一步研制将成为 21 世纪高科技课题之一。

4）生物计算机

生物计算机的运算过程就是蛋白质分子与周围物理化学介质的相互作用过程。计算机的转换开关由酶来充当，而程序则在酶合成系统本身和蛋白质的结构中极为明显地表示出来。生物计算机的信息存储量大，可以模拟人脑思维。因此有人预言，未来人类将获得智能的解放。

目前，科学家正在利用蛋白质技术制造生物芯片，从而实现人脑和生物计算机的连接。

5）神经计算机

神经计算机是模仿人的大脑判断能力和适应能力，并具有可并行处理多种数据功能的神经网络计算机。

未来的计算机技术将向超高速、超小型、并行处理、智能化的方向发展。超高速计算机将采用并行处理技术，使计算机系统同时执行多条指令或同时对多个数据实行处理，这是改进计算机结构、提高计算机运行速度的关键技术。计算机必将进入人工智能时代，它将具有感知、思考、判断、学习及一定的自然语言能力。随着新的元器件及其技术的发展，新型的超导计算机、量子计算机、光子计算机、神经计算机和生物计算机正成为新的研究方向。

1.2 计算机的工作原理、特点、分类

计算机可以根据人们预定的安排自动地进行数据的快速计算和加工处理。按计算机系统的功能、性能或体系结构的不同可将计算机分为不同类型。

计算机系统的特点是能进行精确、快速的计算和判断，通用性好，还能联成网络。

1.2.1　计算机的工作原理

虽然计算机软硬件技术飞速发展，但计算机本身的体系结构并没有明显的突破，当今的计算机仍属于冯·诺依曼结构。1945 年，冯·诺依曼首先提出了"存储程序"的概念和二进制原理，后来，人们把利用这种概念和原理设计的电子计算机系统统称为冯·诺依曼结构计算机。冯·诺依曼结构计算机的程序和数据使用同一个存储器，经由同一个总线传输，如图 1-5 所示。

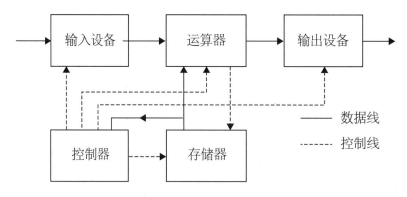

图 1-5　冯·诺依曼结构示意图

冯·诺依曼结构计算机具有以下几个特点。

第一，计算机硬件系统由运算器、控制器、存储器、输入设备和输出设备 5 个部分组成。控制器是计算机的控制中心，主要的工作是不断地取出指令、分析和执行指令。控制器在主频时钟的协调下控制着计算机各部件按指令的要求进行有条不紊的工作。它从存储器中取出指令，分析指令的意义，根据指令的要求发出控制信号，进而使计算机各部件协调地工作。运算器是计算机中用来实现运算的部件，运算包括算术运算和逻辑运算，运算器内部包括算术逻辑运算部件（Arithmetical Logic Unit，ALU）和若干种寄存器。运算器的主要工作是数据处理（运算）和暂存运算数据。

第二，采用存储程序的方式，程序和数据被存放在同一个存储器中，指令和数据一样可以送到运算器，即由指令组成的程序是可以修改的。

第三，指令由操作码和地址码组成。

第四，数据和程序以二进制表示。

第五，指令在存储器中按执行顺序存放，由指令计数器指明要执行的指令所在的单元地址，一般按顺序递增，但可按运算结果或外界条件而改变。

1.2.2　计算机的特点

计算机的特点主要如下。

第一，运算速度快。运算速度是计算机的一个重要性能指标。计算机的运算速度通常用每秒钟执行定点加法的次数或平均每秒钟执行指令的条数来衡量。运算速度快是计算机的一个突出特点。计算机的运算速度已由早期的每秒几千次（如 ENIAC 机每秒钟仅可完成 5000 次定点加法）发展到现在的可达每秒几千亿次、万亿次，甚至更高。计算机高速运算的能力极大地提高了工作效率，把人们从烦琐的脑力劳动中解放出来。过去用人工旷日持久才能完成的计算，而计算机在瞬间即可完成。曾有许多数学问题，由于计算量太大，数学家们终其一生也无法完成，如今使用计算机则可轻易地解决。

第二，计算精度高。在科学研究和工程设计中，对计算的结果精度有很高的要求。一般的计算工具只能达到几位有效数字（如过去常用的 4 位数学用表、8 位数学用表等），而计算机对数据的结果精度可达到十几位、几十位有效数字，根据需要甚至可达到任意的精度。

第三，存储容量大计算机的存储器可以存储大量数据，这使计算机具有了记忆功能。目前计算机的存储容量已高达千兆数量级。计算机具有记忆功能，是与传统计算工具的一个重要区别。

第四，具有逻辑判断功能。计算机的运算器除了能够完成基本的算术运算外，还具有进行比较、判断等逻辑运算的功能。这种能力是计算机处理逻辑推理问题的前提。

第五，自动化程度高，通用性强。由于计算机的工作方式是将程序和数据先存放在机内，工作时按程序规定的操作，一步一步地自动完成，一般无须人工干预，因而自动化程度高。这一特点是一般计算工具所不具备的。计算机通用性的特点表现在几乎能求解自然科学和社会科学中一切类型的问题，能广泛地应用于各个领域。

1.2.3　计算机的分类

计算机按其功能可分为专用计算机和通用计算机。专用计算机功能单一、适应性差，但是在特定用途下最有效、最经济、最快速。通用计算机功能齐全、适应性强，目前所说的计算机都是指通用计算机。在通用计算机中，又可根据运算速度、输入输出能力、数据存储能力、指令系统的规模和机器价格等因素将其划分为巨型机、大型机、小型机、微型机、服务器及工作站等。

1）巨型机

巨型机运算速度快、存储容量大、结构复杂、价格昂贵，主要用于尖端科学研究领域。所有的超级计算机都属于巨型机。

"天河一号"是我国首台千万亿次超级计算机。它每秒钟4700万亿次的峰值性能和每秒2507万亿次的持续性能，使这台名为"天河一号"的计算机位居同日公布的中国超级计算机100强之首，也使中国成为继美国之后世界上第二个能够自主研制千万亿次超级计算机的国家。

2014年6月23日，在德国莱比锡市发布的第43届世界超级计算机500强排行榜上，中国超级计算机系统"天河二号"位居榜首，获得世界超算"三连冠"，其运算速度比位列第二名的美国"泰坦"快了近一倍。

2017年11月13日，新一期全球超级计算机500强榜单发布，中国超级计算机"神威·太湖之光"（如图1-6所示）和"天河二号"连续4次分列冠亚军，且中国超级计算机上榜总数又一次反超美国，夺得第一。

图1-6 神威·太湖之光

2）大型机

大型机规模仅次于巨型机，有比较完善的指令系统和丰富的外部设备，主要用于计算中心和计算机网络中。

3）小型机

小型机较之大型机成本较低，维护也较容易。小型机用途广泛，既可用于科学计算、数据处理，也可用于生产过程自动控制和数据采集及分析处理。

4）微型机

20 世纪 70 年代后期，微型机的出现引发了计算机硬件领域的一场革命。如今，微型机家族"人丁兴旺"。微型机由微处理器、半导体存储器和输入输出接口等芯片组成，使得它较之小型机体积更小，价格更低，灵活性更好，使用更加方便。

日常生活中常见的台式机、笔记本、上网本、超极本、掌上电脑、平板电脑等都属于微型机。

1.3 🖳 信息系统概述

在信息社会中，对信息的各种处理都是离不开计算机的。可以说，没有计算机就没有现代社会的信息化，没有计算机及其与通信、网络的综合利用，就没有日益发展的信息化社会。

1.3.1 数据与信息

信息，指音讯、消息、通信系统传输和处理的对象，泛指人类社会传播的一切内容。人通过获得、识别自然界和社会的不同信息来区别不同事物，得以认识和改造世界。在一切通信和控制系统中，信息是一种普遍联系的形式。1948 年，数学家克劳德·香农（Claude Shannon）在题为《通讯的数学理论》的论文中指出："信息是用来消除随机不定性的东西。"创建一切宇宙万物的最基本单位是信息。

数据是指对客观事件进行记录并可以鉴别的符号，是对客观事物的性质、状态及相互关系等进行记载的物理符号或这些物理符号的组合。它是可识别的、抽象的符号。

它不仅是狭义上的数字，还可以是具有一定意义的文字、字母、数字符号的组合、图形、图像、视频、音频等，也是客观事物的属性、数量、位置及其相互关系的抽象表示。例如，"0，1，2，…""阴、雨、下降、气温""学生的档案记录""货物的运输情况"等都是数据。数据经过加工后就成为信息。

在计算机科学中，数据是指所有能输入计算机并被计算机程序处理的符号的介质的总称，是用于输入电子计算机进行处理，具有一定意义的数字、字母、符号和模拟量等的通称。计算机存储和处理的对象十分广泛，表示这些对象的数据也随之变得越来越复杂。

信息与数据既有联系，又有区别。数据是信息的表现形式和载体，可以是符号、文字、数字、语音、图像、视频等。而信息是数据的内涵，信息加载于数据之上，对数据做具有含义的解释。数据和信息是不可分离的，信息依赖数据来表达，数据则生动具体表达出信息。数据是符号，是物理性的，信息是对数据进行加工处理之后所得到的并对决策产生影响的数据，是逻辑性和观念性的；数据是信息的表现形式，信息是数据有意义的表示。数据是信息的表达、载体，信息是数据的内涵，是形与质的关系。数据本身没有意义，数据只有对实体行为产生影响时才成为信息。

1.3.2　信息技术的发展

信息技术（Information Technology，IT），是指用于管理和处理信息所采用的各种技术的总称。它主要应用计算机科学和通信技术来设计、开发、安装和实施信息系统及应用软件。它也常被称为信息和通信技术（Information and Communications Technology，ICT），主要包括传感技术、计算机与智能技术、通信技术和控制技术等。

信息技术代表着当今先进生产力的发展方向，信息技术的广泛应用使信息的重要生产要素和战略资源的作用得以发挥，使人们能更高效地进行资源优化配置，从而推动传统产业不断升级，提高社会劳动生产率和社会运行效率。习近平总书记在致首届数字中国建设峰会的贺信中指出："当今世界，信息技术创新日新月异，数字化、网络化、智能化深入发展，在推动经济社会发展、促进国家治理体系和治理能力现代化、满足人民日益增长的美好生活需要方面发挥着越来越重要的作用。"

当前信息技术已经发展到"大智移云"时代，即以大数据、智能化／物联网、移动互联网、云计算共同驱动的时代。而"大智移云"以服务运营为主要特征，这意味着信息产业正从产品驱动转向服务带动。共享单车就是典型的通过服务带动原有产业重构的例子。信息产业驱动力正从产品转向服务，并呈现横向扩展、多点驱动的趋势。

摩尔定律明显放缓，横向新技术开始规模化应用。信息技术的基石是集成电路。摩尔定律认为：当价格不变时，集成电路上可容纳的元器件的数目，每隔18—24个月便会增加一倍，性能也将提升一倍。摩尔定律揭示了信息技术进步的速度。近50年来，集成电路产业高歌猛进，但是当工艺进入 28 nm 节点后，摩尔定律明显放缓。究其原因，一是芯片主频很难提升，工艺进步带来的主要是功耗优化和面积缩小，导致升级动力不足；二是半导体装备和工艺进步面临的挑战越来越大，导致成本居高不下。因此，许多公司转向了横向新技术、新应用的发展，注重拓展成熟工艺的应用而不是一味发展先进工艺，从而促进了硅基传感（摄像头、触控、指纹识别、雷达等）、系统级封装（System In a Package）、硅基光电子、功率半导体等新技术的规模化应用。

数据发生量变，作为生产资料的重要性也日渐突出。伴随信息产品的大规模应用，数据得以快速积累。与此同时，数据的产生和应用表现出许多新特点。一是非结构化数据特别是图像、视频数据占比越来越大，并呈现大、快、多样性等特点，大数据应运而生。二是机器独自产生的数据超过人产生的数据，这与智能设备和物联网的广泛应用密切相关。三是基于海量数据的大数据算法、人工智能等技术不断涌现，深刻改变着人们对数据的认识和使用，数据的重大价值开始得到广泛认可。

以大数据的价值发现为标志，信息技术与经济的关系正从"工具"阶段走向"平台"阶段。在"工具"阶段，信息技术主要作为存储、计算和通信的辅助工具，例如办公自动化、会计电算化、智能卡、企业资源计划（Enterprise Resource Planning，ERP）等。而现在，信息技术的角色正从"站着帮忙"变成"躺下来做平台"。一方面，数字技术和信息网络作为经济发展的基础设施（平台）的作用更为突出；另一方面，各种平台的商业模式更为盛行。经济活动的各环节正在被数字化、网络化、智能化和平台化，传统产业不断被重构，新产品、新业态不断涌现。例如，分享经济、网络直播等新业态多以信息技术应用和大数据挖掘为中心，以平台方式重构交易模式和企业核心竞争力，并给社会文化、政府监管、法律法规带来新挑战。未来，数字经济将深刻影响经济发展，从某种程度上可以说"不数字，无经济"。

总之，当前信息技术已呈现明显的趋势性变化。特别是信息基础设施的完善和用户消费习惯的改变，使得信息技术成为人类生产生活越来越离不开的基础平台，数字经济也成为各国竞争的新舞台。

1.4 计算机中信息的数字化

计算机处理信息的基础是信息的数字化，将复杂多变的信息转变为可以度量的数字、数据，再以这些数字、数据建立起适当的数字化模型，把它们转变为一系列二进制代码，引入计算机内部，进行统一处理。

1.4.1　数字化的概念

数字化的概念分为狭义的数字化和广义的数字化。

狭义的数字化，是指利用信息系统、各类传感器、机器视觉等信息通信技术，将物理世界中复杂多变的数据、信息、知识，转变为一系列二进制代码，引入计算机内部，形成可识别、可存储、可计算的数字、数据，再以这些数字、数据建立起相关的数据模型，进行统一处理、分析、应用，这就是数字化的基本过程。

广义上的数字化，则是通过利用互联网、大数据、人工智能、区块链等新一代信息技术，来对企业、政府等各类主体的战略、架构、运营、管理、生产、营销等各个层面进行系统性的、全面的变革，强调的是数字技术对整个组织的重塑，数字技术能力不再只是单纯地解决降本增效问题，而成为赋能模式创新和业务突破的核心力量。

数字化的概念，根据场景、语境不同，其含义也不同，对具体业务的数字化，多为狭义的数字化；对企业、组织整体的数字化变革，多为广义的数字化。广义的数字化概念，包含了狭义的数字化。

1.4.2　数制的概念

数制又称计数法，是人们用一组统一规定的符号和规则来表示数的方法。虽然计算机能极快地进行运算，但其内部并不像人类在实际生活中使用的十进制，而是使用只包含 0 和 1 两个数值的二进制。当然，人们输入计算机的十进制被转换成二进制进行计算，计算后的结果又由二进制转换成十进制，这都由操作系统自动完成。计数法通常使用的是进位计数制，即按进位的规则进行计数。在进位计数中有"基数"和"位权"两个基本概念。

基数是进位计数制中所用的数字符号的个数。假设以 a 为基数进行计数，其规则是"逢 a 进一"，称为 a 进制。例如，我们日常生活中使用的十进制数，其由 0、1、2、3、4、5、6、7、8、9 按照不同的顺序搭配而成，它的基数为 10，其进位规则是"逢十进一"；而二进制数，其由 0、1 两个数字符号按照不同的顺序搭配而成，它的基数是 2，其进位规则是"逢二进一"。

在进位计数制中，基数的若干次幂称为权，幂次的大小随着该数字所在的位置而变化，整数部分从最低位开始依次为 0，1，2，3，4，…；小数部分从最高位开始依次为 -1，-2，-3，-4，…。例如，十进制数 469.58 可以表示为

$469.58=4\times10^2+6\times10^1+9\times10^0+5\times10^{-1}+8\times10^{-2}$。

由此可见，任何一种用进位计数制表示的数，其数值都可以写成按权展开的多项式之和：

$$D=\pm\left(A_{n-1}\times B^{n-1}+A_{n-2}\times B^{n-2}+\cdots+A_1\times B^1+A_0\times B^0+A_{-1}\times B^{-1}+A_{-2}\times B^{-2}+\cdots+A_{-m}\times B^{-m}\right)$$
$$=\sum_{i=n-1}^{-m}Ai\times B^i$$

其中，B 是基数；Ai 是第 i 位上的数字符号（或称系数）；Bi 是位权；n 和 m 分别是数的整数部分和小数部分的位数。

1.4.3 进制的转换与计算

1）二进制数的算术运算

二进制可进行两种基本的算术运算：加法和减法。利用加法和减法还可以进行乘法、除法和其他数制运算。

（1）二进制加法

二进制加法的运算规则如下。

0+0=0

1+1=10（其中 10 中的 1 为进位）

1+0=1

0+1=1

二进制 10110011 加二进制 11011001，如下式所示。

```
    10110011    ——被加数
 +  11011001    ——他数加数
 ─────────────
   110001100    ——他数和
```

两个 8 位二进制数相加后，第 9 位出现了一个 1 代表"进位"位。

（2）二进制减法

二进制加法的运算规则如下。

0−0=0

1−1=0

1−0=1

0−1=1（借位 1）

二进制数 11000100 减去二进制数 100101，如下式所示。

$$
\begin{array}{r}
11000100 \quad\text{——被减数} \\
-\ 00100101 \quad\text{——他数减数} \\
\hline
10011111 \quad\text{——差}
\end{array}
$$

和二进制加法一样，计算机一般以 8 位数进行减法运算。若被减数、减数或差值中的有效位不足 8 位的，应补零以保持 8 位数。

（3）二进制乘法

二进制乘法的运算规则如下。

0 进制乘法

1 进制乘法

0 进制乘法

1 进制乘法

二进制数 1111 乘以二进制数 1101，如下式所示。

$$
\begin{array}{r}
1111 \quad\text{——被乘数} \\
\times\ 1101 \quad\text{——乘数} \\
\hline
1111 \\
0000 \\
1111 \\
1111 \\
\hline
11000011 \quad\text{——积}
\end{array}
$$

用乘数的每一位分别去乘被乘数，乘得的各中间结果的最低位有效位与相应的乘数位对齐，最后把这些中间结果同时相加即得积。

二进制中每左移 1 位相当于乘以 2，左移 n 位相当于乘以 $2n$，所以二进制乘法运算可以转换为加法和左移位运算。

（4）二进制除法

二进制除法与十进制除法类似，不过，由于基数是 2 而不是 10，所以它更加简单。二进制除法的运算规则如下。

$0 \div 0$ 无意义

$0 \div 1 = 0$

$1 \div 0$ 无意义

$1 \div 1 = 1$

二进制数 1001110 除以二进制数 110，如下式所示。

$$
\begin{array}{r}
1101 \\
110\overline{)1001110} \\
-\ 110 \\
\hline
111 \\
-\ 110 \\
\hline
00110 \\
-\ 110 \\
\hline
0
\end{array}
$$

运用长除时，从被除数的最高位开始检查，并定出需要超过除数值的位数。找到这个位时，则商记 1，并把选定的被除数减除数，然后把除数的下一位移到余数上。如果新余数不够减除数，则商记 0，把被除数的下一位移到余数上；若余数够减则商记 1，然后将余数减去除数，并把被除数的下一个低位再移到余数上。若此余数够减除数，则商记 1，并把余数减去除数。继续这一过程直到全部被除数的位都下移完为止。

二进制中每右移 1 位相当于除以 2，右移 n 位相当于除以 $2n$，所以除法可以转化为减法和右移位运算。

2）二进制数的逻辑运算

在计算机中，以0或1两种取值表示的变量叫逻辑变量。它们不是代表数学中的"0"和"1"的数值大小，而是代表所要研究的问题的两种状态或可能性，如电压的高或低、脉冲的有或无等。逻辑变量之间的运算称为逻辑运算。

逻辑运算包括3种基本运算：逻辑加法（或运算）、逻辑乘法（与运算）和逻辑否定（"非"运算）。

由这3种基本运算可以导出其他逻辑运算，如异或运算、同或运算、与或非运算等。这里是介绍4种逻辑运算：与运算、或运算、非运算和异或运算。

（1）二进制与运算

与运算通常用符号·或者∧表示。它的运算规则如下。

0 它的或者 0 ∧ 0=0

0=0 它的或者 0 ∧ 1=0

1=0 它的或者 1 ∧ 0=0

1=0 它的或者 1 ∧ 1=1

可见，与运算中只有参加运算的逻辑变量都同时为1，其运算结果才为1。

（2）二进制或运算

或运算通常用符号 + 或者 ∨ 表示。它的运算规则如下。

0+0=0 或者 0 ∨ 0=0

0+1=1 或者 0 ∨ 1=1

1+0=1 或者 1 ∨ 0=1

1+1=1 或者 1 ∨ 1=1

可见，或运算中只要参加运算的逻辑变量有一个为1时，其运算结果就为1；只有参加运算的逻辑变量都为0时，其运算结果才为0。

（3）二进制非运算

非运算又称逻辑否定。它是在逻辑变量上方加一横线表示非，其运算规则如下。

$\overline{1}=1$

$\overline{1}=0$

（4）二进制异或运算

二进制异或运算的运算规则如下。

0 ⊕ 0=0

$0 \oplus 1=1$

$1 \oplus 0=1$

$1 \oplus 1=0$

在给定的两个逻辑变量中，只要两个逻辑变量相同，则异或运算的结果就为 0；当两个逻辑变量不同时，异或运算的结果就为 1。

注意，当两个多位逻辑变量进行逻辑运算时，只在对应位之间按照上述规则进行运算，不同位之间不发生任何关系，没有算术运算中的进位或借位关系。

（5）逻辑表达式的计算

用逻辑算符或者括号将逻辑变量或逻辑常数连接而成的式子叫逻辑表达式，其值为逻辑值。求值过程应该按照如下顺序进行：

如有括号，先括号内后括号外；逻辑运算的优先顺序为先"非"，后"与"，再"或"。

3）二进制小数

为了扩展二进制计数法的计数范围，有必要引用二进制小数，即用小数点左边数字表示数值的整数部分，小数点右边的数字表示数值的小数部分。小数点右面的第一位的权为 2^{-1}，第二位的权为 2^{-2}，第三位的权为 2^{-3}，后面依次类推。

对于带小数点的加法，十进制中的方法同样适用于二进制，即两个带小数点的二进制数相加，只要将小数点对齐，按照前面介绍的加法步骤进行即可，此处不再举例。

特别需要说明的是，计算机中所有的运算最后都以加法的形式进行，所以二进制数加法是计算机运算的基础。

4）不同数制间的互相转换

（1）几种常见的数制

日常生活中人们习惯于使用十进制，有时也使用其他进制。例如：时间采用六十进制，1 小时为 60 分钟，1 分钟为 60 秒。在计算机科学中也经常涉及二进制、八进制、十进制和十六进制等。但在计算机内部，不管什么类型的数据都使用二进制编码的形式来表示。下面介绍几种常用的数制：八进制、十进制和十六进制，以及它们与二进制的转换。

几种常见数制的特点如表 1-1 所示。

表 1-1　常见数制的特点

数制	基数	数码	进位规则
二进制	2	0,1	逢二进一
八进制	8	0,1,2,3,4,5,6,7	逢八进一
十进制	10	0,1,2,3,4,5,6,7,8,9	逢十进一
十六进制	16	0,1,2,3,4,5,6,7,8,9,A,B,C,D,E,F	逢十六进一

常见数制的对应关系如表 1-2 所示。

表 1-2　常见数制的对应关系

二进制	八进制	十进制	十六进制
0	0	0	0
1	1	1	1
10	2	2	2
11	3	3	3
100	4	4	4
101	5	5	5
110	6	6	6
111	7	7	7
1000	10	8	8
1001	11	9	9
1010	12	10	A
1011	13	11	B
1100	14	12	C
1101	15	13	D
1110	16	14	E
1111	17	15	F
10000	20	16	10

为了区分不用数制的数，常用两种方式进行标识：字母后缀标识法和直接标注法。

二进制用 B（Binary）表示。

八进制用 O（Octonary）表示。

十进制用 D（Decimal）表示（十进制的后缀 D 一般可以省略）。

十六进制用 H（Hexadecimal）表示。

例如，101101B、225O、1452 和 6987ACH 分别表示二进制、八进制、十进制和十六进制。另外，也可以直接在括号外面加下标来表示不同进制数。例如，$(101101)_2$、$(225)_8$、$(1452)_{10}$ 和 $(6987AC)_{16}$ 分别表示二进制、八进制、十进制和十六进制。

（2）二进制与十进制的互相转换

把一个二进制数转换为十进制数，只需要采用前面介绍的"位权展开法"即可。

将二进制数 11011.101 转换为十进制数。

$$(11011.101)_2 = (110^4+101^3+002^2+102^1+102^0+102^{-1}+002^{-2}+102^{-3})_{10}$$
$$= (16+8+2+1+0.5+0.125)_{10}$$
$$= (27.625)_{10}$$

因此，$(11011.101)_2 = (27.625)_{10}$。

十进制转换为二进制需要将整数部分和小数部分分别根据不同规则转换后再合并。首先介绍整数部分的转换方法。

十进制整数转换为二进制整数，通常采用"除 2 取余"法，即对该十进制整数逐次除以 2，直至商数为 0 逆向取每次得到的余数，即可获得对应的二进制数。

将十进制整数 89 转换为对应二进制数，其运算过程如下。

因此，$(89)_{10} = (1011001)_2$。

十进制小数转换为二进制小数，可采用"乘 2 取整"法。即对于十进制纯小数逐次乘以 2，直至乘积的小数部分为 0，取每次乘积的整数部分即可得到对应的二进制小数。要注意的是，每次相乘时只应乘前次乘积的小数部分。

将十进制小数 0.34375 转换为对应的二进制小数 1，其运算过程如下。

$$
\begin{array}{r}
0.34375 \\
\times \quad\quad 2 \\
\hline
0.68750 \quad \text{整数部分} =0 \\
\times \quad\quad 2 \\
\hline
1.37500 \quad \text{整数部分} =1 \\
\times \quad\quad 2 \\
\hline
0.75000 \quad \text{整数部分} =0 \\
\times \quad\quad 2 \\
\hline
1.50000 \quad \text{整数部分} =1 \\
\times \quad\quad 2 \\
\hline
1.00000 \quad \text{整数部分} =1
\end{array}
$$

因此，$(0.34375)_{10}=(0.01011)_{2}$。

需要注意的是，小数部分转换时取数的顺序与整数部分正好相反，整数部分是从下往上，小数部分是从上到下的。当然上述方法把一个十进制数转换为二进制时，其整数部分均可用有限的二进制整数表示，但其小数部分不一定能用有限位的二进制小数来精确表示。例如：

$(0.4)_{10}=(0.01100110011\cdots)_{2}$。

$(0.23)_{10}=(0.0011101011000010100\cdots)_{2}$。

这就是说，用上述方法，大多数十进制小数在转换为对应的二进制小数时，都将产生一定的误差，而不能精确地转换。当然这个误差是可以控制的。事实上，对于二进制与十进制的互相转换，还可以广泛采用 BCD（Binary-Coded Decimal）码，即用 4 位二进制数码代表 1 位十进制数码。这样，无论是整数还是小数的互换都不会产生误差。

（3）二进制与八进制的互相转换

八进制数的基数为 8，有 0、1、2、3、4、5、6、7 共 8 个数码，逢八进一。由于 8 是 2 的 3 次方，因而它的一个数码对应二进制数的 3 个数码，这样互换起来就十分方便。

【例 1】将八进制数 315.27 转换为二进制数。

$$
\begin{array}{cccccc}
3 & 1 & 5 & . & 2 & 7 \\
\downarrow & \downarrow & \downarrow & & \downarrow & \downarrow \\
011 & 001 & 101 & & 010 & 111
\end{array}
$$

因此，$(315.27)_{8}=(11001101.010111)_{2}$。

二进制数转换为八进制数时，则以小数点为基准，向左、向右每 3 位为一组（前后端不足 3 位者都用 0 补齐）对应转换为 1 个八进制数即可。

将二进制数 10110.0111 转换为八进制数。

010　110 . 011　100

↓　↓ . ↓　↓

2　6 . 3　4

因此，（10110.0111）$_2$=（26.34）$_8$。

（4）二进制与十六进制的互相转换

十六进制数的基数为 16，它由数字 0—9 以及字母 A—F 共 16 个数码组成，逢十六进一。由于 16 是 2 的 4 次方，因而它的一个数码对应二进制数的 4 个数码，这样互换起来也是十分方便的。

将十六进制数 2BD.C 转换为二进制数。

2　　B　　D　　.　　C

↓　　↓　　↓　　　　↓

0010　1011　1101　.　1100

因此，（2BD.C）$_{16}$=（1010111101.11）$_2$。

二进制数转换为十六进制时，则以小数点为基准，向左、向右每 4 位为一组（前后端不足 4 位者都用零补齐）对应转换为 1 个十六进制数即可。

将二进制数 111110010.01111 转换为十六进制数，其运算过程如下。

0001　　1111　　0010　　.　　0111　　1000

↓　　↓　　↓　　↓　　↓

1　　F　　2　　.　　7　　8

因此，（111110010.01111）$_2$=（1F2.78）$_{16}$。

1.4.4　字符数字化

计算机除了做各种数值运算外，还需要处理各种非数值的文字和符号。这就需要对文字和符号进行数字化处理，即用一组统一规定的二进制码来表示特定的字符集合，这就是字符编码问题。字符编码涉及信息表示与交换的标准化，因而都以国际标准或者国家标准的形式予以颁布与实行。

在计算机和其他信息系统中使用最广泛的字符编码是美国标准信息交换代码（American Standard Code for Information Interchange，ASCII），它包括对大写和小写的英文字母、阿拉伯数码、标点符号和运算符号、各类功能与控制符号及其他一些符号的二进制编码。ASCII 码虽然是美国的国家标准，但是已被国际标准组织（International Standard Organization, ISO）认定为国际标准，因而该标准在世界范围内通用。

ASCII 码的编码原则是将每个字符用一组 7 位二进制代码来表示。由于 7 位二进制数可以组合成 128 种不同状态，所以共可定义 128 个不同的字符，这些字符的集合被称为基本 ASCII 码字符集，如表 1-3 所示。

表 1-3 ASCII 码字符表

$d_3 d_2 d_1 d_0$	$d_6 d_5 d_4$							
	000	001	010	011	100	101	110	111
0000	NUL	DLE	SP	0	@	P	、	p
0001	SOH	DC1	!	1	A	Q	a	q
0010	STX	DC2	”	2	B	R	b	r
0011	ETX	DC3	#	3	C	S	c	s
0100	EOT	DC4	$	4	D	T	d	t
0101	ENQ	NAK	%	5	E	U	e	u
0110	ACK	SYN	&	6	F	V	f	v
0111	BEL	ETB	,	7	G	W	g	w
1000	BS	CAN	(	8	H	X	h	x
1001	HT	EM	)	9	I	Y	i	y
1010	LF	SUB	*	:	J	Z	j	z
1011	VT	ESC	+	;	K	[	k	{
1100	FF	FS	`	<	L	\	l	|
1101	CR	GS	—	=	M	]	m	}
1110	SO	RS	.	>	N	^	n	~
1111	SI	US	/	?	O	_	o	DEL

标准 ASCII 码也叫基础 ASCII 码，使用 7 位二进制数来表示所有的大写和小写字母、数字 0—9、标点符号，以及在美式英语中使用的特殊控制字符。具体情况如下。

0—31 及 127（共 33 个）是控制字符或通信专用字符（其余为可显示字符），如控制符有 LF（换行）、CR（回车）、FF（换页）、DEL（删除）、BS（退格）、BEL（响铃）等；通信专用字符有 SOH（文头）、EOT（文尾）、ACK（确认）等；ASCII 值为 8、9、10 和 13 分别转换为退格、制表、换行和回车字符。它们并没有特定的图形显示，但会依不同的应用程序，而对文本显示有不同的影响。

32—126（共 95 个）是字符（32 是空格），其中 48—57 为 0—9 共 10 个阿拉伯数字。

65—90 为 26 个大写英文字母，97—122 为 26 个小写英文字母，其余为一些标点符号、运算符号等。

同时还要注意，在标准 ASCII 中，其最高位（b7）用作奇偶校验位。所谓奇偶校验，是指在代码传送过程中用来检验是否出现错误的一种方法，一般分奇校验和偶校验两种。奇校验规定：正确的代码一个字节中 1 的个数必须是奇数，若非奇数，则在最高位 b7 添 1。偶校验规定：正确的代码一个字节中 1 的个数必须是偶数，若非偶数，则在最高位 b7 添 1。

后 128 个称为扩展 ASCII 码。许多基于 X86 的系统都支持使用扩展（或"高"）ASCII。扩展 ASCII 码允许将每个字符的第 8 位用于确定附加的 128 个特殊符号字符、外来语字母和图形符号。

1.4.5　汉字的数字化

为了使每一个汉字有一个全国统一的代码，人们设置了区位码。区位码是国家规定的一个 94×94 的方阵，其中每行是一个区，每列是一个位，组合起来就组成了区位码，它的前两位叫作区码，后两位叫作位码。我们可以在相关网站查询某个汉字的区位码，例如汉字"我"的区位码是 4650，表示"我"在 46 区，50 位。

国标码即"国家标准信息交换用汉字编码"（GB2312-80 标准），是二字节码，用两个 7 位二进制数编码表示一个汉字。国标码通常用一个 4 位十六进制数表示，而区位码是一个 4 位的十进制数，无论国标码或区位码都对应着一个唯一的汉字或符号。将区位号的"区"和"位"分别加上 32（十六进制表示：20H）即国标码。

不过，无论是区位码还是国标码，都不能在计算机上使用，因为这样会和早已通用的 ASCII 码混淆。汉字机内码，又称"汉字 ASCII 码"，简称"内码"，指计算机内部存储，处理加工和传输汉字时所用的由 0 和 1 符号组成的代码。输入码被接受后就由操作系统的"输入码转换模块"转换为机内码，与所采用的键盘输入法无关。机内码是汉字最基本的编码，不管是什么汉字系统和汉字输入方法，输入的汉字外码到机器内部都要转换成机内码，才能被存储和进行各种处理。为避免将汉字机内码和标准的 ASCII 码混淆，可以在汉字国标码的两个字节上分别加 80H，即机内码表示一个汉字占两个字节，高位字节和低位字节的最高位都是 1。

区位码、国标码、汉字机内码之间的关系是：从区位码（国家标准定义）→区和位分别 +32（20H）得到国标码→再分别 +128（80H）得到内码（与标准 ACSII 也不再混淆）；区位码的区和位分别 +160 即可得到内码。用十六进制表示：区位码 + A0A0H = 机内码。

在制定 GB2312-80 时，对标准 ASCII 中符号和英文字母部分做了覆盖处理，将其中的英文字母和符号重新编入 GB2312-80。而对于标准 ASCII 中前 32 个控制字符则继续沿用。为保留前 32 字符，需要将汉字编码向后偏移 32，即十六进制 20H，这就是区位码要加上 20H 得到国标码的原因。但是国标码解决不了与标准 ASCII 码的兼容问题，因此将国标码两个字节的最高位设为 1，因为 ASCII 中使用 7 位，最高位为 0。这样就区分开了标准 ASCII 和 GB2312-80，这也是为什么要加上 8080H。应该说国标码才是 GB2312-80 的规范编码，汉字机内码是为了解决冲突问题而采用的方式，本质上是修改了 GB2312-80 的编码标准。

汉字的显示和输出，普遍采用点阵方法。由于汉字数量多且字形变化大，对不同字形汉字的输出，就有不同的点阵字形。所谓汉字的点阵码，就是汉字点阵字形的代码。存储在介质中的全部汉字的点阵码又称字库。16×16 点阵的汉字其点阵有 16 行，每一行上有 16 个点。如果每一个点用一个二进制位来表示，则每一行有 16 个二进制位，需用两个字节来存放每一行上的 16 个点，并且规定其点阵中二进制位 0 为白点，1 为黑点，这样一个 16×16 点阵的汉字需要用 32 个字节来存放。依次类推，24 节来存点阵和 32 节来存点阵的汉字则依次要用 72 个字节和 128 个字节存放一个汉字，以构成它在字库中的字模信息。当要显示或打印输出一个汉字时，计算机汉字系统先根据该汉字的机内码找出其字模信息在字库中的位置，再取出其字模信息作为字形在屏幕上显示或在打印机上打印输出。

1.4.6　数值的数字化

1）原码、反码和补码

在计算机中，参运算的数有正与负之分，数的符号也是用二进制来表示的。用二制表示的带符号的数被称为机器码。通常规定，带符号数使用最高位二进制位作为符号位，常用的机器码有原码、反码和补码。

在原码表示中，最高位用 0 和 1 表示该数的符号 + 和一，后面数值部分不变（该二进制数的绝对值）。即正数的符号位为 0，负数的符号位为 1，后面各位为其二进制的数值。以 8 位机器码为例：

$$X1= +85 = +1010101 \qquad [X1]_原 = 01010101$$
$$X2= -85 = -1010101 \qquad [X2]_原 = 11010101$$

在原码中，0 的原码有两种表达方式：

$$[+0]_{原} = 00000000 \qquad [-0]_{原} = 10000000$$

正数的反码与原码的表示方式相同；负数的反码是它的正数（带符号位）按位取反，即负数的反码最高位为 1，数值位为原码逐位求反。

例如：

$$X1 = +85 = +1010101 \qquad [X]_{反} = 01010101$$
$$X2 = -85 = -1010101 \qquad [X]_{反} = 10101010$$

在反码表示中，0 的反码有两种表达方式：

$$[+0]_{反} = 00000000$$
$$[-0]_{反} = 11111111$$

在补码表示中，正数的补码与原码的表示方式相同；负数的补码为该数绝对值的原码按位取反后末位加 1，即该负数的反码加 1。

例如：

$$X1 = +85 = +1010101 \qquad [X]_{补} = 01010101$$
$$X2 = -85 = -1010101 \qquad [X]_{补} = [X]_{反} + 1 = 10101011$$

0 的补码只有一种表达方式。

0 的补码：

$$[+0]_{补} = 00000000$$
$$[-0]_{补} = 00000000$$

2）定点数与浮点数

对于带有小数部分的数值，在计算机中可以有定点表示和浮点表示两种方式。定点表示方式是规定小数点的位置固定不变，这样的机器数被称为定点数；浮点表示是小数点的位置以其指数的大小来确定，因而是可以浮动的，这样的机器数被称为浮点数。不过无论是定点数还是浮点数，其小数点都不实际表示在机器数中。

定点表示方式通常将一个数值按整数的形式进行存放，而小数点则以隐含的方式固定在这个数的符号位之后，或者固定在这个数的最后。在实际运算时，操作数及运算结果均须用适当的比例因子进行折算，以便能够得到正确的计算结果。

定点表示方式虽然简单、方便，但是其所能表示的数值范围十分有限，难以表示绝对值很大或者很小的数，因此大多数计算机都采用浮点表示方式。

浮点表示法与数值的科学计数方法相对应，采用阶符、阶码、数符、尾数的形式来表示一个实数。

例如，$(158.625)_{10}=(10011110.101)_2=(0.10011110101)_{2.10}$。

因此，十进制数 158.625 的浮点数表示形式为：

阶符	阶码	数符	尾数
0	1000	0	10011110101

在上述表示形式中，阶符占一位，用来表示指数为正或者负，0 表示指数为正，1 表示指数为负；阶码即指数的数值，这里的指数为十进制数 8，所以是二进制数 1000；数符也占一位，用来表示整个数值位正或者负，同样是 0 表示正数，1 表示负数；尾数总是一个小于 1 的数，用来表示该数值的有效值。

1.4.7　其他信息的数字化

图像和声音是最常见的两种信息，图像的数字化主要包括采样和量化，获取图像的目标是从感知的数据中产生数字图像，由于传感器的输出是连续的电压波形，因此需要把连续的感知数据转换为数字形式。这一过程由图像的采样与量化来完成。数字化坐标值被称为取样，数字化幅度值被称为量化。图像采样时，若横向的像素数（列数）为 M，纵向的像素数（行数）为 N，则图像总像素数为 M×N 个像素。一般来说，采样间隔越大，所得图像像素数越少，空间分辨率低，质量差，严重时会出现马赛克现象；采样间隔越小，所得图像像素数越多，空间分辨率高，图像质量好，但数据量大。图像的量化等级越多，所得图像层次越丰富，灰度分辨率高，图像质量好，但数据量大；量化等级越少，图像层次欠丰富，灰度分辨率低，会出现假轮廓现象，图像质量变差，但数据量小。黑白图像指图像的每个像素只能是黑或者白，没有中间的过渡，故又称为 2 值图像。2 值图像的像素值为 0 和 1。灰度图像是指每个像素的信息由一个量化的灰度级来描述的图像，没有彩色信息。彩色图像是指每个像素的信息由 RGB 三原色构成的图像，其中 RGB 是由不同的灰度级来描述的。二维矩阵是表示数字图像的重要数学形式。一幅 M×N 的图像可以表示为矩阵：矩阵中的每个元素可称为图像的"像素"。每个像素都有它自己的"位置"和"值"，"值"是这一"位置"像素的颜色或者强度。

声音在空气中以波形传播。脉冲编码调制（Pulse Code Modulation，PCM）编码通过采样、量化、编码将连续变化的模拟信号转换为数字编码。

采样：一次振动中，必须有两个点的采样，关于为什么有两个点采样，这里不再赘述。人耳能够感觉到的最高频率为 20 kHz，因此要满足人耳的听觉要求，则至少需要每秒进行 40 k 次采样，用 40 kHz 表达，这个 40 kHz 就是采样率。

量化：每个声音样本若用 8 位存储，样本只能存储 0—255 个信息，每个声音样本若用 16 位存储，则可以存储 0—65535 个信息，说明量化精度越高，声音质量越好。

编码：量化后的抽样信号十进制数字信号，应将十进制数字代码变换成二进制编码。

1.4.8 未来信息数字化的发展方向

未来信息数字化将从计算机化到数据化。数字化是指将信息载体（文字、图片、图像、信号等）以数字编码形式（通常是二进制）进行储存、传输、加工、处理和应用的技术途径。数字化本身指的是信息表示方式与处理方式，但本质上强调的是信息应用的计算机化和自动化。数据化（数据是以编码形式存在的信息载体，所有数据都是数字化的）除包括数字化外，更强调对数据的收集、聚合、分析与应用，强化数据的生产要素与生产力功能。数字化正从计算机化向数据化发展，这是当前社会信息化最重要的趋势之一。

数据化的核心内涵是对信息技术革命与经济社会活动交融生成的大数据的深刻认识与深层利用。大数据是社会经济、现实世界、管理决策等的片段记录，蕴含着碎片化信息。随着分析技术与计算技术的突破，解读这些碎片化信息成为可能，这使大数据成为一项新的高新技术、一类新的科研范式、一种新的决策方式。大数据深刻改变了人类的思维方式和生产生活方式，给管理创新、产业发展、科学发现等多个领域带来前所未有的机遇。

◎ 习题

一、选择题

1. 操作系统首次出现在（　　　）计算机中。

A. 第一代　　　　B. 第二代　　　　C. 第三代　　　　D. 第四代

2. IBM360 系列计算机属于（　　　）计算机。

A. 第一代　　　　B. 第二代　　　　C. 第三代　　　　D. 第四代

3. 下列不同进制的 4 个数中，最大的数是（　　　）。

A. $(98)_{10}$　　　B. $(142)_8$　　　C. $(63)_{16}$　　　D. $(1100010)_2$

4. 下列不同进制的 4 个数中，最小的数是（　　　　）。

A.（72）$_{10}$　　　B.（111）$_8$　　　C.（49）$_{16}$　　　D.（1001001）$_2$

5. 汇编程序的作用是将汇编语言程序翻译为（　　　　）。

A. 目标程序　　　B. 临时程序　　　C. 应用程序　　　D. 编译程序

6. CPU 的两个主要组成部分是运算器和（　　　　）。

A. 寄存器　　　B. 主存储器　　　C. 控制器　　　D. 辅助存储器

7. 设一个汉字的点阵为 24×24，则 600 个汉字的点阵所占用的字节数是（　　　　）。

A. 48×600　　　B. 72×600　　　C. 192×600　　　D. 576×600

8. 二进制数 110101 中，右起第五位数字是"1"，它的权值是十进制数（　　　　）。

A. 6　　　　　B. 16　　　　　C. 32　　　　　D. 64

二、填空题

1. 一条指令通常由（　　　）和操作码两个部分组成。

2. 处理器所能执行的指令的集合称（　　　）。

3. CPU 的两个主要组成部分是运算器和（　　　）。

4. 十进制算式 3×256+8×14+5 的运算结果对应的二进制数是（　　　）。

5. 二进制加法 10010100 + 110010 的和为（　　　）。

6. 一个无符号八进制整数的右边加上一个 0，新形成的数是原来的（　　　）倍。

7. 二进制数 111001−100111 的结果是（　　　）。

8. 将十进制数 513 转换为十六进制数是（　　　）。

9. 在微型计算机中，英文字符通常采用（　　　）编码存储。

10. 二进制数 11001.011 等于十进制数（　　　）。

11. [−39]$_反$ = （　　　）（用 16 位表示）。

12. 在描述计算机存储容量时，1 TB 等于（　　　）GB。

13. 按照显示器不同工作原理划分，计算机的显示器可分为（　　　）、液晶显示器和等离子显示器。

14. CPU 中运算器的功能是进行（　　　）运算。

15. 机器中的浮点数是（　　　）的位置可以变动的数。

16. 声卡对声音的处理质量可以用 3 个基本参数来衡量，即采样频率、采样位数和（　　　）。

三、简答题

1. 计算机中的信息为何采用二进制系统?

2. 简述计算机的发展经历了哪几个阶段,以及各阶段的主要特点。

3. 以二进制补码的形式写出十进制 76 — 168 的计算过程和结果(用 16 位表示)。

2 Windows 10 操作系统

本章将介绍 Windows 10 操作系统的基础知识、新功能、基础操作及个性化设置，使用户能够更好地认识 Windows 10 操作系统（以下简称"Windows 10 系统"）。

2.1 Windows 10 系统概述

Windows 系统具有丰富的图形用户界面、标准化的程序操作方法、多任务处理能力及设备无关性等众多突出的优点，是使用最广泛的操作系统之一。本章主要以 Windows 10 系统为例介绍 Windows 系统的使用。

2.1.1 Windows 10 系统简介

操作系统（Operating System，OS）是计算机中的一个系统软件，它管理着计算机系统中的硬件资源、软件资源、数据资源、控制程序运行，并为用户提供了一个功能强大、使用方便且可扩展的工作环境。它不仅是计算机硬件与其他软件系统的接口，也是用户与计算机之间进行"交流"的界面。

Windows 操作系统是 Microsoft 公司的产品，于 20 世纪 80 年代初进入中国。从 Windows 3.1 版本开始，后来发展到 Windows 3.2、Windows 95、Windows 97、Windows 98、Windows 2000、Windows XP、Windows me、Windows 7、Windows 8、Windows 10，直到最新推出的 Windows 11 版本。这里以 Windows 10 系统为例，Windows 10 系统提供了各种卓越的新功能，可为用户提供各种创新的工具，帮助用户更快速地完成工作。

2.1.2　Windows 10 系统的新功能

1）全新的"开始"菜单

微软在 Windows 10 系统中增加了全新的"开始"菜单，整合了 Windows 7 系统的传统"开始"菜单和 Windows 8 系统的 Modern 应用动态磁贴开始屏幕，在开始菜单的右侧增加了 Modern 风格的区域，如图 2-1 所示。用户可以灵活调整、增加或删除动态磁贴，甚至删除所有磁贴，让"开始"菜单回归经典样式。新的"开始"菜单将传统风格和现代风格有机地结合在一起，兼顾了用户对于先前版本的使用习惯，也融入了新元素，更受年轻一代用户的青睐。

图 2-1　"开始"菜单

Windows 10 系统"开始"菜单中的"所有应用"列表采用了按首字母分组排序的方式排列应用。以前，随着安装的应用程序的增多，整个列表会越变越长，如果用户查找某些应用就需要翻阅长长的列表。如今，用户可以通过字母表快速找到应用，只需要点击代表应用分组的字母就可以打开一张字母表，通过点击这张表上的字母就可以快速定位到对应的首字母分组，这样就不用再拖动整个列表来查找应用了，如图 2-2 所示。表中高亮的字母代表有应用在该字母分组下，灰色则表示暂无应用。

图 2-2 "所有应用"列表的字母表

2）虚拟桌面功能

在 Windows 10 系统中，用户可以建立多个桌面，在各个桌面上运行不同的程序且互不干扰，用户可以通过任务栏上的 Task view 按钮或 Win+Tab 组合键来查看当前所选择的桌面正在运行的程序，在左上方则可快捷地增加桌面并且切换及关闭虚拟桌面，如图 2-3 所示。虚拟桌面能让用户在运行多个程序时更轻松地管理桌面上的窗口。

图 2-3 虚拟桌面

3）任务栏搜索功能

Windows 10 系统把搜索功能放置在任务栏第二项，任务栏搜索按钮默认先打开一个小的搜索窗口进行搜索，如图 2-4 所示。默认先进行本地搜索，再进行全网搜索，会给出搜索建议，回车后进入新开的 IE 窗口搜索对应关键字。

图 2-4　任务栏搜索

4）智能分屏

在 Windows 10 系统中，所有软件都支持分屏功能，如图 2-5 所示。用户不仅可以通过拖曳窗口到桌面左右边缘的方式来进行分屏放置，还可以将窗口拖曳到屏幕四角，分成四部分显示，而且有对应的划分提示。当用户选中了一个窗口，系统就会在未分配窗口的空白区域显示当前打开的窗口列表供用户选择，比较人性化。

图 2-5　智能分屏

如果用户在桌面上并排放置两个应用，在调整其中一个窗口的比例后，另一个窗口便会自动填补剩下的区域。用户还可以将鼠标放置在两个应用窗口中间，这时鼠标指针就会变成双向箭头形状，滑动它可以调整两个窗口的比例。

2.1.3　Windows 10 系统的运行环境

Windows 10 系统对电脑硬件配置需求如下。

·处理器：主频超过 1 GHz。

·内存：1 GB（32 位）或 2 GB（64 位）。

·可用硬盘空间：16 GB。

·显示卡：带有 WDDM 驱动程序的 Microsoft Direct X9 图形设备。

Windows 10 系统的安装过程与 Windows 8 系统基本一致，安装后依然有个简单的设置向导，用户可以登录微软账户来同步数据，在断网的条件下则可新建本地账户。

2.2 Windows 10 系统的使用基础

操作系统是用户与计算机之间的接口，掌握操作系统的基础知识是熟练使用计算机的前提。Windows 10 系统为用户使用计算机提供了极大便利。

2.2.1 Windows10 的启动和关闭

1）开启电脑

当主机和显示器接通电源后，按下主机上的电源按钮，电脑启动并进行开机自检，首先进入 Windows 10 系统的加载界面，如图 2-6 所示。加载完成之后，系统会成功进入 Windows 系统桌面。如果添加了多个用户，那么在启动的过程中还将显示 Windows 10 系统的登录界面，如图 2-7 所示。如果设置了用户密码，那么在登录时系统会要求输入密码，否则不允许登录，如图 2-8 所示。

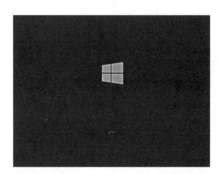

图 2-6　Windows 10 系统的系统加载界面

图 2-7　Windows 10 系统的登录界面

图 2-8　Windows 10 系统的登录密码界面

2）重启电脑

在电脑使用过程中，如果需要重启电脑，那么需要在"开始"菜单中单击"电源"

选项，再在弹出的菜单选项中，单击"重启"选项，即可重启电脑。如果当前有应用程序正在运行，那么会弹出警告窗口，提醒用户是否要保存。

3）关闭电脑

为了延长计算机的使用寿命，用户应选择正确的关闭电脑的方法。在 Windows 10 系统中，常见的关机方法有以下 4 种。

方法 1：首先关闭正在运行的应用程序，对需要保存的应用程序则先保存后关闭。然后单击"开始"菜单，再单击"电源"选项，在弹出的选项中，单击"关机"选项，即可关闭电脑，如图 2-9 所示。

图 2-9 关机方法 1

方法 2：在桌面环境中，按 Alt+F4 组合键，打开"关闭 Windows"对话框，其默认选项为"关机"，单击"确定"按钮，即可关闭电脑，如图 2-10 所示。

图 2-10 关机方法 2

方法 3：当电脑出现程序无响应的情况时，可用按 Ctrl+Alt+Delete 组合键，进入图 2-11 所示的界面，单击屏幕右下角的"电源"按钮，即可关闭电脑。

方法 4：当用户在使用电脑的过程中遇到蓝屏、死机等现象时，就只能选择手动关机，需要按主机上的"电源"按钮几秒钟，这样主机就会关闭。

4）注销电脑

注销的意思是向系统发出清除现在登录的用户的请求，清除后即可使用其他用户来登录系统，注销不是重新启动。注销的操作步骤也是按 Ctrl+Alt+Delete 组合键，进入如图 2-11 所示界面，单击"注销"选项即可。

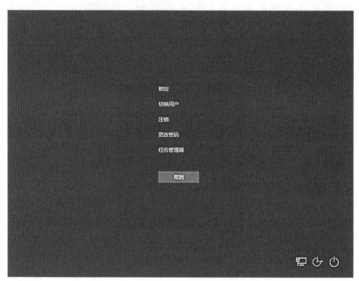

图 2-11 关机方法 3

5）安全模式

安全模式是 Windows 用于修复操作系统错误的专用模式，它仅启动运行 Windows 所必需的基本文件和驱动程序，可帮助用户排除问题，修复系统错误。

用户可以通过设置安全启动的方式进入安全模式，具体操作步骤如下。

①按 Win+I 组合键打开"Windows 设置"界面，如图 2-12 所示，单击"更新和安全"选项。

图 2-12　"Windows 设置"界面

②进入设置界面后，依次点击"恢复"→"立即重新启动"选项，如图 2-13 所示。

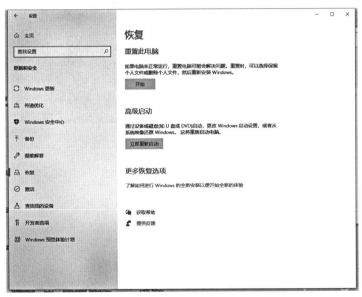

图 2-13　"立即重新启动"选项

大学信息技术基础

③电脑重启之后，出现图 2-14 所示的界面，然后点击"疑难解答"。

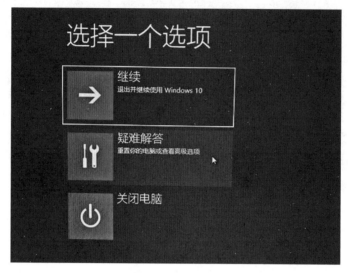

图 2-14　选项窗口

④出现图 2-15 所示界面后点击"高级选项"。

图 2-15　"疑难解答"

⑤在"高级选项"设置窗口，点击"启动设置"，如图 2-16 所示。

图 2-16　"高级选项"

　　⑥在"启动设置"窗口，点击"重启"按钮，如图 2-17 所示，此时计算机将会自行重启。

图 2-17　"启动设置"

　　⑦计算机重启之后，会出现图 2-18 所示的界面。此时通过按键盘上的 F4、F5、F6就可以进入不同类型的安全模式了。

图 2-18 "启动设置"选项

2.2.2　Windows 10 系统的桌面

进入 Windows 10 系统后，首先呈现在用户面前的就是 Windows 10 系统的主界面，如图 2-19 所示，主要由桌面、"开始"按钮、任务栏等组成。

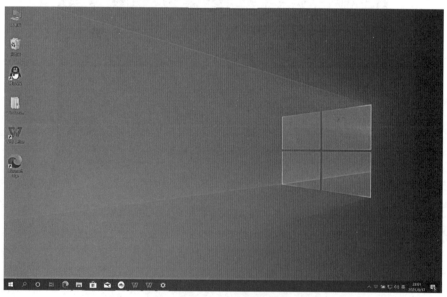

图 2-19　Windows 10 系统的主界面

1）桌面背景

桌面背景是指 Windows 10 系统桌面背景图案，也称为墙纸，用户可以根据需要设置桌面背景图案。更换桌面背景的操作步骤是：在桌面空白处右击鼠标，在弹出的快捷菜单中选择"个性化"命令，如图 2-20 所示。系统会弹出图 2-21 所示的"个性化"设置窗口。在此窗口中可设置桌面背景、窗口颜色、屏幕保护程序等，同时还可以选择自己喜欢的主题。主题是一系列系统集成的设置。

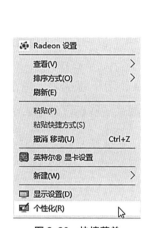

图 2-20　快捷菜单

图 2-21　"个性化"设置窗口

2）桌面图标

Windows 10 系统中，所有的文件、文件夹、应用程序都由相应的图标表示。桌面图标一般由文字和图片组成，文字说明图标的名称或功能，图片是它的标识符，如图 2-22 所示。用户双击图标，即可打开相应的文件、文件夹或应用程序。

用户可按自己的需要将经常使用到的文件、文件夹或应用程序图标放到桌面上，也可以根据需要在桌面上添加各种快捷图标，在使用时双击图标就能快速启动相应的程序或打开文件。

（1）添加系统图标

具体操作步骤如下。

图 2-22　桌面图标示例

①在桌面空白处单击鼠标右键，在弹出的快捷菜单中选择"个性化"菜单项，打开"设置"→"个性化"窗口，选择"主题"选项卡，单击右侧"桌面图标设置"链接，如图2-23所示。

图 2-23 "设置"界面

②弹出"桌面图标设置"对话框，在其中勾选准备添加的系统图标复选项，单击"确定"按钮，如图2-24所示。返回桌面后，可以看到刚刚选择的系统图标已经添加到桌面上了。

图 2-24 "桌面图标设置"

（2）添加桌面快捷方式

为了从桌面轻松访问常用的文件或程序，可在桌面创建它们的快捷方式。快捷方式是一个表示与某个项目链接的图标，删除快捷方式，不会影响原始文件。快捷方式图标的左下角会有一个箭头标志，如图2-25所示。

图 2-25　快捷方式图标示例

添加快捷方式的具体操作方法如下。

方法1：右击需要在桌面创建快捷方式的文件，在弹出的快捷菜单中选择"创建快捷方式"，如图 2-26 所示；或者选择"发送到"→"桌面快捷方式"命令，如图 2-27 所示。如此，此文件的快捷方式就添加到桌面了。

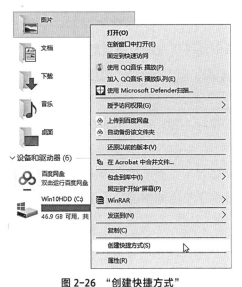

图 2-26　"创建快捷方式"

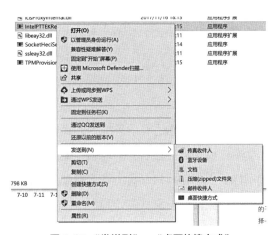

图 2-27　"发送到"→"桌面快捷方式"

方法2：右击需要在桌面创建快捷方式的文件，在弹出的快捷菜单中选择"复制"命令，然后在桌面空白区域单击右键，在弹出的快捷菜单中选择"粘贴快捷方式"命令，创建该文件的快捷方式，如图 2-28 所示。

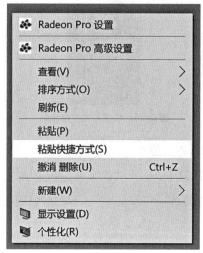

图 2-28 "粘贴快捷方式"

方法3：单击"开始"按钮，在"开始"菜单中直接用鼠标左键将准备创建快捷方式的程序拖曳至桌面，释放鼠标左键，就可以看到桌面上已经添加了刚刚所选择的程序的快捷图标。

要删除桌面图标，只需选择该图标，然后单击鼠标右键，在弹出的快捷菜单中选择"删除"命令即可。

（3）设置图标的大小及排列方式

图标添加到桌面后，有时候会显得杂乱无章。为了桌面的整洁和美观，可以设置桌面图标的大小和排列方式。具体操作步骤如下。

①在桌面的空白处右击鼠标，在弹出的快捷菜单中选择"查看"菜单命令，在弹出的子菜单中会显示3种图标大小，即"大图标""中等图标""小图标"，用户根据需要选择一种即可，如图2-29所示。

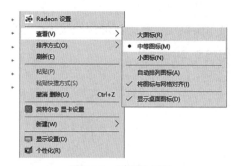

图 2-29 "查看"设置

②在桌面的空白处右击鼠标，在弹出的快捷菜单中选择"排列方式"菜单项，在弹出的子菜单中有4种排列方式供选择，分别是"名称""大小""项目类型"和"修改日期"，如图2-30所示，本实例选择"项目类型"菜单命令。回到桌面，所有图标均按照项目类型进行排列，如图2-31所示。

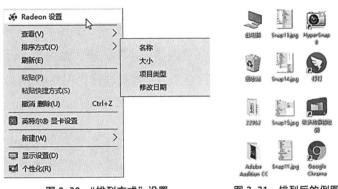

图2-30 "排列方式"设置　　图2-31 排列后的例图

3）"开始"菜单

单击屏幕左下角的"开始"按钮，即可弹出Windows 10系统的"开始"菜单，如图2-32所示。

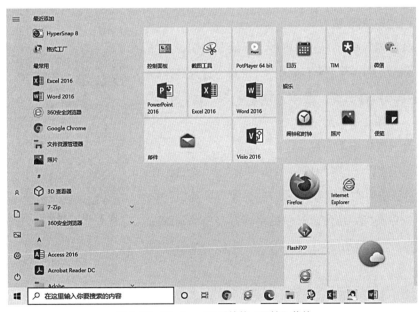

图2-32 Windows 10系统的"开始"菜单

Windows 10 系统的"开始"菜单分为左右两个区域。左侧区域中的选项可以帮助用户轻松切换到系统中的不同窗口，如"文件资源管理器""设置"等窗口；左侧区域上方为"最常用"列表，用户每天使用的应用程序会出现在此处。右侧区域为动态磁贴区，可以固定程序的磁贴和图标，方便用户快速打开应用程序。

在磁贴上单击鼠标右键，在弹出的快捷菜单中选择"更多"→"关闭动态磁贴"或"打开动态磁贴"命令，即可关闭或打开磁贴的动态显示，如图 2-33 所示。在磁贴上单击鼠标右键，在弹出的快捷菜单中选择"调整大小"选项，如图 2-34 所示，在弹出的子菜单中有"小""中""宽""大"4 种显示方式可供选择，用户可根据需要调整磁贴的大小。

| 图 2-33 关闭或打开磁贴的动态显示 | 图 2-34 调整磁贴大小 |

将程序图标固定到"开始"菜单的磁贴区有两种方法。

（1）通过命令固定

以"计算器"程序为例，单击"开始"按钮，选择"开始"菜单左列中的"所有应用"，找到"计算器"程序图标并单击鼠标右键，选择"固定到'开始'屏幕"命令即可，如图 2-35 所示。

（2）通过鼠标拖动固定

以"录音机"程序为例，单击"开始"按钮，在"开始"菜单左列的"所有应用"中找到"录音机"程序，单击程序图标并按住鼠标左键将其直接拖动到磁贴区即可，如图 2-36 所示。

图 2-35 "固定到'开始'屏幕"

图 2-36 拖动到磁贴区

4）搜索框

Windows 10 系统中，搜索框和 Cortana 高度集成，在搜索框中直接输入关键词或打开"开始"菜单输入关键词，即可搜索相关的桌面程序、网页、资料等。

在搜索框内输入任意的算式，比如，输入"2021*2"，会发现搜索框变成了计算器，能直接给出答案，如图 2-37 所示。当然除了最简单的加减乘除，复杂一点计算，也能瞬间给出答案。对于日常需要完成计算工作的用户，这一功能还是非常方便实用的。

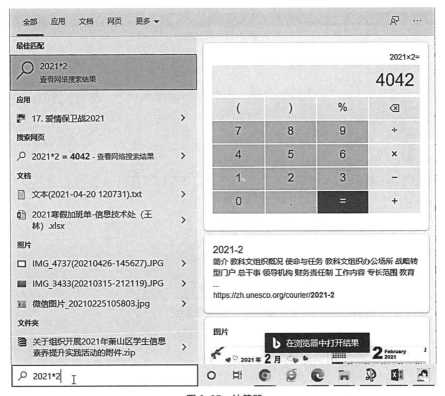

图 2-37 计算器

如果用户希望隐藏搜索框，那么只需在任务栏空白处单击鼠标右键，在弹出的快捷菜单中，选择"Cortana"，然后单击"隐藏"，如图2-38所示，这样就取消了搜索框的显示。

图2-38　取消搜索框

5）任务栏

和以前的系统相比，Windows 10系统中的任务栏，设计更加人性化，使用更加方便，功能和灵活性更强大，如图2-39所示。除了可以按Alt+Tab组合键在不同的窗口之间进行切换，用户还可以通过多种方式对其进行个性化设置：更改颜色和大小，将收藏的应用固定到其中，在屏幕上移动，以及重新排列任务栏按钮或调整大小。

图2-39　任务栏

（1）锁定任务栏

在任务栏的空白处，单击鼠标右键，在弹出的快捷菜单中，单击"锁定任务栏"命令，如图2-40所示。

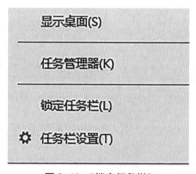

图2-40　"锁定任务栏"

（2）调整任务栏大小

解锁任务栏，将鼠标指针放到任务栏边上，待鼠标光标变为双向箭头形状，向上拖曳鼠标，即可调整任务栏大小。

（3）任务栏设置

在任务栏的空白处，单击鼠标右键，在弹出的快捷菜单中，单击"任务栏设置"命令，即可打开"设置"→"任务栏"面板，如图2-41所示。单击"任务栏在屏幕上的位置"右侧的下拉按钮，在弹出的下拉列表中，选择要调整的位置。若要在底部显示，则选择"底部"选项。此外，在任务栏未锁定状态下，可以拖曳任务栏，调整它的显示位置。

图2-41 "设置"→"任务栏"面板

（4）自动隐藏任务栏

默认情况下，任务栏位于屏幕下方，如果为了保持桌面整洁，可以将任务栏自动隐藏起来。在任务栏的空白处位置，单击鼠标右键，在弹出的快捷菜单中，单击"任务栏设置"命令，打开"设置"→"任务栏"面板，将右侧任务栏区域下的"在桌面模式下自动隐藏任务栏"按钮，设置为"开"，如图2-42所示，任务栏就会自动隐藏。鼠标指向屏幕底部时，即显示任务栏；不对任务栏进行任何操作时，即隐藏任务栏。

图2-42 自动隐藏任务栏

6）通知区域

默认情况下，通知区域位于任务栏的右侧，如图2-43所示。它包含一些程序图标，这些程序图标提供有关传入的电子邮件、更新、网络连接等事项的状态和通知。安装新程序时，可以将此程序的图标添加到通知区域。

图 2-43 通知区域示例

新的电脑在通知区域经常已有一些图标，而且某些程序在安装过程中会自动将图标添加到通知区域。用户可以更改出现在通知区域中的图标和通知，对于某些特殊图标（即"系统图标"），还可以选择是否显示它们。

用户可以通过将图标拖曳到所需的位置来更改图标在通知区域中的顺序以及隐藏图标的顺序。

用户在使用 Windows 10 系统的时候，打开的每个应用程序都会在通知区域有一个对应的小图标显示。当开启的应用程序太多时，图标就会自动隐藏起来，单击图 2-43 中这个向上的箭头，则能看到隐藏的图标。如果要将这些图标全部显示出来，可以按照如下步骤进行操作。

①在任务栏的空白处位置，单击鼠标右键，在弹出的快捷菜单中，单击"任务栏设置"命令，打开"设置"→"任务栏"面板，在弹出的对话框的左侧选择"任务栏"分类。

②在右边的"通知区域"中选择"选择哪些图标显示在任务栏上"，如图 2-44 所示。

③在弹出的对话框中，将"通知区域始终显示所有图标"设置为"开"的状态，如图 2-45 所示。

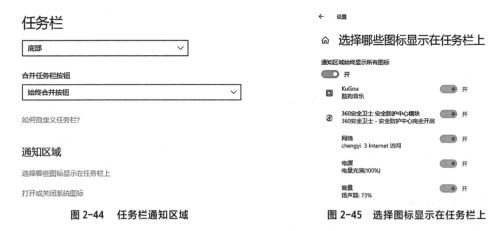

图 2-44 任务栏通知区域　　　　　图 2-45 选择图标显示在任务栏上

④这样，所有的图标就全部显示出来了，如图 2-46 所示。

图 2-46　任务栏显示图标示例

7）任务视图

任务视图是 Windows 10 系统中新增的一项虚拟桌面软件。任务视图功能能够同时以缩略图的形式全部展示电脑中正在运行的软件、浏览器、文件等任务界面，方便用户快速进入指定软件或者关闭某个软件。用户可以在任务栏空白处单击右键，在弹出的快捷菜单中单击"显示'任务视图'按钮"，实现其在任务栏上显示或不显示，如图 2-47 所示。

用户可以根据不同的使用场景来定制不同的桌面。创建多个桌面的步骤是：单击"任务视图"按钮，直接进入 Windows 10 系统任务视图，如图 2-48 所示，这里以缩略图形式显示了所有当前正在运行的任务，左上角有一个"新建桌面 +"按钮，单击该按钮，即可新建一个桌面，即桌面 2。根据需要，还可以继续增加桌面，用户可以将软件、文件等分门别类地放置在不同的桌面上，以便更好地管理自己的桌面环境。

图 2-47　显示任务视图

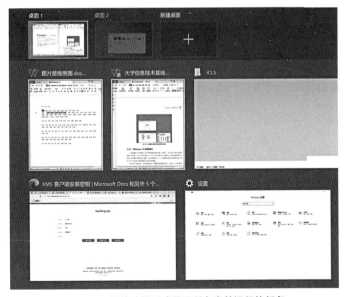

图 2-48　以缩略图形式显示所有当前运行的任务

2.2.3 Windows 10 系统的窗口

在 Windows 10 系统中，显示屏幕被划分成许多框，即窗口。每个窗口负责显示和处理某一类信息，用户可在任意窗口上工作，并在各窗口间交换信息。操作系统中有专门的窗口管理软件来管理窗口操作，窗口是屏幕上与一个应用程序相对应的矩形区域，是用户与产生该窗口的应用程序之间的可视界面。

每当用户开始运行一个应用程序时，应用程序就创建并显示一个窗口；当用户操作窗口中的对象时，程序会做出相应的反应。用户通过关闭一个窗口来终止一个程序的运行，通过选择相应的应用程序窗口来选择相应的应用程序。

1）窗口的组成

图 2-49 是"此电脑"窗口，由标题栏、搜索框、地址栏、导航窗格、内容窗格、滚动条等组成。

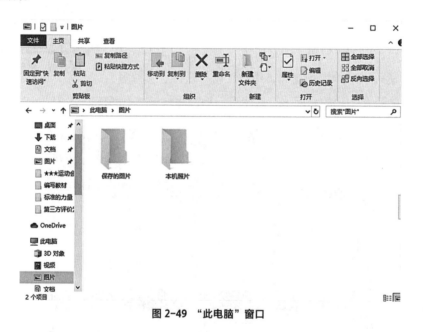

图 2-49 "此电脑"窗口

· 标题栏：位于窗口顶部中间，显示了当前的目录位置，其右侧显示了"最小化""最大化 / 还原""关闭"按钮。单击这些按钮可对窗口执行相应的操作。

· 快速访问工具栏：快速访问工具栏位于标题栏的左侧，显示了"当前窗口图标和查看属性""新建文件夹""自定义快速访问工具栏"3 个按钮。单击"自定义快速访问工具栏"按钮，弹出下拉列表，用户可以勾选列表中的功能选项，将其添加到快速访问工具栏中。

·选项卡：位于标题栏下方，包括"文件""主页""共享""查看"等选项卡，就像 Windows XP 系统中的窗口菜单。单击"主页"选项卡，下方会弹出相应的功能区。单击功能区右侧的箭头，则可收缩和展开功能区。

·地址栏：位于选项卡的下方，主要反映了从根目录开始到现在所在目录的路径，单击地址栏即可看到具体的路径。在地址栏中直接输入路径地址，按 Enter 键，可以快速到达要访问的位置，也可在左侧导航窗格中点击想要到达的位置。

·控制按钮区：位于地址栏左侧，主要用于返回、前进、上移到前一个目录位置。单击按钮，打开下拉菜单，可以查看最近访问的位置信息，单击下拉菜单中的位置信息，可以快速进入该位置目录。

·搜索框：位于地址栏的右侧，通过在搜索框中输入要查看的信息的关键字，用户可以快速搜索电脑中的程序、文件和文件夹等内容。

·导航窗格：导航窗格位于控制按钮区下方，显示了电脑中包含的具体位置，如"快速访问""OneDrive""此电脑""网络"等，用户可以通过左侧的导航窗格，快速定位相应的目录。另外，用户也可以单击导航窗格中的"展开"和"收缩"按钮，显示或隐藏详细的子目录。

·内容窗口：位于导航窗格右侧，用于显示当前窗口包含的对象或内容，也叫工作区域，双击对象图标即可查看内容。

·状态栏：位于导航窗格下方，会显示当前目录文件中的项目数量，也会根据用户选择的内容，显示所选文件或文件夹的数量、容量等属性信息。在状态栏的右侧，第一个图标是列表详细显示窗口内容，第二个是缩略图显示内容。

2）窗口的基本操作

窗口的操作包括打开和关闭窗口、改变窗口大小、移动窗口及切换活动窗口等。

·打开窗口：在 Windows 10 系统中，启动程序、打开文件或文件夹时都将打开一个窗口。打开窗口有以下几种方法。

方法 1：双击对象，在"开始"菜单列表、桌面快捷方式、快速启动栏中都可以打开程序的窗口。

方法 2：单击选中对象，按 Enter 键。

方法 3：鼠标右键单击对象图标，在弹出的快捷菜单中选择"打开"命令。

·关闭窗口：窗口使用完后，用户可以将其关闭。常见的关闭窗口的方法有以下几种。

方法1：单击窗口右上角的"关闭"按钮，即可关闭当前窗口。

方法2：单击快速访问工具栏最左侧的窗口图标，在弹出的快捷菜单中单击"关闭"按钮，即可关闭当前窗口。

方法3：按住 Alt+F4 组合键。

方法4：在标题栏上单击鼠标右键，在弹出的快捷菜单中选择"关闭"菜单命令。

方法5：在任务栏对应窗口图标上单击右键，在弹出的快捷菜单中选择"关闭窗口"命令。

方法6：当打开的程序或窗口过多时，同类型的窗口将自动形成一个窗口组。在该组上单击鼠标右键，在打开的快捷菜单中选择"关闭所有窗口"命令，可关闭该类型下的所有窗口，如图 2-50 所示。

图 2-50 "关闭所有窗口"

·移动窗口的位置：在 Windows 10 系统中，如果打开多个窗口，会出现窗口重叠现象。对此，用户可以将窗口移动到合适的位置。要移动窗口，只需将鼠标指针移动至标题栏，此时鼠标是 ▷ 形状。按住鼠标左键不放并拖动到指定位置即可。

·调整窗口的大小：默认情况下，打开的窗口大小和上次关闭时的大小一样。用户可以根据需要调整窗口的大小。

单击窗口右上方的"最大化"按钮，可以使窗口填满整个屏幕。最大化显示窗口后，单击"还原"按钮，即可取消最大化显示，还原窗口到原来的大小。

若要调整窗口的高度，则将鼠标指向窗口的上边或下边，在鼠标指针变成上下双箭头后，拖动鼠标，达到所需高度。

若要调整窗口的宽度，则将鼠标指向窗口的左边或右边，在鼠标指针变成左右双箭头后，拖动鼠标，达到所需宽度。

若要同时改变窗口的高度和宽度，则将鼠标指向窗口的任意一个角，在鼠标指针变成倾斜的双向箭头后，用鼠标拖动一个角到所需高度和宽度。

·换窗口：虽然在 Windows 10 系统中可以同时打开多个窗口，但是当前活动窗口只有一个，需要通过切换窗口指定当前的活动窗口。切换窗口有以下几种方法。

方法 1：如果打开了多个窗口，那么使用鼠标在需要切换的窗口的任意位置单击，该窗口即可出现在所有窗口最前面。

方法 2：将鼠标停留在任务栏的某个程序最小化窗口上，该程序图标上方会显示该程序的预览小窗口，在预览小窗口中移动鼠标指针，桌面上也会同时显示该程序中的某个窗口。如果是需要切换的窗口，单击该窗口即可在桌面上显示。

方法 3：Alt+Tab 组合键。按键盘上主键盘区中的 Alt+Tab 组合键切换窗口时，桌面中间会出现当前打开的各程序预览小窗口。按住 Alt 键不放，每按一次 Tab 键，就会切换一次，直至切换到需要打开的窗口

方法 4：Windows+Tab 组合键。在 Windows 10 系统中，按键盘上主键盘区中的 Windows+ Tab 组合键或单击"任务视图"按钮，即可显示当前桌面环境中的所有窗口缩略图，在需要切换的窗口上单击鼠标左键，即可快速切换。

·窗口贴边显示：在 Windows 10 系统中，如果需要同时处理两个窗口时，可以按住一个窗口的标题栏，拖曳至屏幕左右边缘或角落位置，当出现一个空白窗口时，松开鼠标，窗口即会贴边显示。

2.2.4 Windows 10 系统的菜单

菜单是 Windows 操作系统中命令的集合。几乎每个应用程序都有菜单。常见的菜单有下拉菜单、控制菜单、快捷菜单等形式。菜单栏中的菜单由子菜单组成。每个菜单项对应一个命令，单击某个菜单项，会完成相应的功能。

1）下拉菜单

在窗口中单击某个选项卡中右侧带有向下箭头的菜单，即可打开相应的下拉菜单，如图 2-51 所示。不同的窗口，包含的菜单可能是不同的。相同的菜单名称，里面包含的菜单项也可能是不同的。

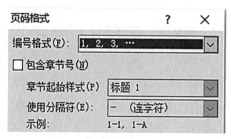

图 2-51　带有向下箭头的菜单

菜单中常包含一些表示特定含义的特殊符号，主要有以下几种。

·浅灰色命令：表示该命令当前不能执行。

·命令名后带有"…"的命令：表示选择该命令将弹出一个对话框，以期待用户输入必要的信息或做进一步的选择。

·命令名前有选择标记 ✓ ：表示该命令正在起作用，再单击一次这个命令可删除标记，表示命令不再起作用。例如，图 2-52 所显示的"显示桌面图标""将图标与网格对齐"等命令被选中，表示正在起作用。

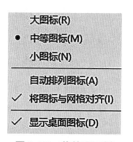

图 2-52　菜单项示例

·命令名右侧的箭头 〉 ：表示该菜单还有下一级子菜单，如图 2-53 所示，单击"排序方式"可打开子菜单。

图 2-53　排列方式

·命令名左边带圆点 ● ：通常在由单选命令组成的一组命令中可见，即一组命令中只能选择其中一个，被选择的命令前标记圆点。

·菜单选项右边括号里的字母：表示快捷键，打开菜单后，按下某个选项后括号里面的字母，与单击菜单选项的作用是一样的，都执行相同的命令。

2）控制菜单

"控制菜单"位于标题栏的右侧，单击"控制菜单"中的按钮，可以快速还原、最大化 / 最小化、关闭应用程序的窗口。

3）快捷菜单

右击操作对象，可以在窗口或桌面上弹出与该对象相关的快捷菜单，不同的操作对象，弹出的快捷菜单是不同的。

4）关闭菜单

不论是打开窗口选项卡中的菜单，还是快捷菜单，单击菜单外的任意位置，即可关闭菜单。按 Alt 键或 F10 键，也可以关闭菜单。按 Esc 键，可以逐级关闭菜单。

2.2.5　Windows 10 系统的对话框

Windows 10 系统中，对话框是用户和电脑进行交流的中间桥梁。用户通过对话框的提示和说明，可以进行进一步操作。

对话框一般在执行菜单命令或单击命令按钮后出现，通常由标题栏、命令按钮、复选框、单选按钮、提示文字、帮助按钮及选项卡等元素组成。窗口中的这些控件元素用途各不相同。例如，复选框可以选择多个选项；单选按钮只能选择一个选项；单击命令按钮执行操作。在一些复杂的对话框中，其包含的选项甚多，无法在同一个窗口中列出，因此选项会按功能分类，分别纳入某个选项卡标签。每一个标签如同菜单栏中的一个菜单。如图 2-54 所示，对话框有 4 个选项卡，当前列出的是"索引"选项卡所包含的选项。单击其他选项卡标签则显示出该选项卡所包含的所有选项。

图 2-54 "索引"窗口

对话框中的基本操作包括在对话框中输入信息、选择选项、使用对话框中的命令按钮等，用户设置完了对话框的所有选项后，单击"确定"命令按钮，表示确认所输入的信息和选项，系统就会执行相应的操作，对话框也随之关闭。

2.2.6 剪贴板

剪切板是 Windows 系统提供的一个可以暂存数据，并且提供共享的模块，也被称为数据中转站。剪切板在后台起作用，是内存里的一块存储区域，它所传送的信息可以是文字、数字、符号、图形、图像、声音或者它们的组合。

1）对剪贴板的基本操作

·剪切（Ctrl+X）：将选定的内容移到剪贴板中。

·复制（Ctrl+C）：将选定的内容复制到剪贴板中。

·粘贴（Ctrl+V）：将剪贴板中的内容插到指定的位置。

在大部分的 Windows 应用程序中都有以上 3 个操作命令，它们一般被放在"编辑"菜单中。如果没有清除剪贴板中的信息，那么在没有退出 Windows 之前，其剪贴板中的信息将一直保留，随时可以将它粘贴到指定位置。

2）屏幕复制

在进行 Windows 操作的过程中，任何时候按下 Print Screen 键，都可以将当前整个屏幕信息以图片的形式复制到剪贴板中。

在进行 Windows 操作的过程中，任何时候按下 Alt+Print Screen 组合键，都可以将当前活动窗口中的信息以图片的形式复制到剪贴板中。

2.3 Windows 10 系统的文件管理

电脑中的主要存储设备为硬盘，但是硬盘不能直接存储资料，需要将其划分为多个空间，而划分出的空间即磁盘分区，如图 2-55 所示。

图 2-55　磁盘分区

　　磁盘分区是使用分区编辑器（Partition Editor）在磁盘上划分的几个逻辑部分，盘片一旦被划分成数个分区，不同类的目录与文件就可以存储进不同的分区。分区越多，文件的性质就可以区分得越细，但太多分区也会给查找文件造成麻烦。

　　Windows 10 系统一般用"此电脑"来存放文件，此外，也可以用移动存储设备来存放文件，如 U 盘、移动硬盘及手机的内部存储等。理论上来说，文件可以被存放在"此电脑"的任意位置，但是为了便于管理，文件应按性质分盘存放。

　　通常情况下，电脑的硬盘最少需要划分 3 个分区：C 盘、D 盘和 E 盘。

　　C 盘主要用来存放系统文件。所谓系统文件，是指操作系统和应用软件中的系统操作部分。一般情况下系统都会被安装在 C 盘，包括常用的程序。

　　D 盘主要用来存放应用软件文件，如 Office、Photoshop 等程序常常被安装在 D 盘。小的软件，如 RAR 压缩软件等可以安装在 C 盘；大的软件，如 3ds Max 等需要安装在 D 盘，这样可以减少 C 盘的使用空间，从而提高系统运行的速度。

　　E 盘用来存放用户自己的文件，如电影、图片和 Word 资料文件等。如果硬盘还有多余空间，可以尝试添加更多的分区。

　　"文件夹组"是 Windows 10 系统中的一个系统文件夹，是系统为每个用户建立的文件夹，如图 2-56 所示，主要可以存放视频、图片、文档、下载（文件）、音乐及桌面（文件）等，当然也可以保存其他任何文件。对于常用的文件，用户可以将其放在"文件夹组"对应的文件夹中，以便及时调用。

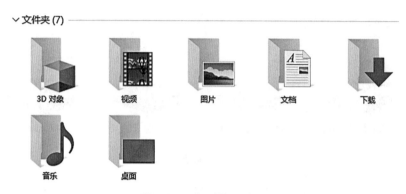

图 2-56 "文件夹组"示例

2.3.1 文件与文件夹

1）文件

文件是存放在外存上的一批相关信息的集合，是最基础的存储单位，可以是源程序、可执行程序、文章、信函或报表等。文件是按名存取的，所以每个文件必须有一个确定的名字。

在 Windows 10 系统中，文件名由文件主名和扩展名两部分组成。一般将文件主名直接称为文件名，表示文件的名称。文件的扩展名一般标识文件类型，也被称作文件的后缀。如某文件的文件名为"ACD.txt"，表示其主文件名为"ACD"，扩展名为".txt"。

文件名的具体命令规则如下。

·文件主名：在 Windows 7 系统中可以使用最多达 256 个字符的长文件名。

·扩展名：从小圆点"."开始，后跟 0—3 个 ASCII 字符。扩展名可以没有，无扩展名时，小圆点可省略。

·文件主名和扩展名中允许出现 ASCII 字符：ASCII 字符可以是英文字母（A—Z，不区分大小写）、数字符号（0—9）、汉字、特殊符号 [$、#、&、@、!、(、)、%、_、{、}、^、''、~ 等]。此外，不能在文件名中出现的符号是" \ 、/、:、*、?、"、<、>、|"。

·文件命名不区分大小写字母：在命名时会出现提示"文件命名不区分大小写"与"命名不区分大小写"，但同一个文件夹下的文件名称不能相同。

常见的文件类型如表 2-1 所示。

表 2-1 常见文件类型

扩展名	文件类型	扩展名	文件类型
.EXE	可执行程序文件	.COM	系统程序文件
.TXT	文本文件	.C	C 语言源程序
.DBF	Visual Fox Pro 表文件	.BMP	画图文件
.HTM	超文本主页文件	.WAV	声音文件
.DOC	Word 文档	.XLS	Excel 文档
.PPT	Power Point 文档	.HLP	帮助文件

2）文件夹

文件夹是从 Windows 95 系统开始提出的一种名称。文件夹是文件和子文件夹的集合，即将相关的文件和子文件夹存放在同一个文件夹中，以便更好地查找和管理这些文件与子文件夹。每个文件夹对应磁盘上的一块空间，每个文件夹可以存放很多不同类型的文件。同一个文件夹中的文件、文件夹不能同名。树状结构的文件夹是目前微型电脑操作系统的流行文件管理模式。它的结构层次分明，容易被人们理解，只要用户明白它的基本概念，就可以熟练使用它。

3）文件路径

文件路径是指文件或文件夹所在的具体位置。路径的表示有绝对路径和相对路径两种方法。

打开任意文件夹，存放在该文件夹内的所有文件或文件夹的路径将显示在窗口的地址栏中。如图 2-57 所示，该文件夹中所有文件或文件夹的路径都为"D:\KuGou\Temp"。要指定文件的完整路径，应先输入逻辑盘符号，如 C、D 等，后面紧跟一个 ":" 和 "\"，然后依次输入各级文件夹名，各级文件夹名之间用 "\" 分隔，这种从根文件夹开始的表示方法就是绝对路径。

图 2-57 文件完整路径

相对路径是从当前文件夹开始的表示方法，如当前文件夹为 "C:\Windows"，若要表示它下面的 System32 中的 ebd 文件夹，则可以表示为 "System32\ebd"，而用绝对路径应写为 "C:\Windows\System32\ebd"。

2.3.2 文件资源管理器

在 Windows 10 系统中，文件资源管理器采用了 Ribbon 界面，其实它并不是首次出现，Office 2007 到 Office 2016 都采用了 Ribbon 界面，最明显的标识就是采用了标签页和功能区的形式，便于用户的管理。而本节介绍 Ribbon 界面的主要目的是方便用户通过新的功能区对文件和文件夹进行管理。

在文件资源管理器中，默认隐藏功能区，用户可以单击窗口最右侧的向下按钮或按 Ctrl+F1 组合键展开或隐藏功能区。另外，单击标签页选项卡，也可显示功能区。文件管理器左侧为导航窗格，单击各导航项目左侧的"折叠"按钮，可以依次展开各级目录。

在 Ribbon 界面中，主要包含"计算机""主页""共享""查看"4 种标签页，在这些标签页中包含用户常用的一些操作。当选中相应格式的文件或驱动器时，就会触发显示其他标签页。

1）"计算机"标签页

双击"此电脑"图标，进入"此电脑"窗口，则默认显示"计算机"标签页，主要包含了对电脑的常用操作，如磁盘操作、网络位置、打开设置对话框、程序卸载、查看系统属性等，如图 2-58 所示。

图 2-58 "计算机"标签页

2）"主页"标签页

打开任意磁盘或文件夹，就可以看到显示主页标签页，如图 2-59 所示。此标签页主要包含了对文件的常用操作选项，例如复制、剪切、粘贴、新建、选择、删除、编辑等。此外，此标签页中还有复制文件路径的功能选项。选中文件或文件夹之后，单击此选项即可复制被选中对象的路径到任何位置，非常实用。主页标签页也是所有标签页中操作选项最多的。

图 2-59 主页标签页

3）"共享"标签页

"共享"标签页主要包含涉及共享和发送方面的操作选项，如图 2-60 所示。在此标签页中，可以对文件或文件夹进行压缩、刻录到光盘、打印、传真、共享等操作。共享命令只对文件夹有效。此外，还可以单击图中的"高级安全"选项，对文件或文件夹的权限进行设置。

在这里，用户只需选中要发送的文件，然后单击"发送电子邮件"，操作系统会自动启动默认的邮件客户端程序，填写好收件人邮箱地址即可发送邮件。

图 2-60 共享标签页

4）"查看"标签页

"查看"标签页主要包含对窗口、布局、视图和显示 / 隐藏等的操作选项，如图 2-61 所示，文件或文件夹的显示方式、排列文件或文件夹、显示 / 隐藏文件或文件夹等都可在该标签页下操作。

图 2-61 查看标签页

除了上述主要的标签页，若文件夹包含图片，则会出现"图片工具"标签；若文件夹包含音乐文件，则会出现"音乐工具"标签。另外，还有"管理""解压缩""应用程序工具"等标签。

2.3.3　文件和文件夹的操作

1）创建新的文件或文件夹

用户可在文件资源管理器窗口中的任何位置建立一个新的文件或文件夹。可以在当前文件夹窗口中使用"主页"选项卡中的"新建文件夹"按钮进行创建；可以在文件夹窗口工作区空白处右击鼠标，在弹出的快捷菜单中选择"新建"→"文件夹"命令，输入文件夹的名称后创建，如图 2-62 所示；也可以单击快速访问工具栏中的"新建文件夹"按钮进行创建。

图 2-62　新建文件夹

2）重命名文件或文件夹

新建的文件或文件夹，都有一个默认的名称。如果要更改文件名或文件夹名，用户可以在文件资源管理器窗口或任意一个文件夹窗口中，给新建的或已有的文件重新命名。

常见的重命名的具体操作步骤如下。

①选择需要重命名的文件或文件夹，单击右键，在弹出的快捷菜单中选择"重命名"命令，如图 2-63 所示。

图 2-63　文件夹重命名

②当文件的名称以蓝色高亮显示时，用户可以直接输入文件的名称。按 Enter 键即可完成对文件或文件夹的更名。

需要注意的是，在重命名文件时，不能改变已有文件的扩展名，否则系统不能确认要使用哪种程序打开该文件，会弹出图 2-64 所示的对话框。

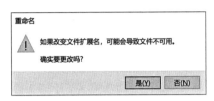

图 2-64　重命名警告窗口

3）选择文件或文件夹

无论对文件或文件夹进行何种操作，首先都应该将其选中。若需要对多个文件进行操作，则需将多个文件全部选中。下面介绍选择一个文件或文件夹和多个文件或文件夹的方法。

选择一个文件或文件夹：用鼠标左键单击目标文件或文件夹，被选中的文件或文件夹呈现蓝色的阴影。

选择多个连续的文件或文件夹：选择一个文件或文件夹，按住 Shift 键不放，同时选择另一个文件或文件夹，此时这两个文件或文件夹之间的所有文件和文件夹都将被选中。

选择多个不连续的文件：选择一个文件或文件夹，按住 Ctrl 键不放，依次选择所需的文件或文件夹，此时将选中窗口中任意连续或不连续的文件和文件夹，如图 2-65 所示。

图 2-65　选择多个不连续的文件

选择全部文件：在文件资源管理器中单击"主页"选项卡中的"全部选择"按钮或按 Ctrl+A 键，可选择当前窗口中所有的文件和文件夹。

若要显示隐藏的文件或文件夹，则可以在文件资源管理器窗口中单击"查看"选项卡，在"显示 / 隐藏"组中勾选"项目复选框"，如图 2-66 所示，此时就可以根据需要勾选文件或文件夹。若勾选"隐藏的项目"，则隐藏的文件或文件夹也将全部显示出来。

图 2-66 "显示 / 隐藏"组

4）移动和复制文件或文件夹

（1）移动文件或文件夹的方法

方法 1：在文件资源管理器中选择要移动的对象，按住 Shift 键，用鼠标拖动选定对象到目标位置。若在同一逻辑盘上的文件夹之间移动，则在拖动时不必按住 Shift 键。

方法 2：通过项目复选框选中要移动的文件或文件夹，单击"主页"选项卡中的"剪切"按钮 ✂，单击"移动到"按钮，在下拉列表框中单击目标文件夹，即可将文件或文件夹移动到该文件夹中。

方法 3：选中要移动的对象，单击鼠标右键，在弹出的快捷菜单中选择"剪切"命令，双击目标文件夹，在空白区域单击鼠标右键，在弹出的快捷菜单中选择"粘贴"命令即可。

方法 4：选中要移动的对象，按 Ctrl+X 组合键，双击目标文件夹，再按 Ctrl+V 组合键。

（2）复制文件或文件夹的方法

方法 1：在文件资源管理器左侧的导航窗格中选择要复制的对象，按住 Ctrl 键，用鼠标拖动选定对象到目标位置。若在同一逻辑盘上的文件夹之间移动，则在拖动时不必按住 Ctrl 键。

方法 2：通过项目复选框选中要复制的文件或文件夹，单击"主页"选项卡中的"复制"按钮，双击目标文件夹，单击"主页"选项卡中的"粘贴"按钮，将文件或文件夹复制到该文件夹中。

方法 3：选中要复制的对象，单击鼠标右键，在弹出的快捷菜单中选择"复制"命令，双击目标文件夹，在空白区域单击鼠标右键，在弹出的快捷菜单中选择"粘贴"命令即可。

方法 4：选中要移动的对象，按 Ctrl+C 组合键，双击目标文件夹，再按 Ctrl+V 组合键。

5）删除文件或文件夹

对于已经不再使用的文件或文件夹，用户可以通过删除操作清理掉，这样就可以释放出更多的磁盘空间，另作他用。Windows 系统中的删除分为逻辑删除和物理删除两种。

（1）逻辑删除

以此方式删除的文件或文件夹会被放入回收站中。这种方式并没有将它们真正意义上从电脑里删除，只是将这些文件或文件夹集中存放在回收站中。

方法 1：先选择要删除的文件或文件夹，然后按键盘上的 Delete 键。

方法 2：先选择要删除的文件或文件夹，然后单击鼠标右键，选择"删除"。

方法 3：先选择要删除的文件或文件夹，然后按住鼠标左键不放，直接拖动到回收站即可。

（2）物理删除

以此方式删除的文件或文件夹将彻底地从电脑中删除。一般情况下，此方式主要用于清理回收站中存放了很久也用不到的文件或文件夹。

方法 1：在对文件或文件夹执行删除操作之后，再在桌面的"回收站"图标上单击鼠标右键，选择"清空回收站"，如图 2-67 所示。若只是彻底删除部分文件、文件夹，则双击"回收站"图标，打开回收站，选择需要彻底删除的文件、文件夹，单击右键，选择"删除"命令。

图 2-67　清空回收站

方法 2：选择要删除的文件或文件夹，按 Shift+Delete 组合键，在弹出的"删除文件夹"对话框中单击"是（Y）"按钮，即可永久性删除，如图 2-68 所示。

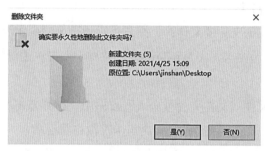

图 2-68 永久性删除

还原就是将那些已经被删除的文件或文件夹恢复。对于删除之后存入回收站的文件或文件夹，通过还原，恢复到被删除之前的存储位置。具体操作步骤如下。

①双击桌面上的"回收站"图标，打开"回收站"窗口。

②选中需要还原的文件，并单击鼠标右键，选择"还原"命令，如图 2-69 所示。这时，此文件已从回收站回到了它原来所在的存储位置。此外，还可以在"管理"选项卡的"还原"组中单击"还原选定的项目"按钮进行还原操作，如图 2-70 所示。

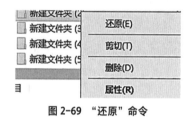

图 2-69 "还原"命令

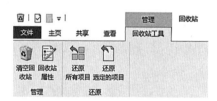

图 2-70 "管理"选项卡

物理删除后的文件或文件夹一般情况下是无法还原的。如果是非常重要的文件，一定要进行恢复，可以利用数据恢复软件进行还原。

6）设置文件或文件夹属性

每一个文件或文件夹都有属性信息，对于不同的文件和文件夹，其"属性"对话框中的信息也各不相同，如文件类型、路径、占用空间、修改时间等。

查看文件或文件夹的属性具体操作步骤如下。

①在要查看属性的文件或文件夹上，单击鼠标右键，在弹出的快捷菜单中选择"属性"菜单命令。

②弹出"属性"对话框，如图 2-71 所示，可以看到文件的属性信息。用户可以在此对话框中对属性进行设置。

图 2-71 "属性"对话框

7）隐藏文件或文件夹

对于放置在电脑中的重要文件或文件夹，如果短期内用不到，又不希望他人看到，用户可以将其隐藏。具体操作步骤如下。

①选中要隐藏的对象，单击鼠标右键，在弹出的快捷菜单中选择"属性"命令。

②在弹出的"属性"对话框中，选中"隐藏"复选框。

③单击"确定"按钮。如果选择的是文件夹，会弹出"确认属性修改"对话框，系统默认选中"将更改用于此文件夹、子文件夹和文件"单选按钮，如图 2-72 所示。

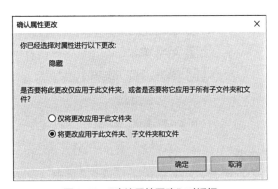

图 2-72 "确认属性更改"对话框

④单击"确定"按钮，此时可以看到，该文件或文件夹已经被隐藏起来了。

也可以在选择要隐藏的文件或文件夹后，单击"查看"选项卡，点击"显示 / 隐藏"

组中的"隐藏所选项目"按钮，同样可以实现文件和文件夹的隐藏。

8）显示文件或文件夹

当用户需要重新查看或修改已经隐藏起来的文件或文件夹时，需要先将其重新显示出来。具体的操作步骤如下。

单击"查看"选项卡，在"显示 / 隐藏"组中选中"隐藏的项目"复选框即可显示被隐藏的文件或文件夹。

隐藏的文件或文件夹被显示出来后，相比其他正常的文件或文件夹，图标颜色要浅，如图 2-73 所示。如果该文件或文件夹不需要再被隐藏，用户可以取消其隐藏属性。其操作与隐藏文件或文件夹的操作一样，执行完成后，其图标颜色便恢复正常。

图 2-73　隐藏的文件或文件夹被显示

9）隐藏 / 显示文件后缀名

文件的后缀名代表文件的类型，在不需要的时候可以将其隐藏起来，以避免错误地更改后缀名而导致文件类型被修改。

在 Windows 10 系统中隐藏或显示文件后缀名的操作步骤是：单击"查看"选项卡，在"显示 / 隐藏"组中取消选中"文件扩展名"复选框，如图 2-74 所示。当需要查看文件后缀名时，只需要选中"文件扩展名"复选框就可以了。

图 2-74　隐藏 / 显示文件

10）加密文件或文件夹

在工作中，有些重要的文件或文件夹需要一些特殊的保护措施，在 Windows 10 系统中可以通过以下方法对文件进行加密。

方法 1：

①在窗口中，鼠标右键单击要加密的文件夹，选择"属性"菜单命令。

②在弹出的"属性"对话框中，单击右下角的"高级"按钮。

③在"高级属性"对话框的"压缩或加密属性"区域中选中"加密内容以便保护数据"复选框，然后单击"确定"按钮，如图 2-75 所示。

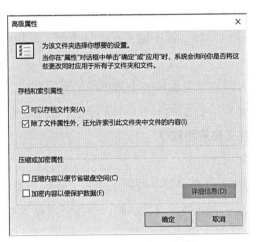

图 2-75 "高级属性"对话框

④返回到属性对话框，单击"应用"按钮，在弹出的"确认属性修改"对话框中选择默认选项，单击"确定"按钮，如图 2-76 所示。

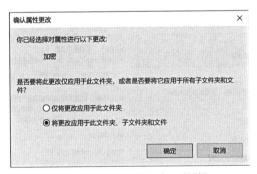

图 2-76 "确认属性更改"对话框

⑤返回到属性对话框，单击"确定"按钮，弹出"应用属性"窗口，系统自动对所选的文件夹进行加密操作。

加密完成后，可以看到被加密的文件夹图标右上角多了一把锁，如图 2-77 所示，表示文件夹加密成功，其他用户不能随意更改文件。

图 2-77 被加密的文件夹

方法 2：使用压缩工具。大部分压缩工具都具有对文件、文件夹进行加密压缩的功能。这里以 Win RAR 为例，对文件夹加密，操作步骤如下。

①在需要加密的文件夹上单击鼠标右键，在弹出的快捷菜单中选择"添加到压缩文件"命令。

②在弹出的"压缩文件名和参数"对话框中单击"设置密码"按钮。

③在弹出的"输入密码"对话框中输入和确认密码，选中"加密文件名"复选框，依次单击"确定"按钮。

文件夹进行加密压缩后，便会生成一个被加密的压缩文件，只有输入正确密码之后才能打开它。如果需要更为专业的加密，则可以下载专业的文件加密软件进行加密。

11）查找文件、文件夹和应用程序

（1）利用搜索框搜索

Windows 10 系统的搜索框和早期系统版本中的"开始"菜单中的搜索框是一样的，不过新版本中强化和丰富了它的搜索查找功能，不仅可以搜索本地相关文件，而且可以搜索网络中的相关信息。

在搜索框中输入要查找的文件或文件夹信息，即可从电脑和网络中搜索相关的结果，如图 2-78 所示。单击显示的搜索结果，即可查看。

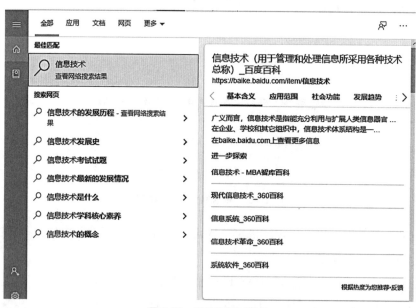

图 2-78　利用搜索框搜索

（2）使用文件资源管理器窗口进行查找

在文件资源管理器窗口右上角有一个"搜索此电脑"搜索框，用户可以在搜索框中输入要搜索的文件或文件夹，系统即会对整个电脑或某个磁盘、某个文件夹进行检索，查找相关的文件或文件夹，具体操作步骤如下。

①按 Windows+E 组合键，打开文件资源管理器窗口，在搜索框中输入要搜索的内容，窗口会自动检索并显示搜索的结果。用户可以根据搜索情况，在"搜索"选项卡中设置搜索的范围、搜索条件及设置选项等。若要关闭正在进行的搜索，则单击"关闭搜索"按钮，如图 2-79 所示。

图 2-79　"搜索"选项卡

②在显示的搜索结果列表中，用户可以打开要查找的文件或文件夹。如果要查看文件或文件夹所在的位置，可以选中该结果，单击"打开文件位置"按钮，即可查看。

注意：当文件夹或文件名不确定时可以用通配符代替，Windows 系统中常用的通配符是"*"和"？"。"*"代表任意的多个字符，"？"代表任意的单个字符。若要查找电脑中所有的 Word 文档，则在搜索框中输入"*.doc"即可，如图 2-80 所示。

图 2-80　搜索框

（3）根据文件内容搜索

当用户不记得要查找的文件的存储位置，只记得文件中的部分内容时，在 Windows

10 系统中也可通过文件的内容进行搜索。例如，用户只记得文件中有"全景"两个字，可以按照以下步骤查找文件。

①在"文件资源管理器"窗口的左侧选择"此电脑"选项，在搜索框中输入搜索条件，将立即显示搜索结果，如图 2-81 所示。

图 2-81　根据文件内容搜索（1）

②单击"搜索"选项卡的"选项"组中的"高级选项"，在弹出的下拉列表中选择"文件内容"选项，进一步从文件的内容中进行查找，如图 2-82 所示。

图 2-82　根据文件内容搜索（2）

（4）通过日期或文件大小搜索

在搜索文件的时候，如果符合关键词的搜索结果太多，用户可以进一步指定所需文件的最后修改日期和大小，如图 2-83 所示，以达到快速筛选搜索结果的目的。

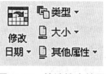

图 2-83　筛选搜索结果

首先打开"文件资源管理器"窗口，在搜索框中输入关键词，然后单击"搜索"选项卡的"修改日期"按钮，在弹出的下拉列表中选择一个日期，如选择"去年"，即可搜索出去年有关"全景"的文件。

为了加快搜索速度，用户也可以使用大小筛选，单击"搜索"选项卡中的"大小"

按钮，在弹出的下拉列表中选择文件大小范围，即可快速显示符合条件的搜索结果。

2.4 Windows 10 系统个性化设置

舒适的电脑系统环境可以让用户在使用电脑办公时保持心情舒畅，从而提高工作效率。下面将介绍如何打造一个自己喜欢的个性化办公系统。

2.4.1 桌面个性化设置

1）设置桌面背景

桌面背景是进入 Windows 10 系统后用户第一眼看到的画面。选择一个舒适的、赏心悦目的桌面背景，有助于减少用户长时间坐在电脑屏幕面前所带来的疲惫感。

Windows 10 系统中有许多内置的图片可供使用，用户也可以选择本地电脑中自己喜欢的图片作为桌面背景，操作步骤如下。

①在桌面空白处单击鼠标右键，在弹出的快捷菜单中选择"个性化"命令。

②在打开的窗口中单击"背景"选项卡，选择一张自己喜欢的图片即可更换桌面背景。若要把用本地文件夹中的图片作为背景，则需单击"背景"选项卡中的"浏览"按钮，如图 2-84 所示。

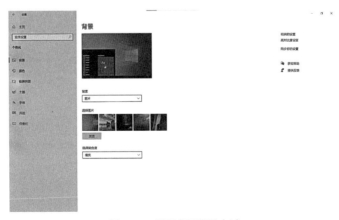

图 2-84　设置桌面背景（1）

③在打开的图片选择对话框中，选择图片所在的文件夹，选择一张图片，单击"选择图片"按钮。

④在返回窗口中单击"选择契合度"下拉列表框，在弹出的下拉列表中选择"填充"命令即可完成操作。

此外，也可以直接在文件资源管理器中选中照片，单击鼠标右键，选择"设置为桌面背景"命令，如图 2-85 所示。

如果用户想以幻灯片的形式显示桌面背景，可以单击"浏览"按钮，选择图片文件夹，并单击"选择此文件夹"按钮，如图 2-86 所示，并在"图片切换频率"的下拉列表中，选择合适的背景图片切换间隔时间。若照片需要有序切换，则将"无序播放"设置为"关"，并设定背景图片的切换间隔时间，如图 2-87 所示；若照片需要随机切换，则将"无序播放"设置为"开"。

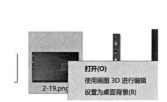

图 2-85 设置桌面背景（2）

图 2-86 设置桌面背景（3）

图 2-87 设置桌面背景（4）

2）更改主题颜色

主题色是电脑的主色调，选择主题后，系统中的按钮、超链接、应用、窗口等都会换成所选择的颜色。主题颜色可以从桌面背景选取，也可以自定义。在"个性化"设置对话框中，选择"颜色"选项，在右边的界面中选择一种颜色即可，如图2-88所示。

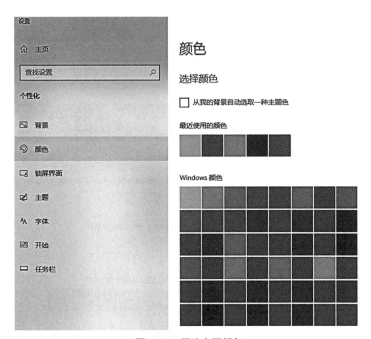

图 2-88　更改主题颜色

3）设置锁屏界面

用户可以根据自己的喜好，设置锁屏界面的背景、显示状态的应用等，具体操作步骤如下。

①在桌面空白处单击右键，在弹出的快捷菜单中选择"个性化"选项。

②打开"个性化"窗口，在窗口左侧单击"锁屏界面"选项，用户可以将锁屏背景设置为自己喜欢的图片或幻灯片，如图2-89所示。

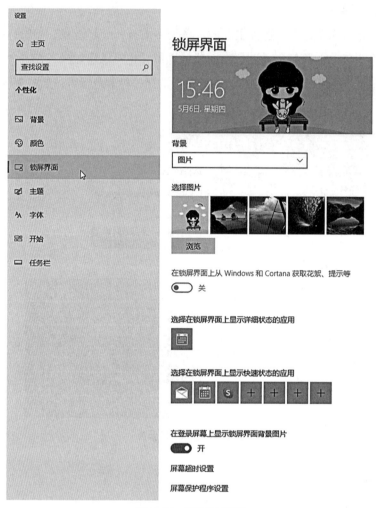

图 2-89　设置锁屏界面

③用户也可以选择显示详细状态和快速状态应用的任意组合，这些可以方便向用户显示即将到来的日历事件、天气状况等信息。

4）设置屏幕保护

为了防止电脑因无人操作而使显示器长时间显示同一个画面而导致显示器使用寿命缩短，Windows 系统设计了一种专门保护显示器的程序，即屏幕保护程序。Windows 10 系统的屏幕保护程序可以大幅度降低屏幕的亮度，起到省电的作用。

设置屏幕保护程序的步骤是：在桌面空白处单击鼠标右键，在弹出的快捷菜单中选择"个性化"选项，在弹出的窗口左侧选择"锁屏界面"选项，在右侧界面中，单击

"屏幕保护程序设置"链接，在弹出的"屏幕保护程序"对话框中选择合适的屏保程序和等待时间，如图 2-90 所示。

图 2-90　"屏幕保护程序设置"链接

5）设置屏幕分辨率

Windows 10 系统在安装时，一般都给出了系统环境的最佳设置，但也允许用户对其系统环境中的各个对象的参数进行调整和重新设置。屏幕分辨率是指屏幕上显示的文本和图像的清晰度，分辨率越高，显示的内容越清楚，但所显示的对象的尺寸也越小。设置适当的屏幕分辨率，有助于提高屏幕上图像的清晰度，具体操作步骤如下。

首先，在桌面空白处单击鼠标右键，在弹出的快捷菜单中选择"显示设置"菜单命令，如图 2-91 所示。其次，单击"显示"设置窗口左侧的"显示"选项，在右侧界面中的"显示分辨率"下拉列表中选择合适的分辨率，如图 2-92 所示。最后，在弹出的对话框中单击"保留更改"按钮，如图 2-93 所示，屏幕的分辨率就更改完成了。

图 2-91　显示设置

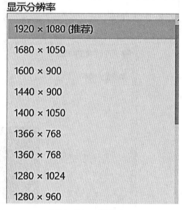

图 2-92　分辨率

图 2-93　保留更改

2.4.2　设置系统浏览器

Windows 10 系统的默认浏览器变成了 Microsoft Edge 浏览器，与 Internet Explorer（IE）浏览器共存。IE 浏览器使用传统排版引擎，以提供旧版本兼容支持；Microsoft Edge 浏览器采用全新排版引擎，给用户提供全新的浏览体验，它在扩展插件、支持桌面与移动平台、跨平台特性等方面具有较强的优势。

如果用户想更改默认的浏览器，具体操作步骤如下。

①打开"控制面板"，选择"应用"选项，在弹出的"应用和功能"设置窗口的左侧选择"默认应用"选项。

②在右侧界面中，当前默认的 Web 浏览器是 Microsoft Edge 浏览器，单击它的图标，在弹出的列表框中选择用户所需的默认浏览器即可，如图 2-94 所示。

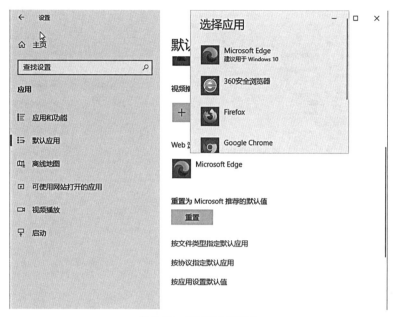

图 2-94　设置默认浏览器

2.4.3　更改日期和时间

Windows 10 系统任务栏的右下角显示了系统当前的日期和时间，它会根据用户所在的时区，自动与互联网上的时间同步。如果用户需要更改日期和时间，或更改其显示格式，具体操作步骤如下。

①在任务栏右下角的日期和时间上单击鼠标右键，选择"调整日期 / 时间"选项，如图 2-95 所示。

图 2-95　更改日期和时间（1）

②在"日期和时间"设置窗口中，将"自动设置时间"设置为"关"的状态，单击下面的"更改"按钮，如图 2-96 所示，在弹出的对话框中进行相应的更改即可，如图

2-97 所示。

图 2-96　更改日期和时间（2）

图 2-97　更改日期和时间（3）

　　③如果用户需要更改日期、时间等数据的格式，首先要在"区域"设置窗口中单击"更改数据格式"链接；然后在"更改数据格式"窗口中选择需要的格式，如图 2-98 所示。

图 2-98　更改日期和时间（4）

2.4.4　删除应用程序

当软件安装完成后，会自动添加在"开始"菜单中"所有应用"列表中，如果用户需要卸载某个软件，可以在"所有应用"列表中查找是否有自带的卸载程序。下面以卸载"爱奇艺播放器"为例，介绍如何卸载应用程序。具体操作步骤如下。

①打开"所有应用"列表，选择"爱奇艺"→"卸载"命令，如图 2-99 所示。

图 2-99　卸载软件（1）

②在弹出的提示框中单击"继续卸载"按钮即可。

用户也可以直接在"开始"菜单中删除应用程序，具体操作步骤如下。

①单击"开始"按钮，在"开始"菜单中找到"爱奇艺"，单击鼠标右键，在弹出的快捷菜单中选择"卸载"选项，如图 2-100 所示。

②弹出"程序和功能"窗口，在要卸载的程序上单击鼠标右键，在弹出的快捷菜单

中选择"卸载"选项，如图 2-101 所示。

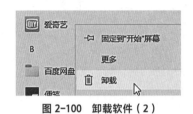

图 2-100　卸载软件（2）　　　　　图 2-101　卸载软件（3）

③在打开的界面中单击"继续卸载"命令按钮，如图 2-102 所示。

图 2-102　卸载软件（4）

④卸载完成后，单击"完成"命令按钮即可。

Windows 10 系统推出了"设置"面板，其集成了可控制面板的主要功能，用户也可以在"设置"面板中卸载软件，具体操作步骤如下。

①按 Windows+I 组合键，打开"设置"面板，单击"应用"图标，如图 2-103 所示。

图 2-103　卸载软件（5）

②在打开的界面中选择"应用和功能"选项。

③选择要卸载的应用程序，单击"卸载"按钮，如图 2-104 所示。

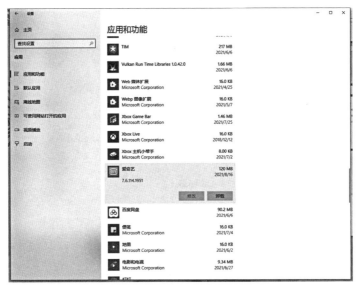

图 2-104　卸载软件（6）

2.4.5　设置账户

设置账户包括添加账户头像、添加账户密码、添加账户等。

1）添加账户头像

如果一台电脑添加了多个账户，用户可以为不同的账户设置不同的头像，方便识别。具体操作步骤如下。

①打开控制面板，单击"账户"选项，在"账户"设置对话框中，单击左侧的"账户信息"选项，在右侧界面"创建头像"区域中，选择"相机"进行拍摄，如图 2-105所示。或者选择"从现有图片中选择"，弹出"打开"对话框，从计算机中选择要设置的图片，并单击"选择图片"按钮。

图 2-105　设置账户

②返回"账户"对话框，即可看到设置好的头像。

③重启计算机后进入登录界面，可看到设置好的账户头像，如图 2-106 所示。

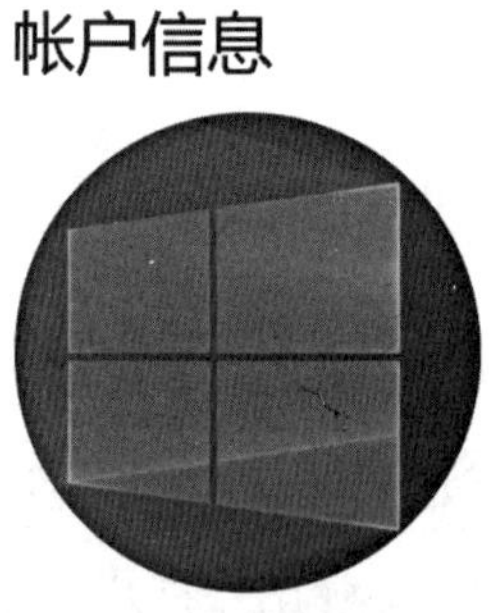

帐户信息

图 2-106　添加账户头像

2）添加账户密码

打开"账户"对话框，单击窗口左侧的"登录选项"，在右侧界面中，单击"密码"区域中的"添加"按钮，如图 2-107 所示。在"创建密码"对话框中输入密码和密码提示，单击"下一页"按钮，如图 2-108 所示，然后单击"完成"按钮即可。重启计算机后进入登录界面，需要输入正确的密码才能使用计算机。

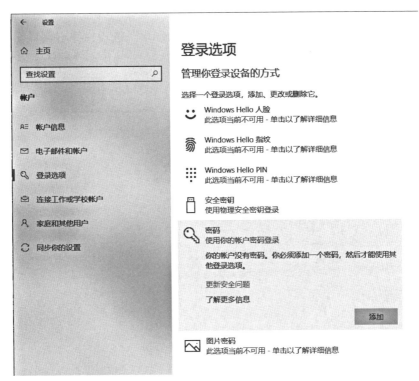

图 2-107 添加账户密码（1）

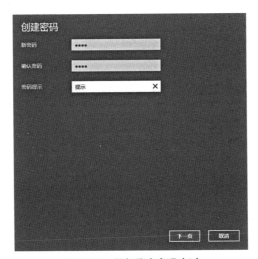

图 2-108 添加账户密码（2）

　　用户也可以选择自己喜欢的图片作为登录 Windows 10 系统的密码。图片密码是一种帮助用户保护触控屏电脑的全新方法。用户只需要选择图片并在图片上画出各种手势，以此创建独一无二的密码。具体操作步骤如下。

打开"账户"对话框，单击窗口左侧的"登录选项"选项，在右侧界面中，单击"图片密码"区域中的"添加"按钮，如图 2-109 所示。在弹出的"图片密码"界面中，单击"选择图片"按钮，如图 2-110 所示，在本机上选择一张图片，作为图片密码。

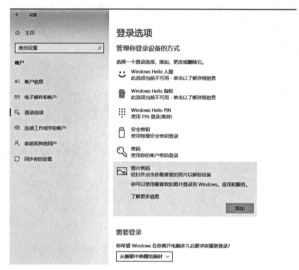

图 2-109　图片密码（1）

图 2-110　图片密码（2）

返回到"图片密码"窗口，单机"使用此图片"按钮，如图 2-111 所示，然后在图片上画出 3 个手势，并确认一次。可以任意使用圆、直线和点，手势的大小、位置和方向，以及画这些手势时的顺序，都将成为图片密码的一部分，如图 2-112 所示。

图 2-111　图片密码（3）

图 2-112　图片密码（4）

3）更改账户密码

打开"账户"对话框，单击"登陆选项"选项，在右侧界面中，单击"密码"区域中的"更改"按钮，如图 2-113 所示。弹出"更改密码"窗口，输入当前密码，并单击"下一页"按钮，如图 2-114 所示。在弹出的界面中，分别在"新密码""确认密码""密码提示"中输入内容，并单击"下一页"按钮，如图 2-115 所示。最后单击"完成"按钮。

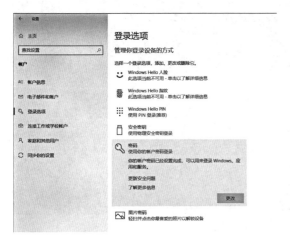

图 2-113　更改账户密码（1）

图 2-114　更改账户密码（2）

图 2-115　更改账户密码（3）

4）添加账户

如果有多个用户共同使用一台电脑，那么可以为每个人建立一个本地账户，在 Windows 10 系统中，添加账户的操作步骤如下。

①打开"账户"对话框，单击"家庭和其他用户"选项，在右侧界面中，单击"将其他人添加到这台电脑"这个选项，如图 2-116 所示。

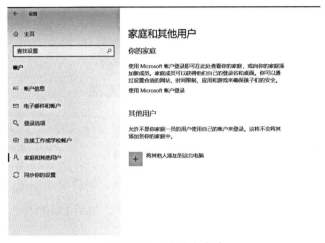

图 2-116　添加账户（1）

②在弹出的对话框中，单击"我没有这个人的登录信息"链接，如图 2-117 所示。

图 2-117　添加账户（2）

③在下一个弹出的对话框中，单击"添加一个没有 Microsoft 账户的用户"链接，如

图 2-118 所示。

图 2-118　添加账户（3）

④在下一个弹出的对话框中，输入用户名、密码、密码提示问题，单击"下一步"，如图 2-119 所示。这样，就成功添加了一个本地账户，如图 2-120 所示。

图 2-119　添加账户（4）

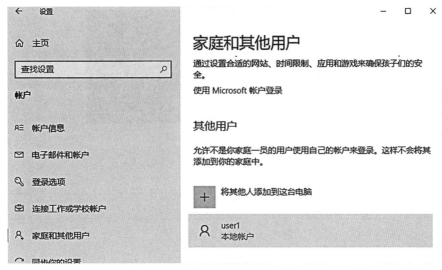

图 2-120 添加账户（5）

如果要删除账户，那么直接选中要删除的账户，单击"删除"按钮，在弹出的对话框中单击"删除账户和数据"按钮即可，如图 2-121、图 2-122 所示。

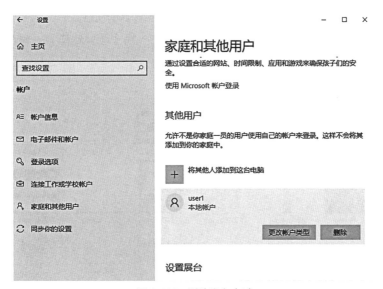

图 2-121 删除账户（1）

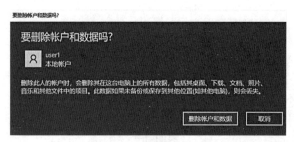

图 2-122　删除账户（2）

2.5 🗂 提高办公效率的小窍门

办公时，我们可以通过一些小窍门来提高效率。

2.5.1 快速批量重命名文件

当用户需要同时修改大量文件名时，除了使用 F2 键来修改，还可以配合 Ctrl 键选择要修改的文件，从而实现文件的批量重命名，具体操作步骤如下。

①选择要重命名的文件，按 Ctrl+A 组合键进行全选，或者按住 Ctrl 键的同时用鼠标单击需要选中的文件，如图 2-123 所示。

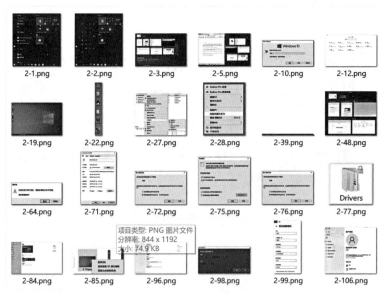

图 2-123　批量重命名（1）

②按 F2 键，对排列顺序为第一的文件进行重命名，输入文件名。

③按 Enter 键，此时所有选中的文件名均以第②步中输入的文件名为开头，后面加上括号和数字，依序排列，如图 2-124 所示。

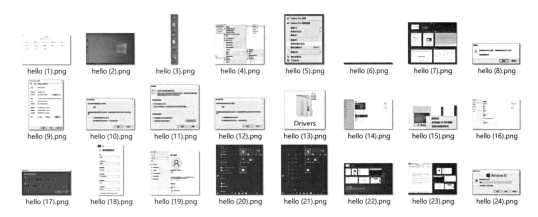

图 2-124　批量重命名（2）

2.5.2　智能切换输入法

Windows 10 系统对中文输入法做了优化，并且对输入法的切换也提供了一种更加便利的设置，用户可以为不同的应用程序单独设置指定的输入法，具体操作步骤如下。

①在"控制面板"窗口中，单击"时间和语言"选项，弹出设置窗口，单击窗口左侧的"语言"选项，在右侧界面中选择"拼写、键入和键盘设置"链接，如图 2-125 所示。

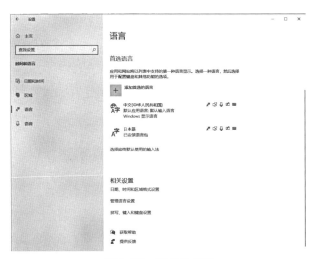

图 2-125　"语言"选项

②在下一个窗口中，选择"输入"选项，在右侧界面中选择"高级键盘设置"链接，如图 2-126 所示。

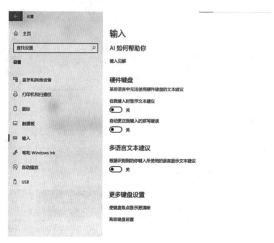

图 2-126 "输入"选项

③在"高级键盘设置"窗口中，选中"允许我为每个应用窗口使用不同的输入法"，单击"保存"按钮，如图 2-127 所示。

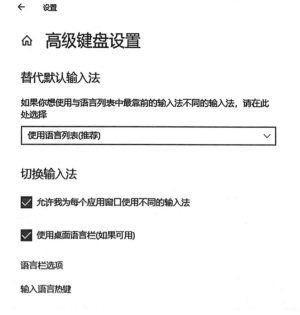

图 2-127 "高级键盘设置"

用户可以打开一个 Word 文档，输入英文；再打开 QQ，进入聊天界面，切换到 Sogou 中文输入法。这时，当用户再次切换到刚才的 Word 文档时，输入状态会自动切换成英文状态。这样的输入法设置，可以方便用户在不同的应用程序窗口中快速进入工作状态。

2.5.3 任意形状截图

用户在截图时往往希望能随心所欲地截取自己需要的形状，这时只需要按住 Win+Shift+S 组合键，屏幕上就会出现图 2-128 所示菜单，选择中间的"任意形状剪辑"按钮，即可在窗口中按住鼠标左键进行拖动，截取需要的画面，如图 2-129 所示。释放鼠标后，刚才截取的画面已经拷贝到剪贴板上了。如果需要对它进行编辑，那么要在屏幕右下方弹出的窗口中单击"截图已保存到剪贴板"选项，如图 2-130 所示，在弹出的"截图和草图"窗口中进行编辑和保存，如图 2-131 所示。

图 2-128 形状截图

图 2-129 截取需要的画面

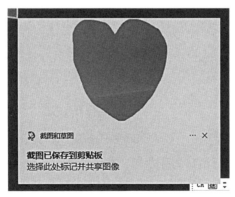

图 2-130 保存到剪贴板

图 2-131　编辑

◎ 习题

一、单选题

1. Windows 操作系统是（　　　）。

A. 实时操作系统　　　　　　　　B. 分时操作系统

C. 多任务单用户操作系统　　　　D. 多任务多用户操作系统

2. 用鼠标双击 Windows 窗口的标题栏，有可能（　　　）。

A. 隐藏该窗口　　　　　　　　　B. 关闭该窗口

C. 最大化该窗口　　　　　　　　D. 最小化该窗口

3. 当用户不清楚某个文档或文件夹位于何处时，可以使用（　　　）命令来寻找并打开它。

A. 程序　　　　　　B. 文档　　　　　　C. 帮助　　　　　　D. 搜索

4. Windows 文件系统的组织形式属于（　　　）文件夹结构。

A. 关系型　　　　　B. 网络型　　　　C. 树形　　　　　D. 直线型

5. 将剪贴板中的内容粘贴到当前光标处，使用的快捷键是（　　　）。

A. Ctrl+A　　　　　B. Ctrl+C　　　　C. Ctrl+V　　　　D. Ctrl+X

6. 组合键 Ctrl+Alt+Delete 的功能为（　　　）。

A. 删除一个字符并退格　　　　　B. 暂停标准输出设备的输出

C.. 热启动　　　　　　　　　　　D. 打开任务管理器

7. 关闭当前活动窗口，应按（　　　）键。

A. Alt+F4　　　　　B. Shift+F4　　　C. Ctrl+F4　　　D. Alt+Esc

8. Windows 10 系统中选择不连续的多个文件或文件夹的操作是（　　　）。

A. 按住 Ctrl 键，用鼠标单击　　　B. 鼠标左键单击

C. 按住 Shift 键，用鼠标单击　　　D. 鼠标左键双击

9. 要是文件不被修改和删除，可以把文件设置为（　　　）属性。

A. 归档　　　　　B. 系统　　　　　C. 只读　　　　　D. 隐藏

10. 在 Windows 10 系统的写字板中建立的文件，其后缀默认是（　　　）。

A. .DOC　　　　　B. .TXT　　　　　C. .WRI　　　　　D. .PRG

二、填空题

1. 在 Windows 10 系统下，对文件及文件夹命名时，名字最长为（　　　）个字符。

2. Windows 10 系统默认硬盘上的文件被删除后会放在（　　　）中。

3. 文件通配符"?"代表（　　　）个任意字符，而"*"代表（　　　）个任意字符。

4. Windows 10 系统中的窗口可以分为（　　　）窗口和（　　　）窗口两种。

5. 将当前窗口内容复制到剪贴板上，应该按（　　　）键。

3 Word 2019 的基础及应用

Microsoft Office Word 是微软公司的一个文字处理器应用程序。作为 Office 套件的核心程序，Word 提供了易于使用的文档创建工具，同时也提供了丰富的功能集以便用户创建复杂的文档。

3.1 Office 2019 概述

Office 2019 是一款由微软官方推出的办公软件，它包含了完整的办公组件，包括了 Word、Excel、PowerPoint 等。与前代版本不同的是，Office 2019 仅能在 Windows 10 系统上运行。Office 2019 比之前的版本新增了在线插入图表、横版翻页、墨迹书写等功能，使用更加简单、方便。

3.1.1 Office 2019 安装的系统要求

Office 2019 安装的系统要求如下。

①处理器：1 GHz 或更快。

②内存：512 MB RAM。建议使用 1 G 的 RAM。

③硬盘：3 GB 的可用磁盘空间。

④操作系统：Windows 10 系统。

3.1.2 Office 2019 的特点

Office 2019 仅支持 Windows 10 系统，虽然界面变化不大，但是亮眼细节增多。与 Office 2016 相比，Office 2019 提供了更好的工作环境，拥有更好的表格设计能力。

Excel 2019 提升了计算功能，可以在添加函数的时候为用户提供更好的插入方式。与之前的版本相比内置的函数更加丰富，计算过程更轻松，对于制作数据模型也更方便。Office 2019 在设计幻灯片方面也更新了多种功能，提供了更好的图标设计方案，支持更好的 UI（User Interface）界面，滚动查看幻灯片效果更好。在设计幻灯片的时候提供了在线插入图标的功能，也提供了一个图标库，用户能够更轻松插入需要的图标。Word 2019 的新版功能也有很多，如提供了界面色彩调整功能，这样编辑 Word 效果更好；还提供了新的"沉浸式学习模式"，排版文章功能更好，可以调整文字间距、页面幅度等。另外，Word 2019 也有朗读文章的功能，增加了新的微软语音引擎，可以轻松将文字转换成语音。

3.2 🖱 Word 2019 的基本知识

Word 提供了功能强大的文字编辑功能，是办公必备软件，Word 的基本知识是办公必备技能之一。

3.2.1 启动和退出 Word 2019

1）启动 Word 2019

启动 Word 2019 的方法有很多，最简单以及最常用的方法就是找到相应的 Word 应用程序图标 📄，双击打开或者右击选择"打开"选项来打开 Word 文件。除了这个方法，还有很多十分便捷的方法。以下的打开方法均以 Windows 10 系统为例进行说明。

方法 1：点击桌面左下角的开始按钮 ⊞，滑动滚轮找到以 M 为首字母的那一栏即可看到 Word 应用程序图标，点击图标即可打开。

方法 2：在"资源管理器"中找到相应的 Word 文件（即后缀为".docx"和".doc"的文件），双击该文件。

方法 3：如果知道 Word 文件的文件名，使用桌面左下方的搜索框就能找到要找的 Word 文件，点击该文件即可打开。

2）退出 Word 2019

退出 Word 2019 的方法也有多种，最常用的方法就是点击 Word 文件右上角的 ✕ 来退出，除此之外，还有以下几种退出 Word 的方法。

方法 1：执行"文件"→"关闭"命令。

方法 2：右击任务栏中的 Word 文档按钮 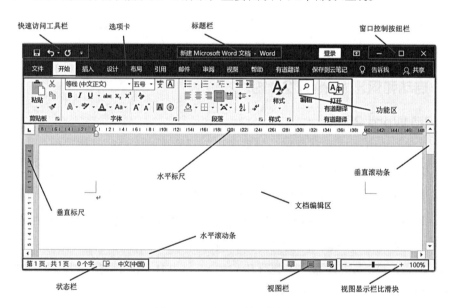，在展开的选项窗口中点击"关闭窗口"按钮。

方法 3：双击左上角空白处。

方法 4：单击左上角空白处，在弹出的选项窗口中选择"关闭"。

方法 5：使用 Alt+F4 组合键。

在退出 Word 文件的操作过程中，如果文档修改过尚未保存，那么会跳出一个对话框询问是否保存当前文档。如果点击"保存"按钮，那么 Word 会在该文档会在保存完之后退出；如果点击"不保存"，那么 Word 会不保存文档直接退出；如果点击"取消"，那么继续工作。

3.2.2　Word 2019 工作页面

Word 2019 的工作界面如图 3-1 所示，主要由以下几个部分组成。

图 3-1　Word 2019 的工作界面

1）快速访问工具栏

快速访问工具栏位于 Word 工作界面左上角区域，包含了一些独立的按钮，点击这些按钮可以快速实现一些常用的功能。点击 按钮可以保存对当前文档所做的修改；点击 按钮可以重复键入最近一次在文档中执行的操作；点击 按钮可以取消最近一次在文档中执行的操作。

2）标题栏和窗口控制按钮

标题栏位于 Word 2019 工作界面的正上方，用来显示 Word 文档的名称。窗口控制按钮位于工作界面右上角区域，包括最大化 ▢、最小化 ▬、关闭 ✕、恢复 ▢ 4 个功能。

3）功能区

功能区位于选项卡的下方，该区域包含了大部分 Word 2019 的常用编辑功能，点击选项卡中不同的按钮，会出现对应的编辑工具。

4）文档编辑区

文档编辑区的中间空白处可用来输入及编辑文字。其中，‖ 表示插入点光标，用来表示用户当前的编辑位置。

如果要修改文本，需要移动插入点光标到相应的位置，具体的操作方法如下。

按"↑""↓""←""→"键，可分别将光标上移、下移、左移、右移一个字符。

按 Page Up 键、Page Down 键可分别将光标上移、下移一页。

按 Home 键、End 键可分别将光标移至当前行首、行末。

按 Ctrl+Home 组合键、Ctrl+End 组合键可分别将光标移至文件开头和文件末尾。

按 Ctrl+"→"组合键、Ctrl+"←"组合键、Ctrl+"↑"组合键、Ctrl+"↓"组合键可分别使光标右移、左移、上移、下移一个字或一个单词。

5）标尺

标尺位于文档编辑区的上方区域和左边区域，用来对文本位置进行定位，分为水平标尺和垂直标尺两种。点击"视图"选项卡，可以在功能区中看到"标尺"选项框，通过打"√"的方式选择是否出现标尺。

6）滚动条

滚动条位于文档编辑区的右边区域和下方区域，用来对文档进行定位，分为水平滚动条和垂直滚动条。用鼠标拖动滚动条或者滑动鼠标上的滑轮可以对文档重新定位。

7）状态栏

状态栏位于左下角区域，用来显示当前文档的页数、字数及校对信息。

8）视图栏和视图显示比滑块

视图栏和视图显示比滑块位于右下角区域，用来切换视图的显示方式和调整视图的显示比例。

9）Word 2019 的视图方式

·页面视图：按照文档的打印效果显示文档，即"所见即所得"。在该视图中，可以直接看到文档的外观，以及图形、文字、页眉、页脚等在页面的位置，这样，用户就可以在屏幕上看到文档打印在纸上的样子。该视图常用于对文本、段落、版面或者文档的外观进行修改。

·阅读版式视图：适合用户查阅文档，用模拟书本阅读的方式让用户感觉如同在翻阅书籍。

·大纲视图：用于显示、修改或创建文档的大纲，它将所有的标题分级显示出来，层次分明，特别适合多层次文档，使得查看文档的结构变得很容易。

·Web 版式视图：以类似网页的形式来显示文档中内容，也可以用该模式编辑网页。

·草稿视图：草稿只显示了字体、字号、字形、段落及行距等最基本的格式，将页面的布局简化，适合于快速键入或编辑文字并编排文字的格式。

若要切换视图，只需要点击选项栏中的"视图"按钮，就能在功能区最左边区域找到相关的视图方式，如图 3-2 所示，点击即可切换。

图 3-2　视图栏

除上述视图之外，还有一个导航窗格视图，如图 3-3 所示，该视图是一个独立的窗格，能够显示标题列表，方便用户对文档结构进行快速浏览。

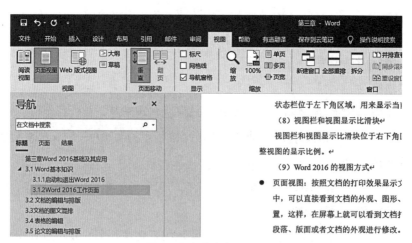

图 3-3　"导航窗格"视图

3.2.3 Word 2019 的新增功能

和之前的 Word 版本相比，Word 2019 主要有以下新增功能。

可以实时查看其他人的更改。当和其他人共同处理一个文档时，能够看到他们的状态和正在进行的更改。

打破语言障碍。使用 Microsoft Translator 可以将单词、短语或句子翻译成另一种语言，可通过功能区的"审阅"选项卡完成此操作。

使用数字笔来进行绘图和书写。一套可定制的便携式数字笔（或铅笔）可以很自然地用来撰写文档，突出显示重要内容，绘图，将墨迹转换为一种形状或进行数学运算。

在公式中使用 LaTeX 语法。Word 2019 支持使用 LaTeX 语法来创建和编辑数学公式。

3.3 文档的编辑与排版

本教材将采用实例的方式来介绍文档的编辑和排版。

实例一：新建一个 Word 文档，命名为"实例一"，将图 3-4 的内容输入 Word 文档中并按以下要求进行排版，排版结束后将文档保存为 PDF 的格式。

①题目"科学因普及而有力量"采用楷体三号，加粗，段前和段后各 0.5 行表示，并用 * 的编号在文档的底端插入脚注，内容为"引自百度百科"。

②将"作者：郑念"用黑体四号，斜体，段前和段后各 0.5 行表示。

③为文中最后一段设置 10% 的绿色底纹和蓝色底纹的三维边框。

④正文中所有汉字采用宋体五号，所有数字和字母采用 Times New Roman 五号，段前段后 0 行，1.5 倍行距，首行缩进两个字符。

⑤将文中第二段的段前距设置为 6 磅，段后距设置为 5 磅，并将字间距设置为加宽 2.3 磅。

⑥将页眉设置为"科学因普及而有力量"，并在页脚上设置"第 X 页 共 Y 页"格式的页码。

⑦设置该页面上、下页边距各 2 厘米，左、右页边距各 2.5 厘米，纵向，A4 纸大小。

⑧将最后两段文字分为两栏，第一栏为 21 个字符，第二栏为 20 个字符。

⑨将标题加上超链接，链接到浙江工业大学主页（www.zjut.edu.cn）。

⑩将第一段进行首字下沉，下沉 2 行，并在标题上插入批注，内容为"你的名字和学号"。

⑪ 查找正文中出现的所有名人的名字，用红色突出显示。

⑫ 将正文中出现的所有"科学"字样替换为"为"。

科学因普及而有力量

作者：郑 念

日常生活中，越简单的东西，就越招人喜欢，也越有生命力。这是因为，复杂是简单的集成，简单是复杂的简化和普及，简单的背后其实包含着深奥的道理，有时，甚至反映了宇宙的本质，是"大道至简"的真实体现。科学领域也不例外。几千年来，先贤们总是想把纷繁复杂的自然界加以简化，不论是思想的简化，还是物质构成的简化。这个过程也就形成了种种哲学流派和理论体系。从古希腊泰勒斯的"万物源于水"，"万物是气、火、土"，到毕达哥拉斯派的"万物皆数"， 乃至中国古代的阴阳学说，都是把复杂的宇宙万物，抽象简化为物质的最小单位，都是抽象思维的结晶。

牛顿多么伟大，但他的F=ma又是多么的简洁，简直就是真善美的统一；爱因斯坦更是家喻户晓，而令他誉满全球的却是E=mc²；还有无处不在的信息技术，现代科技产品都基于斯，长于斯，但其变化的基本元素符号是（0,1），多么简单而美好。世界宏大而复杂，但组成世界的元素很简单。很多科学道理很深奥，科普就是要变复杂为简单，变深奥为通俗，才能让更多的人了解、理解和运用。所以，科学因普及而简单，因简单而有力量，由此我们可以推理，科学因普及而有力量。

在科学技术发展过程中，事实一再说明，普及得好就发展得好。从科学层面看，科学本质上是高度的抽象，是宇宙本质的反映。从技术层面看，技术越简单就越会被广泛运用，其市场也就越大，也越被不断创新。因为市场大，用的人多，就需要创新。只有创新，才能获得更多的人喜欢，让技术更普及，产品价格就会便宜下来，产商就可以获得额外利润。

图 3-4　实例一的范文

根据以上所述的要求，接下来分几个方面来进行操作。

3.3.1　文档的基本操作

1）文档的创建

当启动 Word 程序后，它会自动建立一个新的空白文档，并将其命名为"文档 1"，默认扩展名为".docx"。若需要创建多个 Word 文件，还可以用以下方法来创建。

方法 1：在打开的文档中执行"文件"→"新建"命令。

方法 2：按 Alt+F 组合键打开"文件"选项卡，再按 N 键或直接点击"新建"按钮。

方法 3：按 Ctrl+N 组合键。

如需打开已经存在的 Word 文件，最快捷的方式就是在资源管理器中找到需要打开

的文件，双击即可。除了这个方法，还可以用以下方法来打开一个或多个已存在的 Word
文件。

方法 1：在打开的文档中执行"文件"→"打开"命令。

方法 2：按 Ctrl+O 组合键。

若要打开的 Word 文件不在当前文件夹中，则应利用"打开"对话框来确定文件所在
的驱动器和文件夹。

在"打开"对话框的左侧单击"这台电脑"按钮，就能在右侧"名称"一栏中看到
当前文件夹中的文件夹及 Word 文件；点击左侧"浏览"按钮，就会弹出文件夹位置选
择对话框，这时只需选择相应的文件夹，对话框中"名称"一栏就会出现该文件夹中的
所有 Word 文档，点击要打开的文档即可。

如果需要打开最近使用过的 Word 文件，可以用以下两种方式来操作。

方法 1：点击选项卡中的"文件"按钮，点击"打开"按钮就能在右侧看到"最近"
一栏，如图 3-5 所示。选择需要打开的 Word 文档，点击即可打开。

图 3-5　"最近"使用文件列表

方法 2：若当前已打开一个或多个 Word 文件，则可以通过任务栏来打开最近使用过
的 Word 文档。鼠标右击任务栏中的 Word 应用程序，就会弹出一个列表框，点击列表框
中的按钮，就会弹出 Word 文档，如图 3-6 所示。左栏会出现最近使用的文档，选择需
要打开的 Word 文档，点击即可打开。

图 3-6 "最近"列表框

2）文档的保护

在文档的编辑过程中，要时刻注意保存已修改的文档，以防发生意外而导致修改的丢失。接下来着重介绍几种文档保存和保护方法，保存文档的方法主要有以下几种。

方法 1：点击快速访问工具栏中的"保存"按钮，若该文档是新建文档，单击该按钮则会跳出"另存为"对话框，如图 3-7 所示，在该对话框中可以修改文件名和文件类型。依照实例一，需要将保存类型更改为 PDF 格式。

图 3-7 "另存为"对话框

方法 2：执行"文件"→"保存"命令。

方法 3：按 Ctrl+S 组合键。

若对之前已经保存过的文档进行修改，则不会跳出"另存为"对话框。若既想保存当前文档的修改内容又想保存原来文档的内容，则需要使用"另存为"的功能来保存，执行"文件"→"另存为"命令即可。举例说明，当前编辑的文档名为"1.docx"，若想把修改后的文档保存成名为"缩略时代 .docx"的文档，则可以使用"另存为"的功能。执行"另存为"功能后，会弹出图 3-7 所示的对话框，修改文件名及保存位置，点击"保存"即可。

如果同时打开了多个 Word 文档，那么逐个保存就会降低工作效率，这时候就可以使用"全部保存"功能。点击快速访问工具栏的 ■，就会跳出"自定义快速访问工具栏"对话框，如图 3-8 所示。

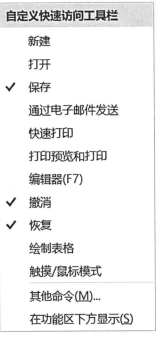

图 3-8 "自定义快速访问工具栏"对话框

点击"其他命令"按钮，就会转到"Word 选项"对话框，如图 3-9 所示。点击"从下列位置选择命令"下方文本框右侧箭头，在弹出的列表中选择"所有命令"一栏。此时下方列表框中即显示全部命令，找到"全部保存"选项后选中，然后点击右侧的"添加"。添加完毕后点击"确定"按钮，快速访问工具栏就会出现"全部保存"的按钮，点击即可全部保存当前所有修改后的文档。

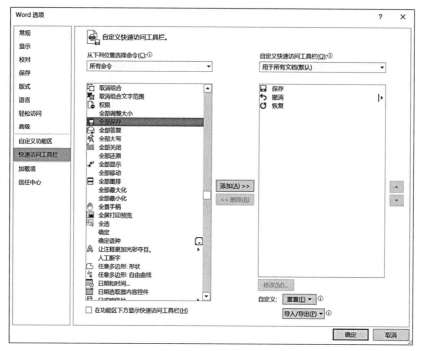

图 3-9　"Word 选项"对话框

保护文档主要从以下几个方面进行。

（1）设置"打开权限密码"

如果在保存文档之前设置了"打开权限密码"，那么再打开它时，Word 首先要核对密码，只有在密码正确的情况下才能打开，否则将会拒绝打开。设置"打开权限密码"可以通过如下步骤实现。

①执行"文件"→"另存为"命令，打开"另存为"一栏。

②在"另存为"一栏中，点击左侧的"浏览"按钮，将会跳出"另存为"对话框。

③在"另存为"对话框中，执行"工具"→"常规选项"命令，打开图 3-10 所示的"常规选项"对话框，输入设定的密码。

④单击"确定"按钮，此时会出现一个图 3-11 所示的"确认密码"对话框，要求用户再重复键入所设置的密码。

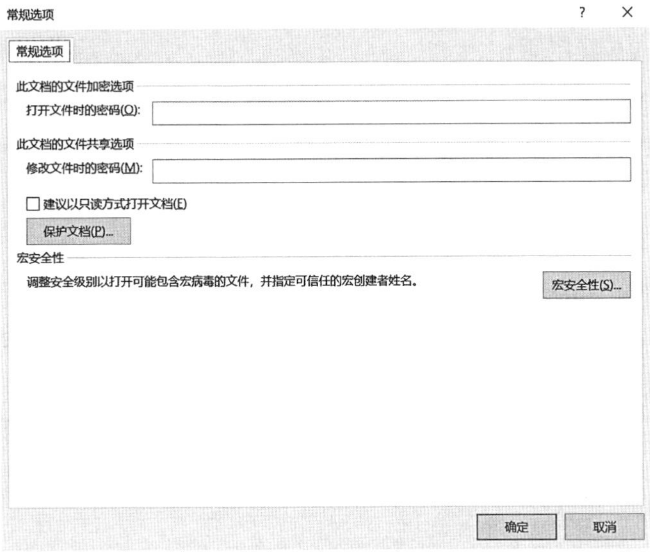

图 3-10 "常规选项"对话框

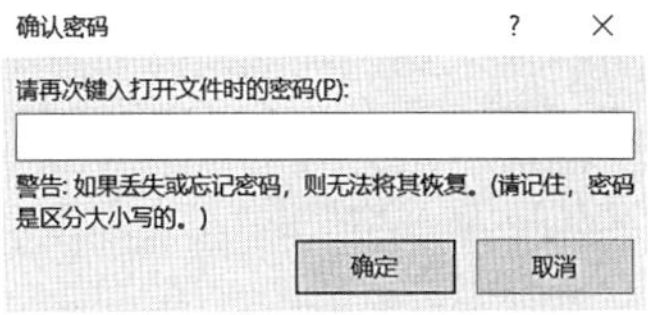

图 3-11 "确认密码"对话框

⑤在"确认密码"对话框的文本框中重复键入所设置的密码并单击"确定"按钮。如果密码核对正确，则返回"另存为"对话框，否则会出现"密码不匹配"的警示信息。此时只能单击"确定"按钮，重新设置密码。

⑥ 当返回到"另存为"对话框后，单击"保存"按钮即可存盘。

至此，密码设置完成。以后每次打开此文档时，都会出现"密码"对话框，要求用户键入密码以便核对，若密码正确，则文档打开；否则，文档无法打开。

（2）设置修改权限密码

对于一个 Word 文档，若想只允许用户查看但是不允许修改其中的内容，则可以通过设置"修改权限密码"来实现。设置"修改权限密码"的步骤与设置"打开权限密码"的操作非常相似，不同之处在于第 4 步，将密码键入"修改文件时密码"的文本框中。对于设置了"修改权限密码"的文档，在打开文档时，首先会看到一个"密码"对话框，该对话框中多了一个"只读"按钮，供不知道密码的人以只读方式打开它。

（3）设置文件为"只读属性"

对于无须更改的 Word 文件，可以将文件设置为只读文件，具体的设置方法如下。

①打开"常规选项"对话框（参见"设置打开权限密码"）。

②勾选"建议以只读方式打开文档"复选框。

③单击"确定"按钮，返回到"另存为"对话框。

④单击"保存"按钮完成文件只读属性的设置。

（4）对文档中的指定内容进行编辑限制

在对文档进行编辑的时候，有些内容比较重要，不允许被更改，但允许阅读或对其进行修订、审阅等操作，这时候就需要"文档保护"的功能。文档保护操作的具体步骤如下。

①选定需要保护的文档内容。

②单击"审阅"按钮，就可以在功能区看到"限制编辑"按钮。

③点击"限制编辑"按钮，就会在文档编辑区的右侧弹出"限制编辑"窗格，如图3-12所示。

图3-12 "限制编辑"对话框

④在"限制编辑"窗格中，可以进行"格式化限制"和"编辑限制"的设置，当全部设置完毕后，点击"是，启动强制保护"按钮，并在弹出的对话框中设置好密码，即可为选中的内容设置保护，使其不能被随便编辑更改。

这些被保护的文档内容，只能进行上述选定的编辑操作。

3）文档的输入

在文档编辑区中有一个闪烁着的黑色竖条"|"，这个竖条被称为插入点，它表明输入字符将出现的位置。在指定的位置进行插入、删除或修改等操作时，需要将插入点

移到指定的位置，才能进行上述操作。每次操作完，插入点都会自动后移、前移或不动。若在编辑文档过程中出现错误的文字，则需要将插入点定位到错误的文本处，按Backspace可以删除插入点左边的字符，按Delete可以删除插入点右边的字符。

在编辑文本的时候，若需要另起一段，则可以按Enter键。Enter键表示一个段落的结束，新段落的开始。Word有自动换行的功能，在不需要另起一段的情况下，一行写满后，无须按Enter键就能自动换到下一行的起点继续编辑。在Word文档中既可以输入汉字，也可以输入英文。英文单词通常有3种书写格式的转换，即"首字母大写""全部大写""全部小写"，反复按Shift+F3组合键，会使选定的英文在上述3种格式中循环切换。此外，单击功能区的按钮也可实现英文书写格式的转换。在Word的输入状态中有改写和插入两种状态，按Insert键就可以在两种模式间进行转换。

在进行文本编辑的时候，需要用到一些键盘上没有的特殊符号（如俄、日、希腊文字符，数学运算符号，几何图形符号，等等）。除了可以从汉字输入法自带的特殊符号库寻找，还可以使用Word提供的"插入符号"功能来输入特殊符号。插入符号的具体操作步骤如下。

①把插入点移至要插入符号的位置（插入点可以用键盘的上、下、左、右箭头键来移动，也可以移动"|"形鼠标指针到选定的位置并左击鼠标）。

②右击鼠标，在弹出的对话框中找到"插入符号"按钮，点击该按钮或者执行"插入"→"符号"→"其他符号"命令，就会出现"符号"的对话框，如图3-13所示。

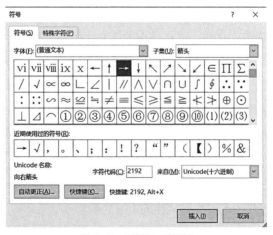

图3-13 "符号"对话框

③在"字体"下拉列表中选定适当的字体项（如"普通文本"），在"子集"找到合

适的类型（如箭头），点击该符号，再单击"插入"按钮就可将所选择的符号插到文档的插入点处。

在编辑文本的过程中，经常会碰到需要插入时间和日期的情况。插入时间和日期的具体步骤如下。

①将插入点移动到要插入日期和时间的位置处。

②执行"插入"→"日期和时间"命令，打开图3-14所示的"日期和时间"对话框。

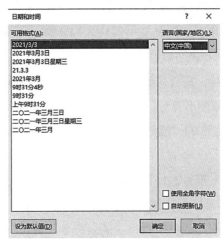

图3-14 "日期和时间"对话框

③在"语言"下拉列表中选定"中文（中国）"或"英文（美国）"，在"可用格式"列表框中选定所需的格式。若选定"自动更新"复选框，则所插入的日期和时间会自动更新，否则只会保持插入时的日期和时间。

④单击"确定"按钮，即可在插入点处插入当前的日期和时间。

在编写文章时，常常需要对一些从别人的文章中引用的内容、名词或事件加以注释，其通常被称为脚注或尾注。脚注和尾注的区别是，脚注位于每一页面的底端，而尾注位于文档的结尾处。

插入脚注和尾注的操作步骤如下。

①将插入点移到需要插入脚注和尾注的文字之后。

②执行"引用"→"插入脚注"或"引用"→"插入尾注"命令，还可以通过点击脚注功能区右下角的按钮，打开图3-15所示的"脚注和尾注"对话框。

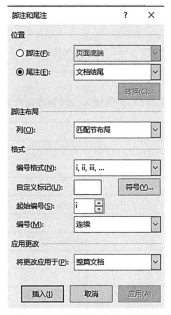

图 3-15 "脚注和尾注"对话框

③在对话框中选定"脚注"或"尾注"单选项，可以设定注释的编号格式、自定义标记、起始编号和编号方式等。

本文中的实例一按照要求插入脚注之后的效果如图 3-16 所示。

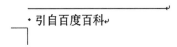

图 3-16 插入脚注效果图

若要在文本的输入过程中插入另一个文档，则可以利用 Word 插入文件的功能将几个文档连接成一个文档。具体步骤如下。

①将插入点移至要插入另一个文档的位置。

②执行"插入"→"对象"→"文件中的文字"命令，打开"插入文件"对话框。在"插入文件"对话框中选定所要插入的文档。选定文档的操作过程与打开文档时的选定文档操作过程类似。

4）文档的编辑

（1）快捷键列表

文本的输入需要在插入点"|"之后，可以用键盘上的快捷键移动插入点。表 3-1 为定位插入点的快捷键列表。

表 3-1　定位插入点的快捷键列表

快捷键	移动方式
→	右移一个字符
←	左移一个字符
↓	下移一行
↑	上移一行
Ctrl+ →	右移一个单词
Ctrl+ ←	左移一个单词
Ctrl+ ↑	下移一段
Ctrl+ ↓	上移一段
End	移到行尾
Home	移到行首
Page Down	下移一屏
Page Up	上移一屏
Ctrl+End	移到文档尾
Ctrl+Home	移到文档首
Ctrl+Page Down	下移一页
Ctrl+Page Up	上移一页
Alt + Ctrl + Page Up	移动光标到当前页的开始
Alt + Ctrl + Page Down	移动光标到当前页的结尾
Shift + F5	移动光标到最近曾经修改过的 3 个位置

（2）书签的使用

日常生活中的书签用于插在书中某个需要记住的页面处，以便通过书签快速翻到指定的页。Word 提供的书签功能同样具有记忆某个特定位置的功能。在文档中可以插入多个书签，书签可以出现在文档的任何位置。插入书签时由用户为书签命名。插入书签的操作步骤如下。

①光标移至要插入书签的位置。

②执行"插入"→"书签"命令。

③在"书签"对话框中输入书签名，然后单击"添加"按钮。

若要删除已设置的书签，就要在"书签"对话框中选择要删除的书签名，单击"删除"按钮。

用以下方法，可将光标快速移到指定的书签位置。

方法 1：执行"插入"→"书签"命令，在"书签"对话框的列表中选择要定位的书签名，单击"定位"按钮。

方法 2：执行"开始"→"替换"命令，打开"查找和替换"对话框，单击"定位"选项卡，出现图 3-17 所示的"定位"选项卡窗口，在"定位目标"列表框中选择"书签"，在"请输入书签名称"一栏中选择（或键入）要定位的书签名，单击"定位"按钮。

图 3-17 "查找和替换"中的"定位"对话框

用书签不但可以快速定位到指定的位置，而且可以用于建立指定位置的超级链接。

用定位命令可以使光标快速定位到指定的项。可定位的项有页、节、行、书签、批注、脚注、尾注、域、表格、图形、公式、对象和标题等。具体操作步骤如下。

① 执行"开始"→"替换"命令，打开"查找和替换"对话框，单击"定位"选项卡。

② 在"定位"选项卡中的"定位目标"列表框中选择定位项。

③ 反复单击"前一处"或"后一处"按钮，光标将依次定位到当前光标之前或之后的对象。

用快速定位按钮定位，与用定位命令一样，可以快速定位光标到指定的项。在导航栏的下方有一个搜索框，点击搜索框右边的按钮，弹出图 3-18 所示的"选择浏览对象"对话框，单击选定的浏览对象，光标迅速移至当前光标之后最近的一个对象处。

图 3-18 "选择浏览对象"对话框

（3）文本的选定

方法 1：用鼠标选定文本，根据所选定文本区域的不同情况，可以分为有以下几种方式。

·选定任意大小的文本区：首先将"|"形鼠标指针移动到所要选定的文本区的开始处，然后单击并拖动鼠标直到所选定的文本区的最后一个文字，这样，鼠标所拖动过的区域就会被选定，并以反白形式显示出来。文本选定区域可以是一个字符或标点，也可以是整篇文档。如果要取消选定区域，可以用鼠标单击文档的任意位置或按键盘上的箭头键。

·选定大块文本：首先用鼠标指针单击选定区域的开始处，然后按住 Shift 键，再配合滚动条将文本翻到选定区域的末尾，最后单击选定区域的末尾。如此，两次单击范围中的文本就会被选定。

·选定矩形区域中的文本：将鼠标指针移动到所选区域的左上角，按住 Alt 键，拖动鼠标直到区域的右下角，放开鼠标。

·选定一个句子：按住 Ctrl 键，将鼠标指针移动到所要选定的句子的任意处单击一下。

·选定一个段落：将鼠标指针移到所要选定的段落的任意行处并连击三下，或者将鼠标指针移到所要选定的段落的左侧选定区，当鼠标指针变成向右上方指的箭头时双击。

·选定一行或多行：将"|"形鼠标指针移到这一行左端的文档选定区，当鼠标指针变成向右上方指的箭头时，单击左键就可以选定这一行文本。若拖动鼠标，则可选定若干行文本。

·选定整个文档：按住 Ctrl 键，将鼠标指针移到文档左侧的选定区单击左键，或者将鼠标指针移到文档左侧的选定区并连续快速三击鼠标左键，或直接按 Ctrl+A 快捷键选定全文。

方法2：用快捷组合键选定文本。当用键盘选定文本时，注意应首先将插入点移到所选文本区的开始处，然后再按表3-2所示的快捷组合键。

表3-2 选定文本的快捷组合键

快捷组合键	选定功能
Shift + →	选定当前光标右边的一个字符或汉字
Shift + ←	选定当前光标左边的一个字符或汉字
Shift + ↑	选定到上一行同一位置之间的所有字符或汉字
Shift + ↓	选定到下一行同一位置之间的所有字符或汉字
Shift + Home	从插入点选定到它所在行的开头
Shift + End	从插入点选定到它所在行的末尾
Shift + Page Up	选定上一屏
Shift + Page Down	选定下一屏
Ctrl + Shift + Home	选定从当前光标到文档首
Ctrl + Shift + End	选定从当前光标到文档尾
Ctrl + A	选定整个文档

方法3：用扩展功能键F8选定文本。在扩展式模式下，可以用连续按F8键扩大选定范围的方法来选定文本。

如果先将插入点移到某一段落的任意一个中文词（英文单词）中，那么会产生如下情况：

第一次按F8键，状态栏中出现"扩展式选定"信息项，表示扩展选区方式被打开；

第二次按F8键，选定插入点所在位置的中文词/字（或英文单词）；

第三次按F8键，选定插入点所在位置的一个句子；

第四次按F8键，选定插入点所在位置的段落；

第五次按F8键，选定整个文档。

也就是说，每按一次F8键，选定范围扩大一级。反之，反复按Shift + F8组合键可以逐级缩小选定范围。如果需要退出扩展模式，只要按下Esc键即可。

（4）文本的移动和复制

①移动文本主要有以下几种方法。

方法1：使用剪贴板移动文本。具体操作步骤如下。

a.选定所要移动的文本。

b.单击"开始"→"剪贴板"→"剪切"按钮，此时所选定的文本将被剪切掉并保存在剪贴板中。

c. 将插入点移到文本拟要移动到的新位置。此新位置可以在当前文档中，也可以在其他文档中。

d. 单击"开始"→"剪贴板"→"粘贴"按钮，所选定的文本便移动到指定的新位置上。

方法2：使用快捷菜单移动文本。具体操作步骤如下。

a. 选定所要移动的文本内容。

b. 将鼠标指针移到所选定的文本区，右击鼠标，拉出快捷菜单，此时鼠标指针形状变成指向左上角的箭头。

c. 单击快捷菜单中的"剪切"命令。

d. 再将"|"形鼠标指针移到拟要移动到的新位置上并右击鼠标，拉出快捷菜单。

e. 单击快捷菜单中的"粘贴"命令，完成移动操作。

方法3：使用鼠标左键拖动文本。具体操作步骤如下。

a. 选定所要移动的文本。

b. 将鼠标指针移到所选定的文本区，使其变成指向左上角的箭头。

c. 按住鼠标左键，此时鼠标指针下方会出现一个灰色的矩形，并在箭头处出现一个虚竖线段（即插入点），它表明文本要插入的新位置。

d. 拖动鼠标指针前的虚插入点到文本拟要移动到的新位置上并松开鼠标左键，这样就完成了文本的移动。

方法4：使用鼠标右键拖动文本。具体操作步骤如下。

a. 选定所要移动的文本。

b. 将鼠标指针移到所选定的文本区，使其变成向左上角指的箭头。

c. 按住鼠标右键，将虚插入点拖动到文本拟要移动到的新位置上并松开鼠标右键，出现图3-19所示的快捷菜单。

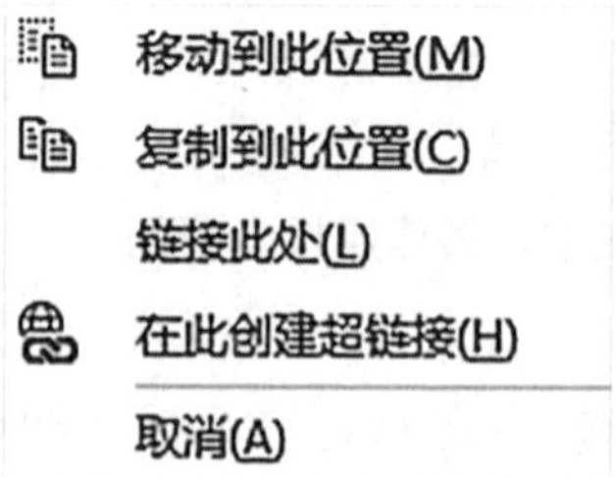

图3-19　使用鼠标右键拖动选定文本时的快捷菜单

d. 单击快捷菜单中的"移动到此位置"命令，完成移动。

②复制文本主要有以下几种方法。

方法1：使用剪贴板复制文本。具体操作步骤如下。

a. 选定所要复制的文本。

b. 单击"开始"→"剪贴板"→"复制"按钮，此时所选定文本的副本被临时保存在剪贴板中。

c. 将插入点移到文本拟要复制到的新位置。与移动文本操作相同，此新位置也可以在另一个文档中。

d. 单击"开始"→"剪贴板"→"粘贴"按钮，所选定文本的副本会被复制到指定的新位置上。

方法2：使用鼠标左键拖动复制文本。具体操作步骤如下。

a. 选定所要复制的文本。

b. 将鼠标指针移到所选定的文本区，使其变成向左上角指的箭头。

c. 先按住 Ctrl 键，再按住鼠标左键，此时鼠标指针下方出现了一个叠置的灰色的矩形和带"＋"的矩形的图形，并在箭头处出现一个虚竖线段（即插入点），它表明文本要插入的新位置。

d. 拖动鼠标指针前的虚插入点到文本需要复制到的新位置上，松开鼠标左键后再松开 Ctrl 键，就可以将选定的文本复制到新位置上。

（5）查找与替换

查找和替换在文本的编辑中用得较多。点击"开始"里面的"查找"按钮后，左边导航窗格上会出现一个查找的小框。例如，若要在文中查找"word"，只要在左边导航窗格的查找框中输入"word"，相关的结果就会以高亮的形式出现，如图3-20所示。

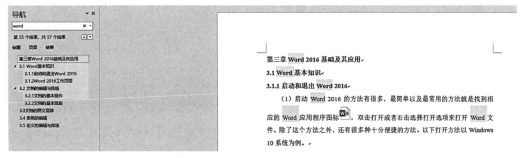

图3-20 查找"word"相关的结果显示

若是高级查找，点击 ^𝒫 高级查找(A)... ，就会出现图 3-21 所示的"查找和替换"对话框。

图 3-21 "查找"对话框

高级查找中的几个选项功能如下。

·查找内容：在"查找内容"列表框中键入要查找的文本。

·搜索：在"搜索"列表框中有"全部""向上""向下"3 个搜索方向选项。

·"区分大小写"和"全字匹配"复选框：主要用于高级查找英文单词。

·使用通配符：选择此复选框可在要查找的文本中键入通配符实现模糊查找。

·区分全 / 半角：选择此复选框，可区分全角或半角的英文字符和数字，否则不予区分。

·特殊格式：若要找特殊字符，则可单击"特殊格式"按钮，打开"特殊格式"列表，从中选择所需要的特殊格式字符。

·"格式"按钮：可设置所要查找的指定文本的格式。

·"更少"按钮：单击"更少"按钮可返回常规查找方式。

替换文本是在查找的基础上对文本进一步操作，具体操作步骤如下。

①单击"开始"→"替换"按钮，打开"查找和替换"对话框，并单击"替换"选项卡，得到图 3-22 所示的"查找和替换"对话框的"替换"选项卡窗口。此对话框比"查找"选项卡的对话框多了一个"替换为"列表框。

图 3-22 "替换"对话框

②在"查找内容"列表框中键入要查找的内容，例如，键入"word"。

③在"替换为"列表框中键入要替换的内容，例如，键入"文字处理软件"。

④在输入要查找和需要替换的文本和格式后，根据情况单击"替换"按钮，或"全部替换"按钮，或"查找下一处"按钮。

3.3.2 文档的基本排版

Word 2019 提供了丰富的文档排版功能，可大大用户的减轻工作量。

1）文字格式的设置

（1）文字字体、字形、字号和颜色的设置

①用"开始"功能区的"字体"分组设置文字的格式，如图 3-23 所示。

图 3-23 "字体"功能区

选定要设置格式的文本之后可以有如下操作。

a. 单击"开始"→"字体"分组中的"字体"列表框 Times New F▾ 右端的下拉按钮，在随之展开的字体列表中，单击所需的字体。

b. 单击"开始"→"字体"分组中的"字号"列表框 五号 ▾ 右端的下拉按钮，在随之展开的字号列表中，单击所需的字号，或者单击 A⁺ A⁻ 来增大或者缩小字号。

c. 单击"开始"→"字体"分组中的"字体颜色"按钮 A▾ 的下拉按钮，展开颜色列表框，之后单击所需的颜色选项。

d. 单击"开始"→"字体"分组中的"加粗""倾斜""下划线""删除线""上标""下标""字符边框""字符底纹""字符缩放"等按钮，给所选的文字设置相应格式。

e. 单击 Aa▾ 按钮用于英文字符中大小写的改变。

文字的字体、字形、字号和颜色设置的效果图如图 3-24 所示。

按钮	作用	示例
B	加粗	笑对人生→笑对**人生**
I	倾斜	笑对人生→笑对*人生*
U ▾	下划线	笑对人生→笑对人生
A	字符边框	笑对人生→笑对人生
abc	删除线	笑对人生→笑对人生
x₂	下标	笑对人生→笑对人生
x²	上标	笑对人生→笑对人生
aby ▾	以不同颜色突出显示文本	笑对人生→笑对人生
A	字符底纹	笑对人生→笑对人生
A⁺	增大字体	笑对人生→笑对人生
A⁻	缩小字体	笑对人生→笑对人生

图 3-24 文字的字体、字形、字号和颜色设置的效果图

②用"字体"对话框设置文字格式的具体操作步骤如下。

a. 选定要设置格式的文本。

b. 单击右键，在随之打开的快捷菜单中选择"字体"，或者点击功能区"字体"选项下面的按钮，打开图 3-25 所示的"字体"对话框。

图 3-25 "字体"对话框

c. 单击"字体"选项卡，可以对字体进行设置。

d. 单击"中文字体"列表框中的下拉按钮，打开中文字体列表并选定所需字体。

e. 单击"西文字体"列表框中的下拉按钮，打开西文字体列表并选定所需西文字体。

f. 在"字形"和"字号"列表框中选定所需的字形和字号。

g. 单击"字体颜色"列表框的下拉按钮，打开颜色列表并选定所需的颜色。Word 默认的颜色为黑色。

h. 在"预览"框中查看字体，确认后单击"确定"按钮。

（2）字符间距、字宽度和水平的位置的设置

具体操作步骤如下。

a. 选定要调整的文本。

b. 单击右键，在打开的快捷菜单中选择"字体"，打开"字体"对话框。

c. 单击"高级"选项卡，得到图 3-26 所示的"字体"对话框，设置以下选项。

图 3-26 "字体"对话框的"高级"选项卡

·缩放：将文字在水平方向上进行扩展或压缩文字。

·间距：通过调整"磅值"，加大或缩小文字间距。

·位置：通过调整"磅值"，改变文字相对水平基线提升或降低文字显示的位置。

d. 设置后，可在预览框中查看设置结果，确定后单击"确定"按钮。

（3）文本下划线、着重号、边框和底纹等的设置

给文本添加下划线、着重号、边框和底纹等也有两种方法。

方法 1：用"开始"功能区的"字体"分组给文本添加下划线、边框和底纹。

选定要设置格式的文本后，单击"开始"→"字体"分组中的"下划线""字符边框"和"字符底纹"按钮即可。但是，用这种方法设置的边框线和底纹都比较单一，没有线型、颜色的变化。

方法 2：用"字体"对话框和"边框和底纹"对话框添加。

选定要加下划线的文本，单击右键，在随之打开的快捷菜单中选择"字体"，打开"字体"对话框；在"字体"选项卡中，单击"下划线"列表框的下拉按钮，打开下划线线型列表并选定所需的下划线；在"字体"选项卡中，单击"下划线颜色"列表框的下拉按钮，打开下划线颜色列表并选定所需的颜色。选定要加着重号的文本，单击"着重

号"列表框的下拉按钮,打开着重号列表并选定所需的着重号;查看预览框,确认后单击"确认"按钮。在"字体"选项卡中,还有一组"删除线""双删除线""上标""下标"等的复选框,选定某复选框可以使字体格式得到相应的效果,其中"上标""下标"在简单公式中是很实用的。

对文本加边框和底纹,在选定要加边框的文本后单击"布局"→"页面设置"分组中右下角的按钮,点击"版式"一栏,点击该栏右下角的"边框"按钮,打开"边框和底纹"对话框,如图3-27所示,在"边框"选项卡的"设置""样式""颜色""宽度"等列表中选定所需的参数;在"应用范围"列表框选定为"文字";在预览框中查看结果,确认后单击"确认"按钮。如果要加"底纹",那么单击"底纹"选项卡,在选项卡中选定底纹的颜色和图案;在"应用范围"列表框中用选定为"文字";在预览框中查看结果,确认后单击"确认"按钮。边框和底纹可以同时或单独加在文字上。

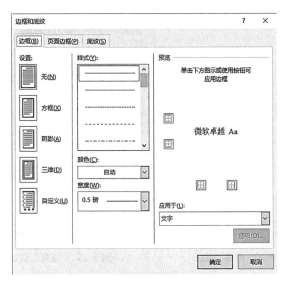

图 3-27 "边框和底纹"对话框

(4)格式的复制和清除

格式的复制主要用到的是格式刷,首先选定已设置格式的文本,然后单击功能区上的"格式刷"按钮,此时鼠标指针变为刷子形,将鼠标指针移到要复制格式的文本开始处,拖动鼠标直到要复制格式的文本的结束处,放开鼠标左键就完成了格式的复制。

格式的清除首选选定需要清除格式的文本,单击"开始"按钮,在"字体"功能区点击"清除所有格式"按钮,即可清除所选文本的格式。另外,也可以用组合键清除格式。其操作步骤是：选定清除格式的文本，按 Ctrl + Shift + Z 组合键。

2）段落格式的设置

段落是指以段落标记符为结束标记的一段文字。段落格式设置即把整个段落作为一个整体进行格式设置。段落的设置主要在"开始"→"段落"分组中，或者单击右键单击段落选项，如图 3-28 和图 3-29 所示。

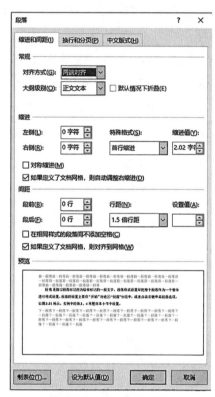

图 3-28　功能区"段落"分组　　　　　图 3-29　"段落"对话框

（1）段落的左右边界的设置

段落的左右边界设置可以通过"段落"分组中的 ▊▊ 按钮来减少和增加段落的缩进量；也可以在"段落"对话框的"缩进"选项卡中，单击"缩进"组下的"左侧"或"右侧"文本框的增减按钮设定左右边界的字符数从而调节段落的缩进量。此外，也可以单击"特殊格式"列表框的下拉按钮，选择"首行缩进""悬挂缩进"或"无"确定段落首行的格式。在"预览"框中查看，确认排版效果满意后，单击"确定"按钮；若排版效果不理想，则可单击"取消"按钮取消本次设置。

还有一种方法是用鼠标拖动标尺上的缩进标记，具体设置如下。

·首行缩进标记：仅控制第一行第一个字符的起始位置。拖动它可以设置首行缩进的位置。

·悬挂缩进标记：控制除段落第一行外其余各行的起始位置，且不影响第一行。拖动它可实现悬挂缩进。

·左缩进标记：控制整个段落的左缩进位置。拖动它可设置段落的左边界。拖动时，需要将首行缩进标记和悬挂缩进标记一起拖动。

·右缩进标记：控制整个段落的右缩进位置。拖动它可设置段落的右边界。

（2）段落对齐方式的设置

段落的对齐方式在"开始"→"段落"分组中，≡≡≡≡≡ 这5个按钮分别表示文本"左对齐""居中对齐""右对齐""两端对齐""分散对齐"。Word默认的对齐方式是"两端对齐"。先选定要设置对齐方式的段落，然后单击"格式"工具栏中相应的对齐方式按钮即可。

也可以通过"段落"对话框设置对齐方式，具体操作方式如下。

①选定拟设置对齐方式的段落。

②单击"开始"按钮，点击"段落"功能区右下角的按钮，打开"段落"对话框。

③在"缩进和间距"选项卡中，单击"对齐方式"列表框的下拉按钮，在对齐方式的列表中选定相应的对齐方式。

④在"预览"框中查看，确认排版效果满意后，单击"确定"按钮；若排版效果不理想，则可单击"取消"按钮取消本次设置。

此外，还可以采用快捷键的方式来设置段落对齐方式，具体如表3-3所示。段落格式设置的效果图如图3-30所示。

表3-3　设置段落对齐的快捷键

快捷键	作用说明
Ctrl + J	使所选定的段落两端对齐
Ctrl + L	使所选定的段落左对齐
Ctrl + R	使所选定的段落右对齐
Ctrl + E	使所选定的段落居中对齐
Ctrl + Shift + D	使所选定的段落分散对齐

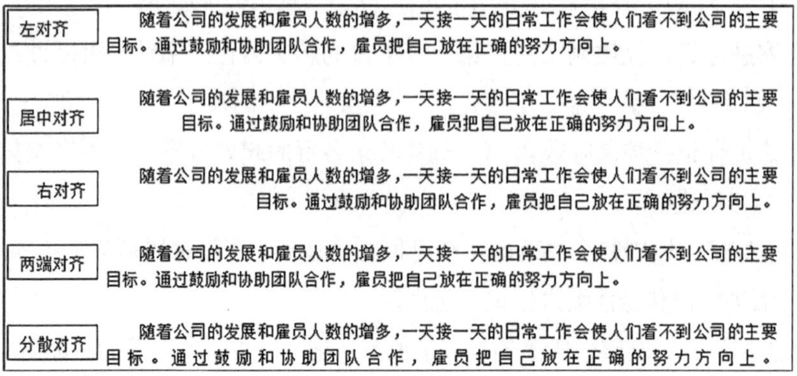

图 3-30　段落对齐设置效果图

（3）行距与段间距的设定

一般用户常用按 Enter 键插入空行的方法来增加行距或段间距。显然，这是一种不得已的办法。实际上，可以通过段落对话框来精确设置行距和段间距。

·行距：两行的距离，而不是两行之间的距离，即当前行底端和上一行底端的距离，而不是当前行顶端和上一行底端的距离。

·段间距：两段之间的距离。

·行距、段间距的单位：厘米、磅或当前行距的倍数。

设置段间距的具体操作步骤如下。

①选定要改变段间距的段落。

②单击"开始"按钮，点击"段落"功能区右下角的按钮，打开"段落"对话框。

③单击"缩进和行距"选项卡中"间距"组的"段前"和"段后"文本框的增减按钮，设定间距，每按一次增加或减少 0.5 行。"段前""段后"选项分别表示所选段落与上段、下段之间的距离。

④在"预览"框中查看，确认排版效果满意后，单击"确定"按钮；若排版效果不理想，则可单击"取消"按钮取消本次设置。

设置行距的具体操作步骤如下。

①选定要设置行距的段落。

②单击"开始"按钮，点击"段落"功能区右下角的按钮，打开"段落"对话框。

③单击"行距"列表框下拉按钮，选择所需的行距选项。

④在"设置值"框中键入具体的设置值。

⑤在"预览"框中查看，确认排版效果满意后，单击"确定"按钮；若排版效果不理想，则可单击"取消"按钮取消本次设置。

（4）给段落设置边框和底纹

给文章的某些重要段落或文字加上边框或底纹，使其更为突出和醒目。给段落添加边框和底纹的方法与给文本加边框和底纹的方法相同，只是需要注意，在"边框"或"底纹"选项卡的"应用于"列表框中应选定"段落"选项，具体如图3-27所示。

（5）项目符号和段落编号

编排文档时，在某些段落前加上编号或某种特定的符号（即项目符号），可以提高文档的可读性。手工输入段落编号或项目符号不仅效率不高，而且在增、删段落时还需修改编号顺序，容易出错。在Word中，可以在键入时自动给段落创建编号或项目符号，也可以给已键入的各段文本添加编号或项目符号。

①在键入文本时，自动创建编号或项目符号。

在键入文本时，先输入一个星号"*"，后面跟一个空格，然后输入文本。输完一段后按Enter键，星号会自动改变成黑色圆点的项目符号，并在新的一段开始处自动添加同样的项目符号。如果要结束自动添加项目符号，可以按Backspace键删除插入点前的项目符号，或再按一次Enter键。同理，键入文本时自动创建段落编号的方法是在键入文本时，先输入如"1.""（1）""一、""第一、""A."等格式的起始编号，然后输入文本。当按Enter键时，在新的一段开头处就会根据上一段的编号格式自动创建编号。如果要结束自动创建编号，那么可以按Backspace键删除插入点前的编号，或再按一次Enter键。在这些建立了编号的段落中，当删除或插入某一段落时，其余的段落编号会自动修改，不必人工干预。

②对已键入的各段文本添加项目符号或编号。

给已有的段落添加项目符号或编号的具体步骤如下。

a. 选定要添加项目符号（或编号）的各段落。

b. 单击"开始"→"段落"→"项目符号"（或"开始"→"段落"→"编号"）的下拉菜单按钮，打开图3-31所示的"项目符号字库""编号库""列表"。

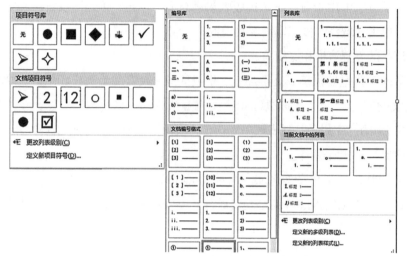

图 3-31 "项目符号库""编号库"和"列表库"

c. 在"项目符号库"（或"编号库"）列表中，选定所需要的项目符号（或编号），再单击"确定"按钮。

d. 如果"项目符号库"（或"编号库"）列表中没有所需要的项目符号（或编号），可以单击"定义新符号项目"（或"定义新编号格式"）按钮，在打开的对话框中，选定或设置所需要的"符号项目"（或"编号"）。

项目符号、编号和多级符号的示例如图 3-32 所示。

项目编号：
1. And if you find such a friend, your feel happy and complete, because you need not worry, you have a forever friend for life, and forever have no end.
2. A true friend is someone when reaches for your hand and touches your heart.
3. Remember, whatever happens, happens for a reason.

项目符号：
➢ And if you find such a friend, your feel happy and complete, because you need not worry, you have a forever friend for life, and forever have no end.
➢ A true friend is someone when reaches for your hand and touches your heart.
➢ Remember, whatever happens, happens for a reason.

多级符号：
1 计算机基本知识
    1.1 计算机概述
        1.1.1 计算机的发展
        1.1.2 计算机的特点

图 3-32 项目符号、编号和多级符号的示例图

（6）制表位的设定

按 Tab 键后，插入点移动到的位置叫制表位。用户往往用插入空格的方法来达到各行文本的列对齐。显然，这不是一个好方法。简单的方法是按 Tab 键来移动插入点到下一制表位，这样很容易做到各行文本的列对齐。在 Word 中，默认制表位是从标尺左端开始自动设置，各制表位间的距离是2.02字符。另外，Word 还提供了5种不同的制表位，可以根据需要选择并设置各制表位间的距离。

①使用标尺设置制表位的具体操作步骤如下。

a. 将插入点置于要设置制表位的段落。

b. 单击水平标尺左端的制表位"对齐方式"按钮，选定一种制表符。

c. 单击水平标尺上要设置制表位的地方。此时该位置上会出现选定的制表符图标。

设置好制表符位置后，当键入文本并按 Tab 键时，插入点将依次移到所设置的下一制表位上。

②使用"制表位"对话框设置制表位的具体操作步骤如下。

a. 将插入点置于要设置制表位的段落。

b. 单击"开始"→"段落"→"段落"按钮，打开"段落"对话框。在"段落"对话框中，单击"制表位"按钮，打开图 3-33 所示的"制表位"对话框。

c. 在"制表位位置"文本框中键入具体的位置值（以字符为单位）。

d. 在"对齐方式"组中，单击选择某一种对齐方式单选框。

e. 在"前导符"组中选择一种前导符。

f. 单击"设置"按钮。

图 3-33 "制表位"对话框

若要删除某个制表位，则可以在"制表位位置"文本框各种选定要清除的制表位位置，并单击"清除"按钮。设置制表位时，还可以设置带前导符的制表位，这一功能对目录排版很有用。

3）版面设置

纸张大小、页边距等确定了可用文本区域。文本区域的宽度等于纸张的宽度减去左、右页边距，文本区的高度等于纸张的高度减去上、下页边距，如图 3-34 所示。

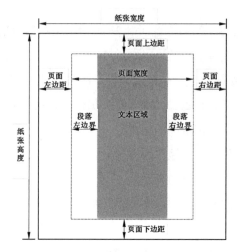

图 3-34　纸张大小、页边距和文本区域示意图

（1）页面设置

可以使用"布局"→"页面设置"分组的各项功能来设置纸张大小、页边距和纸张方向等，也可以在"页面设置"对话框中进行设置，如图 3-35 所示。具体操作步骤如下。

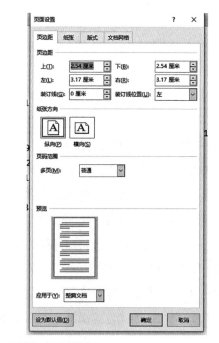

图 3-35　"页面设置"组和"页面设置"对话框

①单击"布局"→"页面设置"分组，点击"页面设置"右下角的按钮，打开"页面设置"对话框。对话框中包含"页边距""纸张""版式"和"文档网络"等4个选项卡。

②在"页边距"选项卡中，可以设置上边距、下边距、左边距、右边距和页眉、页脚距边界的位置，以及应用范围和装订位置等。

③在"纸张"选项卡中，可以设置纸张大小和纸张方向。

④在"版式"选项卡中，可设置页眉和页脚在文档中的编排，还可设置文本的垂直对齐方式等。

⑤在"文档网络"选项卡中，可设置每一页的行数和每行的字符数，还可设置分栏数。

⑥设置完成后，可查看"预览"框中的效果。若满意，可单击"确定"按钮；否则，单击"取消"按钮。

（2）插入分页符

Word具有自动分页的功能，但有时为了将文档的某一部分内容单独形成一页，可以插入分页符进行人工分页。插入分页符的具体操作步骤如下。

①将插入点移到新的一页的开始位置。

②按Ctrl + Enter组合键，或单击"插入"→"页面"→"分页"按钮，还可以单击"布局"→"页面设置"→"分隔符"按钮，在打开的"分隔符"列表中，单击"分页符"命令。

在普通视图下，人工分页符是一条水平虚线。若要删除分页符，只要把插入点移到人工分页符的水平虚线中，按Delete键即可。

（3）插入页码

一般较长的Word文档都要求有页码，插入页码的方式是单击"插入"→"页眉和页脚"→"页码"按钮，打开图3-36所示的"页码"下拉菜单，根据所需在下拉菜单中选定页码的位置。只有在页面视图和打印预览方式下才可以看到插入的页码，在其他视图下看不到页码。如果要更改页码的格式，可执行"页码"下拉菜单中的"设置页码格式"命令，打开图3-37所示的"页码格式"对话框，在此对话框中设定页码格式并单击"确定"按钮返回"页码"对话框。

图 3-36 "页码"下拉菜单　　**图 3-37 "页码格式"对话框**

若要根据题目在页脚上设置"第 X 页 共 Y 页"格式的页码，只需选择"插入"→"页码"→"页面底端"按钮中的相应方式，然后在"X"的前后输入"第"和"页"，在"Y"的前后输入"共"和"页"，例如"第 1 页 / 共 2 页"。

（4）页眉和页脚

页眉和页脚是打印在一页顶部和底部的注释性文字或图形。建立页眉、页脚的具体操作步骤如下。

①单击"插入"→"页眉和页脚"→"页眉"按钮，打开内置"页眉"版式列表，如图 3-38 所示（页脚也类似）。如果在草稿视图或大纲视图下执行此命令，则会自动切换到页面视图。

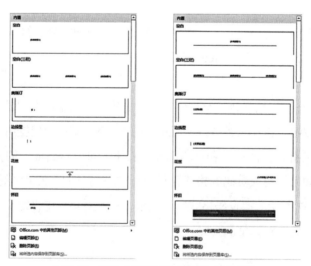

图 3-38 内置"页眉"和"页脚"版式列表

②在内置"页眉"版式列表中选择所需要的页眉版式，并随之键入页眉内容。当选定页眉版式后，Word 窗口中会自动添加一个名为"页眉和页脚工具"的功能区并使其处于激活状态，此时，仅能对页眉内容进行编辑操作。

③如果内置"页眉"版式列表中没有所需要的页眉版式，可以单击内置"页眉"版式列表下方的"编辑页眉"命令，直接进入"页眉"编辑状态输入页眉内容，并在"页眉和页脚工具"功能区设置页眉的相关参数。

④单击"关闭页眉和页脚"按钮，完成设置并返回文档编辑区。这时，整个文档都有了同一格式的页眉。

在文档排版过程中，有时需要建立奇偶页不同的页眉，建立步骤如下。

①单击"插入"→"页眉和页脚"→"页眉"按钮的"编辑页眉"命令，进入页眉编辑状态。

②选中"页眉和页脚工具"功能区的"选项"分组中的"奇偶页不同"复选框，这样就可以分别编辑奇偶页的页眉内容了。

③单击"关闭页眉和页脚"按钮，设置完毕。

执行"插入"→"页眉和页脚"→"页眉"下拉菜单中的"删除页眉"命令可以删除页眉；同理，执行"页脚"下拉菜单中的"删除页脚"命令可以删除页脚；另外，选定页眉（或页脚）并按 Delete 键，也可删除页眉（或页脚）。

提示：页码是页眉、页脚的一部分，要删除页码必须进入页眉、页脚编辑区，选定页码并按 Delete 键。在页眉插入信息的时候经常会在下面出现一条横线，如果这条横线影响阅读视线，可以采用下述的两种方法去掉：第一种，选中页眉的内容后，选取"格式"选项，再选取"边框和底纹"，边框设置选项设为"无"，"应用于"处选择"段落"，最后点击"确定"；第二种方法更为简单，当设定好页眉的文字后，鼠标移向"样式"框，在"字体选择"框左边，把样式改为"页脚""正文样式"或"清除格式"，便可轻松搞定。

（5）分栏排版

分栏使得版面显得更为生动、活泼，有可读性。使用"布局"→"页面设置"→"分栏"功能可以实现文档的分栏，具体操作步骤如下。

①若对整个文档分栏，则应将插入点移到文本的任意处；若对部分段落分栏，则应先选定这些段落。

②单击"页面布局"→"页面设置"→"分栏"按钮，打开"分栏"下拉菜单。在

"分栏"菜单中，单击所需格式的分栏按钮即可。

③若"分栏"下拉菜单中所提供的分栏格式不能满足要求，则可以单击菜单中的"更多分栏"按钮，打开图3-39所示的"分栏"对话框。

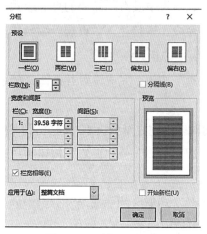

图3-39　"分栏"对话框

④选定"预设"框中的分栏格式，或在"栏数"文本框中键入分栏数，在"宽度和间距"框中设置栏宽和间距。

⑤单击"栏宽相等"复选框，则各栏宽相等，否则可以逐栏设置宽度。

⑥单击"分隔线"复选框，可以在各栏之间加一分隔线。

⑦应用范围有"整个文档""选定文本"等，随具体情况选定后单击"确定"按钮。

（6）首字下沉

首字下沉是指将段落首行的第一个字符增大，使其占据两行或多行位置。首字下沉的具体操作步骤如下。

①将插入点移到要设置或取消首字下沉的段落的任意处。

②单击"插入"→"文本"→"首字下沉"按钮，在打开的"首字下沉"下拉菜单中，从"无""下沉""悬挂"3种首字下沉格式选项命令中选定一种。

③若需设置更多"首字下沉"格式的参数，可以单击下拉菜单中的"首字下沉选项"按钮，打开"首字下沉"对话框进行设置。

首字下沉的示例及设置对话框如图3-40所示。

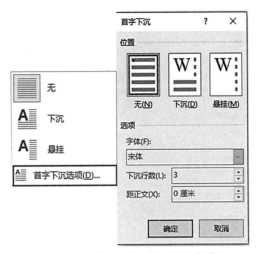

图 3-40 首字下沉的示例及设置对话框

（7）水印

"水印"是页面背景的形式之一，设置"水印"的具体操作步骤如下。

①单击"设计"→"页面背景"→"水印"按钮，在打开的"水印"列表框中，选择所需的水印即可，如图 3-41 所示。

②若列表中的水印选项不能满足要求，则可单击"水印"列表框中的"自定义水印"命令，打开"水印"对话框，进一步设置水印参数。

③单击"确定"按钮完成设置。

4）文档的打印

文档编辑完成以后经常需要打印，Word 2019 事先设定好的打印模式为逐份按顺序打印。首先可以预览打印文档，执行"文件"→"打印"命令，在打开的"打印"窗口面板右侧就是打印预览内容，如图 3-42 所示，然后在打开的"打印"窗口中单击"打印"按钮，打印机就会打印该文档。

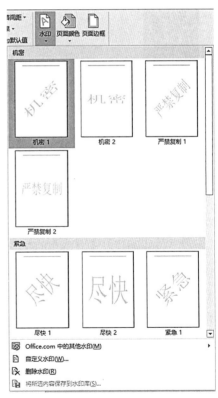

图 3-41 水印设置

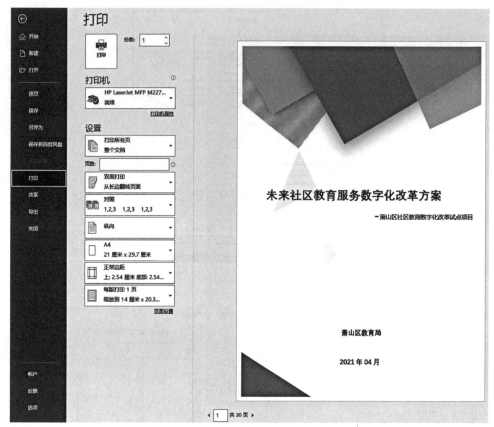

图 3-42　文档的打印与预览

　　如果用户的电脑中安装了多台打印机，那么在打印 Word 2019 文档时就需要选择合适的打印机。此时，应单击"打印机"选项按钮，在弹出的选择框里选择需要的打印机进行打印。

　　在 Word 2019 中打印文档时，默认情况下会打印所有页，但用户可以根据实际需要选择要打印的文档页面，单击"设置"区的打印范围下拉三角按钮，打印范围下拉列表中列出了用户可以选择的文档打印范围。选中"打印当前页面"选项可以打印光标所在的页面。若事先选中了一部分文档内容，则选中"打印所选内容"选项，如此便可打印选中部分的文档内容。要打印指定页码的文档，就应该选中"打印自定义范围"选项，在"打印"窗口"设置"区的"页数"编辑框中输入需要打印的页码。连续页码可以使用英文半角连接符，如输入"1-7"，则打印第 1 页至第 7 页；不连续的页码可以使用英文半角逗号","分隔，如"1,3,5"。页码输入完毕单击"打印"按钮，打印机就会按照用户输入的页码打印出对应文档内容。

3.4 📑 文档的图文混排

Word 2019 具有强大的图文混排功能。图文混排就是将文字与图片混合排列，文字可围绕在图片的四周，嵌入图片下面，浮于图片上方，等等。

3.4.1 图片和剪贴画

1）插入图片或剪贴画

用户可以插入各种格式的图片到文档中，如".bmp"".jpg"".png"等。把插入点定位到要插入图片的位置，选择"插入"选项卡，单击"插图"组中的"图片"按钮，在弹出的"插入图片"对话框中，找到需要插入的图片，单击"插入"按钮或单击"插入"按钮旁边的下拉按钮，在打开的下拉列表中选择一种插入图片的方式。

插入剪贴画的具体操作步骤如下。

①将插入点移到要插入剪贴画或图片的位置。

②单击"插入"→"联机图片"按钮，打开图 3-43 所示的"剪贴画"任务窗格。

图 3-43　"剪贴画"任务窗格

③在"必应图像搜索"编辑框中输入关键字（例如"飞机"），进行联网搜索。

④单击编辑框后面的放大镜进行搜索，如图 3-44 所示，显示剪贴画的搜索结果。

图 3-44 "联机图片"任务窗格

⑤单击合适的剪贴画，并在打开的菜单中单击"插入"按钮即可将该剪贴画插到文档中。

当然也可以采用复制、粘贴的方式直接将图片拷贝到 Word 文档中。

用户除了可以插入电脑中的图片或剪贴画，还可以随时截取屏幕的内容，然后将其作为图片插到文档中，具体操作步骤如下。

①把插入点定位到要插入的屏幕图片的位置。

②选择"插入"选项卡，单击"插图"组中的"屏幕截图"按钮。

③在展开的下拉面板中选择需要的屏幕窗口，即可将截取的屏幕窗口插到文档中。

④如果想截取电脑屏幕上的部分区域，可以在"屏幕截图"下拉面板中选择"屏幕剪辑"选项，这时当前正在编辑的文档窗口将自行隐藏，进入截屏状态，拖动鼠标，选取需要截取的图片区域，松开鼠标后，系统将自动重返文档编辑窗口，并将截取的图片插到文档中。

2）图片格式的设置

（1）改变图片的大小和移动图片位置

改变图片大小和位置的具体操作步骤如下。

①单击选定的图片，图片四周会出现 9 个控制点，其中 4 条边上出现 4 个小方块，角上出现 4 个小圆点，如图 3-45 所示。

②将鼠标指针移到图片中的任意位置，当指针变成十字箭头时，拖动它可以移动图片到新的位置。

图 3-45 图片编辑控制点

③将鼠标指针移到小方块处，当鼠标指针变成水平、垂直或斜对角的双向箭头时，按箭头方向拖动指针可以改变图片水平、垂直或斜对角方向的大小尺寸。

（2）编辑图片

编辑图片通常有两种方法：双击图片后，会显示图片格式编辑的功能区，如图3-46所示；在图片上鼠标点击右键，选择"设置图片格式"后，在文档右方会弹出图3-47所示的"设置图片格式"对话框。

图 3-46　"图片格式"功能区

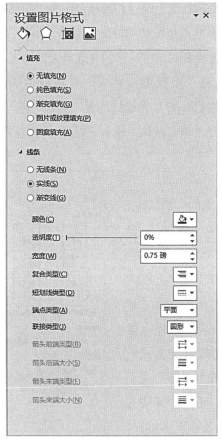

图 3-47　"设置图片格式"对话框

通过"图片格式"功能区或者"设置图片格式"对话框基本能实现对图片的各种编辑，其常用功能如下。

·删除图片背景：在图片功能区中单击"调整"组"删除背景"按钮，弹出"背景清除"选项卡，可以通过"标记要保留的区域"来更改保留背景的区域，也可以通过"标记要删除的区域"来更改要删除背景的区域，设置完后单击"保留更改"按钮，系统会自动将需要删除的背景删除。

·调整图片色调：当图片光线不足时，可通过调整图片的色调、亮度等操作来使其恢复正常效果。在"图片格式"功能区中单击"调整"组中的"颜色"按钮，在弹出的下拉列表中单击"色调"区域并选择合适的"色温"图标。

·调整图片颜色饱和度：在图片功能区中单击"调整"组中的"颜色"按钮，在弹出的下拉列表中单击"颜色饱和度"区域并选择合适的"颜色饱和度"图标。

·调整图片亮度和对比度：在图片功能区中单击"调整"组中的"更正"按钮，在弹出的下拉列表中单击"亮度和对比度"区域并选择合适的亮度和对比度。

·为图片添加边框：在"设置图片格式"对话框中的"线条"命令，从"无线条""实线""渐变线"中选择一种；若选择的是"实线"或"渐变线"，则可在"宽度"文本框中键入边框线的宽度（单位默认为磅），以及选择"复合类型""短划线类型""端点类型"等参数。

（3）设置文字环绕

文字环绕指图片与文本的位置关系，图片一共有 7 种基本的文字环绕方式，分别为嵌入型、四周型、紧密型、穿越型、上下型、衬于文字下方和浮于文字上方。

在图 3-46 的"排列"组中单击"环绕文字"按钮，在下拉列表中选择上述环绕方式中的一种即可完成环绕方式的设置，也可以选择"其他布局选项"来设置，具体如图 3-48 所示。不同的环绕方式中，图片跟文字的相互关系不尽相同，如果这些环绕方式不能满足需求，可以在列表里选择"其他布局选项"，从更多的

图 3-48 "布局"对话框中的"文字环绕"选项卡

环绕方式里选择。

（4）插入 SmartArt 图形

SmartArt 图形是信息和观点的视觉表示形式，用户可以通过多种不同的布局来创建 SmartArt 图形，从而快速、轻松、有效地传达信息。借助 Word 2019 提供的 SmartArt 功能，用户可以在 Word 2019 文档中插入多种多样的 SmartArt 示意图，具体步操作骤如下。

①打开文档窗口，切换到"插入"选项卡，在"插图"组中单击 SmartArt 按钮，弹出图 3-49 所示的"选择 SmartArt 图形"对话框。

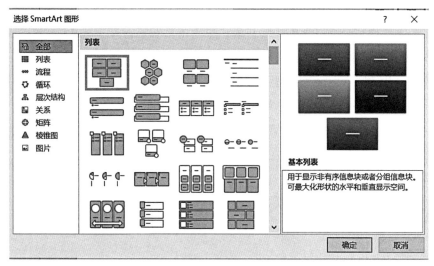

图 3-49　"选择 SmartArt 图形"对话框

②在"选择 SmartArt 图形"对话框中，单击左侧的类别名称选择合适的类别，然后在对话框右侧单击选择需要的 SmartArt 图形，并单击"确定"按钮。

③返回文档窗口，在插入的 SmartArt 图形中单击文本占位符（一种带有虚线边缘的框，绝大部分幻灯片版式中都有这种框。在这些框内可以放置标题及正文，或者是图表、表格和图片等对象）输入合适的文字。

（5）插入自选图形

Word 2019 提供了插入自选图形的功能，用户可以在文档中插入各种线条、基本图形、箭头、流程图、星、旗帜、标注等。用户还可以对插入的图形设置线型、线条颜色、文字颜色、图形或文本的填充效果、阴影效果、三维效果线条端点风格。具体操作步骤如下。

①单击"插入"选项卡。在"插图"分组中单击"形状"按钮，并在打开的"形状"

面板中单击需要绘制的形状（例如选中"箭头总汇"区域的
"右箭头"选项），如图 3-50 所示。

②将鼠标指针移动到 Word 2019 页面位置，按下左键拖动
鼠标即可绘制椭圆形。若在释放鼠标左键以前按下 Shift 键，则
可以成比例绘制形状；若按住 Ctrl 键，则可以在两个相反方向
同时改变形状大小。将图形大小调整至合适大小后，释放鼠标
左键完成自选图形的绘制。

（6）调整图形的叠放次序

首先选定要确定叠放关系的图形对象，单击鼠标右键，打
开图 3-51 所示的"绘图"快捷菜单，然后打开下拉菜单。在展
开的菜单中，从"嵌入型""四周型""紧密型环绕""穿越型环
绕""上下型环绕""浮于文字上方""衬于文字下方"中，选择
所需的一个执行。图 3-52 展示了笑脸处于心形的上层和下层的
情况。

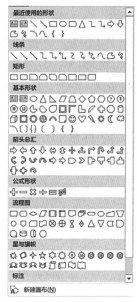

图 3-50　插入形状选择

图 3-51　"绘图"快捷菜单

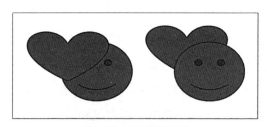

图 3-52　图形叠层示例

（7）多个图形的组合

选定要组合的所有图形对象，单击鼠标右键，
打开"绘图"快捷菜单，单击"绘图"快捷菜单
中的"组合"命令。图 3-53 展示了图形组合情
况，组合后的所有图形成为一个整体的图形对象，
它可整体移动和旋转。

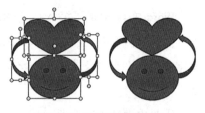

图 3-53　多个图形组合示例

3.4.2 文本框的设置

文本框是储存文本的图形框，文本框中的文本可以像普通文本一样进行各种编辑和格式设置操作，而同时对整个文本框又可以像图形、图片等对象一样在页面上进行移动、复制、缩放等操作，并可以建立文本框之间的链接关系。

1）插入文本框

将光标定位到要插入文本框的位置，选择"插入"选项卡，单击"文本"组中的"文本框"下拉按钮，在弹出的下拉面板中选择要插入的文本框样式。此时，文本中已经插入该样式的文本框，在文本框中可以输入文本内容并编辑格式。

2）编辑文本框

（1）调整文本框的大小

要调整文本框的大小，首先要右键单击文本框的边框，在打开的快捷菜单中选择"选择其他布局选项"命令；然后在打开的"布局"对话框中点击"大小"选项卡，在"高度"和"宽度"绝对值编辑框中分别输入具体数值，以设置文本框的大小；最后单击"确定"按钮，如图 3-54 所示。

图 3-54 "布局"对话框中的"大小"选项卡

此外，也可以通过鼠标拉动文本框边和角上的控制点来达到调整文本框大小的目的，但这种方法不能精确地控制文本框大小。

（2）移动文本框的位置

用户可以在 Word 2019 文档页面中自由移动文本框的位置，而不会受到页边距、段落设置等因素的影响，这也是文本框的优点之一。

在 Word 2019 文档页面中移动文本框很简单，只需单击选中文本框，然后把光标指向文本框的边框（注意不要指向控制点），当光标变成四向箭头形状时按住鼠标左键拖动文本框即可移动其位置。

（3）改变文本框的文字方向

在 Word 2019 中，文本框的默认文字方向为水平方向，即文字从左向右排列。用户可以根据实际需要将文字方向设置为从上到下的垂直方向。首先单击需要改变文字方向的文本框，在"绘图工具"→"格式"选项卡的"文本"组中单击"文字方向"命令；然后在打开的"文字方向"列表中选择需要的文字方向，有"水平""垂直""将所有文字旋转 90°""将所有文字旋转 270°"和"将中文字符旋转 270°"等 5 种，如图 3-55 所示。

图 3-55 "文字方向"选项

（4）设置文本框边距和垂直对齐方式

在默认情况下，Word 2019 文档的文本框垂直对齐方式为顶端对齐，文本框内部左边距、右边距均为 0.25 厘米，上边距、下边距均为 0.13 厘米。这种设置符合大多数用户的需求，不过用户可以根据实际需要设置文本框的边距和垂直对齐方式。首先右键单击文本框，在打开的快捷菜单中选择"设置形状格式"命令，在打开的"设置形状格式"对话框中切换到"文本选项 / 文本框"选项卡，通过"左边距""右边距""上边距""下边距"来设置文本框边距。然后在"垂直对齐方式"区域选择"顶端对齐""中部对齐"或"底端对齐"方式。设置完毕单击"确定"按钮。

（5）设置文本框文字环绕方式

文本框文字环绕方式是指 Word 2019 文档文本框周围的文字以何种方式环绕文本框，默认设置为"浮于文字上方"的环绕方式。用户可以根据 Word 2019 文档版式需要设置文本框文字环绕方式。设置环绕方式，要先在"布局"对话框上单击"文字环绕"选项卡，在出现的界面中可以选择需要的环绕方式，这几种方式与图片的文字环绕方式是一样的。

（6）设置文本框形状格式

选中"文本框"会出现图 3-56 所示"文本框工具"栏，与文本框的操作相关的工具基本都在这里，或者在文本框上右键单击，选择"设置形状格式"，弹出"设置形状格式"对话框。这个对话框可以完成大部分文本框的格式操作，如文本框的边框样式、填充色、阴影效果、三维效果等。

图 3-56　文本框工具栏

3.4.3　艺术字设置

艺术字是指将一般文字经过各种特殊的着色、变形处理得到的艺术化的文字。在Word 2019 中可以创建出漂亮的艺术字，并可作为一个对象插到文档中。Word 2019 将艺术字作为文本框插入，用户可以任意编辑文字。

1）插入艺术字

在 Word 2019 里插入艺术字的具体操作步骤是：打开 Word 2019 文档窗口，将插入点光标移动到准备插入艺术字的位置；在"插入"选项卡中，单击"文本"组中的按钮，并在打开的艺术字预设样式面板中选择合适的艺术字样式，如图 3-57 所示；打开艺术字的文本编辑框，直接输入艺术字文本。用户还可以对输入的艺术字分别设置字体和字号。

图 3-57　艺术字样式

2）修改艺术字格式

用户在 Word 2019 中插入艺术字后，可以随时修改艺术字文字，只需要单击艺术字即可进入编辑状态。

在修改文字的同时，用户还可以对艺术字进行字体、字号、颜色等格式设置。选中需要设置格式的艺术字，并切换到"开始"选项卡，在"字体"组即可对艺术分别进行字体、字号、颜色等设置。

3）设置艺术字样式

借助 Word 2019 提供的多种艺术字样式，用户可以在 Word 2019 文档中实现丰富多彩的艺术字效果：单击需要设置样式的艺术字使其处于编辑状态；在自动打开的"绘图工具 / 格式"选项卡中，单击"艺术字样式"组中的"文字效果"按钮；打开文本效果列表，鼠标指向"阴影""映像""发光""棱台""三维旋转""转换"中的一个选项，在打开的艺术字样式列表中选择需要的样式即可。当鼠标指向某一种样式时，Word 文档中的艺术字将即时呈现实际效果。

3.4.4　公式的编辑

Word 2003 的公式编辑器需要额外进行安装，Word 2019 则自带了多种常用的公式供用户使用。用户可以根据需要直接插入这些内置公式，以提高工作效率，具体操作步骤如下。

①打开 Word 2019 文档窗口，切换到"插入"选项卡。

②在"符号"分组中单击"公式"下拉三角按钮，在打开的内置公式列表中选择需要的公式，如图 3-58 所示。如果计算机处于联网状态，则可以在公式列表中单击"其他公式"选项，并在打开的"Office.com 中的其他公式"列表中选择所需的公式。

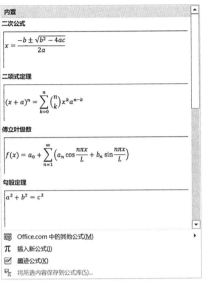

图 3-58 公式选项单

③单击"插入新公式"选项，进入"公式工具 / 设计"选项卡界面，用户可以通过键盘或"公式工具 / 设计"选项卡的"符号"组输入公式内容，根据自己的需要创建任意公式。

3.5 表格的编辑

Word 2019 有强大的表格编辑功能，可以帮助用户快速创建、修改表格。

3.5.1 表格的创建

表格的创建有多种方式，一般分为自动创建和手工创建。

1）自动创建简单表格

自动创建表格有 3 种方式。

（1）用"插入"→"表格"→"插入表格"按钮创建表格

具体操作步骤如下。

①将光标移至要插入表格的位置。

②单击"插入"→"表格"→"插入表格"按钮，出现图 3-59 所示的"插入表格"

菜单栏。

图 3-59　"插入表格"菜单栏

③鼠标在表格框内向右下方向拖动，选定所需的行数和列数。松开鼠标，表格自动插到当前的光标处。

（2）用"插入"→"表格"→"插入表格"→"插入表格"功能创建表格

具体操作步骤如下。

①将光标移至要插入表格的位置。

②单击"插入"→"表格"→"插入表格"按钮，在打开的"插入表格"下拉菜单中，单击"插入表格"命令，打开图 3-60 所示的"插入表格"对话框。

图 3-60　"插入表格"对话框

③在"行数"和"列数"框中分别输入所需表格的行数和列数。"自动调整"操作中默认为单选项"固定列宽"。

④单击"确定"按钮，即可在插入点处插入一张表格。

（3）用"插入"→"表格"→"文本转换为表格"功能创建表格

将文本转换为表格的具体操作步骤如下。

①选定用制表符分隔的表格文本。

②单击"插入"→"表格"→"插入表格"按钮，在打开的"插入表格"下拉菜单中，单击"文本转换为表格"命令，打开"将文字转换成表格"的对话框。

③在对话框中，设置"列数""分隔字符位置"。

④单击"确定"按钮，就实现了文本到表格的转换。

2）手工绘制复杂表格

Word 2019 提供了绘制不规则表格的功能，用户可以通过"插入"→"表格"→"插入表格"来绘制表格。具体操作步骤如下。

①单击"插入"→"表格"→"插入表格"按钮，在打开的"插入表格"下拉菜单中，单击"绘制表格"命令，此时鼠标指针变成"笔"状，表明鼠标处在"手动制表"状态。

②将铅笔形状的鼠标指针移到要绘制表格的位置，按住鼠标左键拖动鼠标绘出表格的外框虚线，放开鼠标左键后，得到实线的表格外框。

③拖动鼠标笔形指针，在表格中绘制水平或垂直线，也可以将鼠标指针移到单元格的一角向其对角画斜线。

④可以利用"表格工具"→"布局"→"橡皮擦"按钮，使鼠标变成橡皮形，把橡皮形鼠标指针移到要擦除线条的一端，按住鼠标左键并拖动鼠标到另一端，放开鼠标就可擦除选定的线段。

另外，还可以利用工具栏中的"线型"和"粗细"列表框选定线型和粗细，利用"边框""底纹""笔颜色"等按钮设置表格外围线或单元格线的颜色和类型，给单元格填充颜色，使表格变得丰富多彩。

建立空表格后，可以将插入点移到表格的单元格中输入文本。

当输入到单元格右边线时，单元格高度会自动增大，把输入的内容转到下一行。若要另起一段，则按 Enter 键；按 Tab 键将插入点移到下一个单元格内；按 Shift + Tab 组合键可将插入点移到上一个单元格；按上下箭头键可将插入点移到上一行、下一行。

3.5.2 表格的编辑

1）选定表格

要编辑表格之前首先要选定，选定表格有 3 种方式。

（1）用鼠标选定单元格、行或列

·选定单元格或单元格区域：鼠标指针移到要选定的单元格"选定区"，当指针由"|"变成" ⤢ "形状时，单击鼠标选定单元格，向上、下、左、右拖动鼠标选定相邻多个单元格即单元格区域。

·选定表格的行：鼠标指针移到文本区的"选定区"，鼠标指针指向要选定的行，单击鼠标选定一行；向下或向上拖动鼠标"选定"表中相邻的多行。

·选定表格的列：鼠标指针移到表格最上面的边框线上，指针指向要选定的列，当鼠标指针由"|"变成" ⇩ "形状时，单击鼠标选定一列；向左或向右拖动鼠标选定表中相邻的多列。

·选定不连续的单元格：按住 Ctrl 键，依次选中多个区域。

·选定整个表格：单击表格左上角的移动控制点" ✛ "，可以迅速选定整个表格。

（2）用键盘选定单元格、行或列

按 Ctrl + A 组合键可以选定插入点所在的整个表格。

如果插入点所在的下一个单元格中已输入文本，那么按 Tab 键可以选定下一单元格中的文本。如果插入点所在的上一个单元格中已输入文本，那么按 Shift + Tab 组合键可以选定上一单元格中的文本。

按 Shift + End 组合键可以选定插入点所在的单元格。

按 Shift + "→"组合键可以选定包括插入点所在的单元格在内的相邻的单元格。

按任意箭头键可以取消选定。

（3）用"表格工具"→"布局"→"表"→"选择"下拉菜单选定行、列或表格

将插入点置于所选行的任一单元格中后，要按以下步骤进行操作。

·选定行：单击"表格工具"→"布局"→"表"→"选择"下拉菜单中的"选择行"命令可选定插入点所在行。

·选定列：单击"表格工具"→"布局"→"表"→"选择"下拉菜单中的"选择列"命令可选定插入点所在列。

·选定全表：单击"表格工具"→"布局"→"表"→"选择"下拉菜单中的"选

择表格"命令可选定全表。

2）修改行高和列宽

表格中行高和列宽的设置有 3 种方式。

（1）用拖动鼠标修改表格的列宽具体操作方式如下。

①将鼠标指针移到表格的垂直框线上，当鼠标指针变成调整列宽指针形状时，按住鼠标左键，此时出现一条上下垂直的虚线。

②向左或右拖动，同时改变左列和右列的列宽（垂直框线两端的列宽度总和不变）。拖动鼠标到所需的新位置，放开左键即可。

（2）用菜单命令改变列宽

用"表格属性"对话框可以设置包括行高或列宽在内的许多表格属性。该方法可以使行高和列宽的尺寸得到精确设定，其具体操作步骤如下。

①选定要修改列宽的一列或数列。

②单击"表格工具"→"布局"→"表"→"属性"命令，打开"表格属性"对话框，单击"列"选项卡，得到"列"选项卡窗口，如图 3-61 所示。

图 3-61 "表格属性"对话框

③单击"指定宽度"前的复选框，并在文本框中键入列宽的数值，在"度量单位"下拉列表框中选定单位。

④单击"确定"按钮。

（3）用菜单命令改变行高

具体操作方式如下。

①选定要修改行高的一行或数行。

②单击"表格工具"→"布局"→"表格"→"属性"命令，打开"表格属性"对话框，单击"行"选项卡，打开"表格属性"对话框的"行"选项卡窗口。

③若选定"指定高度"前的复选框，则在文本框中键入行高的数值，并在"行高值是"下拉列表框中选定"最小值"或"固定值"。否则，行高默认为自动设置。

④单击"确定"按钮。

3）插入或删除行 / 列

（1）插入行 / 列

插入行的快捷方法是单击表格最右边的边框外，按 Enter 键，在当前行的下面插入一行；或将光标定位在最后一行最右一列单元格中，按 Tab 键追加一行。此外，想插入行 / 列时，可选定"单元格"→"行 / 列"（选定与将要插入的行或列等同数量的行 / 列），或者单击"表格工具"→"布局"→"行和列"分组中的相关按钮，如图 3-62 所示。

图 3-62　插入"行或列"菜单栏

·"在上方插入""在下方插入"按钮：在选定行的上方或下方插入与选定行数等同数量的行。

·"在左侧插入""在右侧插入"按钮：在选定列的左侧或右侧插入与选定列数等同数量的列。

（2）插入单元格

选定若干单元格，单击"表格工具"→"布局"→"行和列"按钮 ，点击右下角按钮，打开"插入单元格"对话框，选择下列操作之一。

·活动单元格右移：在选定的单元格的左侧插入数量相等的新单元格。

·活动单元格下移：在选定的单元格的上方插入数量相等的新单元格。

（3）删除行 / 列

如果想删除表格中的某些行或列，那么只要选定要删除的行或列，单击"表格工具"→"布局"→"行和列"→"删除"按钮即可。

4）合并或拆分单元格

（1）合并单元格

选定两个或两个以上相邻的单元格，单击"表格工具"→"布局"→"合并"→"合并单元格"按钮，可将选定的多个单元格合并为一个单元格。

（2）拆分单元格

选定要拆分的一个或多个单元格。单击"表格工具"→"布局"→"合并"→"拆分单元格"按钮，打开"拆分单元格"对话框，如图 3-63 所示。

图 3-63 "拆分单元格"对话框

在"拆分单元格"对话框键入要拆分的列数和行数。

单击"确定"按钮后，选定的所有单元格均被拆分为指定的行数和列数。

5）表格的拆分与合并

如果要拆分一个表格，那么要先将插入点置于拆分后成为新表格的第一行的任意单元格中，然后单击"表格工具"→"布局"→"合并"→"拆分表格"按钮，这样就在插入点所在行的上方插入空白段，把表格拆分成两张表格。

如果把插入点放在表格的第一行的任意列中，用"拆分表格"按钮就可以在表格头部前面加一空白段。

如果要合并两个表格，那么只要删除两个表格之间的换行符即可。

6）表格标题行的重复

当一张表格超过一页时，通常希望在第二页的续表中也体现表格的标题行。设置重复标题的具体操作步骤如下。

①选定第一页表格中的一行或多行标题行。

②单击"表格工具"→"布局"→"数据"→"重复标题行"按钮，如图 3-64 所示。

这样，Word 会在因分页而拆开的续表中重复表格的标题行。

图 3-64　表格功能区

7）表格格式的设置

（1）表格自动套用格式

表格创建后，可以使用"表格工具"→"设计"→"表格样式"分组中内置的表格样式对表格进行排版，使表格的排版变得轻松、容易。具体操作步骤如下。

①将插入点移到要排版的表格内。

②单击"表格工具"→"设计"→"表格样式"按钮，打开图 3-65 所示的"表格样式"列表框。

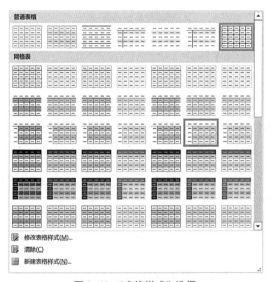

图 3-65　"表格样式"选择

③在"表格样式"列表框中选定所需的表格样式。

（2）表格边框与底纹的设置

除表格样式外，还可以使用"表格工具"→"设计"→"表格样式"分组中的"底纹"和"边框"按钮对表格的边框线线型、粗细和颜色，底纹颜色，单元格中文本的对齐方式等进行个性化的设置，如图3-66所示。

①单击"边框"的下拉按钮，打开"边框"列表，可以设置所需的边框。

②单击"底纹"的下拉按钮，打开"底纹颜色"列表，可以选择所需的底纹颜色。

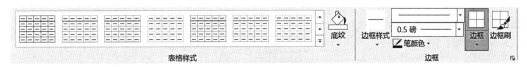

图3-66　表格边框与底纹设置

（3）表格在页面中的位置

设置表格在页面中的对齐方式和是否文字环绕表格的操作如下。

①将插入点移至表格任意单元格内。

②单击"表格工具"→"布局"→"表"→"属性"按钮，打开"表格属性"对话框，单击"表格"选项卡，打开图3-67所示的"表格属性"对话框的"表格"选项卡窗口。

图3-67　"表格属性"中表格的位置

③在"对齐方式"组中，选择表格的对齐方式；在"文字环绕"组中选择"无"或

者"环绕"。最后，单击"确认"按钮。

（4）表格中文本格式的设置

表格中的文字同样可以用对文档文本排版的方法进行，诸如字体、字号、字形、颜色，以及左、中、右对齐方式等的设置。此外，还可以使用单击"表格工具"→"布局"→"对齐方式"分组中的"对齐"按钮，选择9种对齐方式中的一种，如图3-68所示。

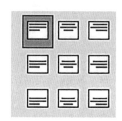

图 3-68　表格中内容的对齐方式

3.5.3　表格内数据的排序和计算

1）排序

Word 2019 提供了对表格数据进行自动排序的功能，可以对表格数据按数字顺序、日期顺序、拼音顺序、笔画顺序进行排序。在排序时，首先选择要排序的单元格区域，然后选择"布局"选项卡，单击"数据"组中的"排序"按钮，弹出"排序"对话框，在对话框中，可以任意指定排序列，并可对表格进行多重排序，如图3-69所示。

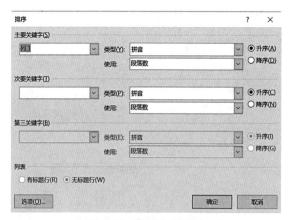

图 3-69　"排序"对话框

2）计算

在 Word 2019 的表格中进行计算的主要操作步骤如下。

①单击要存入计算结果的单元格。

②选择"布局"选项卡，单击"数据"组中的"公式"选项，打开"公式"对话框。

③在"粘贴函数"下拉列表中选择所需的计算公式。如"SUM"，用来求和，则在"公式"文本框内出现"=SUM(　　)"。

④在公式中输入"=SUM(LEFT)"可以自动求出所有单元格横向数字单元格的和，输入"=SUM(ABOUE)"可以自动求出纵向数字单元格的和，如图 3-70 所示。

图 3-70　"公式"对话框

3.6 📄 论文的编辑与排版

本节主要介绍与学术论文排版相关的 Word 2019 的功能。

3.6.1　样式

用 Word 2019 编写文档的人都知道，一篇长文档一般是需要用章节来划分段落的。在 Word 2019 中也有对应的工具可以完成这个操作，这就是多级列表。多级列表是以 Word 的样式概念为基础的，要想使用多级列表，就必须从样式入手。所谓样式，简单地说，就是预先将想要的格式组合在一起，然后命名，形成样式。

一个样式中会包括很多格式效果，为文本应用了一个样式，就等于为文本设置了多种格式。通过样式设置文本格式非常快速、有效。例如，中文的文章一般喜欢用章、节、小节来划分，其中章标题使用标题 1，节标题使用标题 2，小节标题使用标题 3，等等，如图 3-71 所示。而正文部分，以"正文"来命名样式，如图 3-72 所示。当然对各级标题的格式可以在样式里进行更改，如图 3-73 所示。使用样式的另一个好处是可以由 Word 自动生成各种目录和索引。

图 3-71　文章的各级标题

图 3-72　"样式"选项框

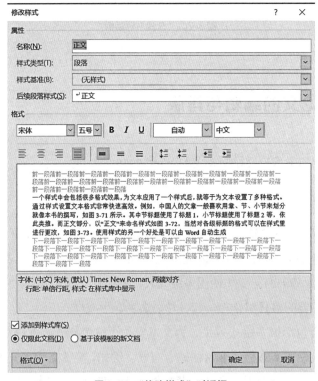

图 3-73　"修改样式"对话框

3.6.2 目录

一篇论文必须要有目录,方便检索。如果手工输入目录,不但麻烦,而且一旦文章内容发生改变,目录又要手动更新,容易出错。用户可以使用 Word 自动生成目录,如果文档内容发生改变,用户只需要更新目录即可。当然在使用目录之前,必须对论文先进行之前的样式设置。

通过"引用"→"目录"→"目录"→"自定义目录",就可以看到图 3-74 所示的内容,选择想要的格式和显示的级别,点击确定就能生成目录。例如,图 3-75 中,"第 3 章 Word 2019 基础及其应用"为一级标题,"3.1 Word 2019 基本知识"等为二级标题,"3.1.1 启动和退出 Word 2019"等为三级标题。

图 3-74 插入"目录"对话框

图 3-75　目录示例

目录生成后，文档内容还有可能发生变化，这时候就需要更新目录，右键单击目录区，在弹出的快捷菜单中选择"更新目录"项，弹出图 3-76 所示"更新目录"对话框。更新目录分两种情况，第一种是"只更新页码"，还有一种是"更新整个目录"。前者适用于只增删了正文内容的情况，后者适用于更改标题结构的情况。

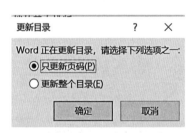

图 3-76　"更新目录"对话框

3.6.3　分隔符

分隔符是文档中分隔页、栏或节的符号，Word 中的分隔符包括分页符、分栏符和分节符。分页符是分隔相邻页之间的文档内容的符号。分栏符的作用是将其后的文档内容从下一栏起排。Word 可以将文档中分为多个节，不同的节可以有不同的页格式。分节符也就是通过将文档分隔为多个节，在一篇文档的不同部分设置不同的页格式（如页面边框、页眉/页脚等）。默认方式下，Word 将整个文档视为一"节"，故对文档的页面设置，包括边距、纸型或方向、打印机纸张来源、页面边框、垂直对齐方式、页眉和页脚、分栏、页码编排、行号及脚注和尾注是应用于整篇文档的。

若需要在一页之内或多页之间采用不同的版面布局，需要插入"分节符"将文档分成几"节"，然后根据需要设置每"节"的格式即可。插入分节符的方法是：单击"页面布局"选项卡中"页面设置"组的"分隔符"按钮，弹出图 3-77 所示的列表，其包括"分页符"和"分节符"两类，可根据需要插入。在论文里，"分节符"里的"连续"用得比较多，它会将文章分节，但不会从分节符那里分页。如果选"下一页"，就会从插入分节符的位置开始将下面的文档强制另起一页。

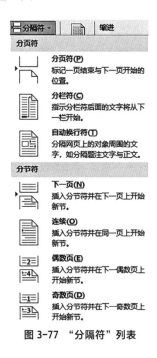

图 3-77　"分隔符"列表

3.6.4　批注与修订

1）批注

批注是审阅者添加到独立的批注窗口中的文档注释或者注解，当审阅者只是评论文档，而不直接修改文档时，要插入批注。批注并不影响文档的内容。

批注是隐藏的文字，Word 会为每个批注自动赋予不重复的编号和名称，例如在本文中插入一个批注，内容为"这个是批注的示例！"，插入批注的步骤为：将光标移动到要插入批注的正文处，在"审阅"功能区的"批注"组里点击"新建批注"，在批注文本框内输入批注的内容，如图 3-78 所示。若要删除批注，则在批注上点击右键，在菜单上点击"删除批注"按钮即可，在文本打印的时候批注内容默认不打印出来。

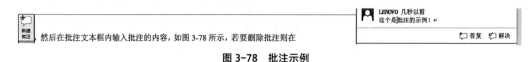

图 3-78 批注示例

2）修订

为了防止读者不经意地分发包含修订和批注的文档，在默认情况下，Word 2019 会显示修订和批注。显示"所有标记"是默认选项，如图 3-79 所示。在 Word 2019 中，可以跟踪每个插入、删除、移动、格式更改或批注操作，以便在以后审阅所有这些更改。"审阅窗格"显示了文档中当前出现的所有更改、更改的总数，以及每类更改的数目。

图 3-79 "修订"及文档显示的状态

用户可以接受或拒绝每一项修订和批注。在接受或拒绝文档中的所有修订和批注之前，即使是发送或显示的文档中的隐藏更改，审阅者也能够看到。

"审阅窗格"是一个方便、实用的工具，借助它可以确认已经从文档中删除的所有修订，使得这些修订不会显示给可能查看该文档的其他人。"审阅窗格"顶部的摘要部分显示了文档中仍然存在的可见修订和批注的确切数目。通过"审阅窗格"，还可以读取在批注气泡中容纳不下的长批注。

单击"审阅"→"修订"→"审阅窗格"选项，在屏幕侧边查看摘要。若要在屏幕底部而不是侧边查看摘要，可单击"审阅窗格"旁的箭头，然后单击"水平审阅窗格"。

按顺序审阅每一项修订和批注。单击"审阅"→"更改"→"下一处"或"上一处"选项，如图 3-80 所示，执行下列操作之一。

图 3-80　"审阅"组里的相关操作

·在"更改"组中，单击"接受"。

·在"更改"组中，单击"拒绝"。

·在"批注"组中，单击"删除"。

·接受或拒绝更改并删除批注，直到文档中不再有修订和批注。

·接受所有更改，可以单击"审阅"→"更改"→"下一处"或"上一处"选项，单击"接受"下方的箭头，然后单击"接受所有修订"。

·拒绝所有更改，可以单击"审阅"→"更改"→"下一处"或"上一处"选项，单击"拒绝"下方的箭头，然后单击"拒绝所有修订"。

此外，可以用"审阅"功能区中的"比较"组对修改过的两个文档进行比较或者合并，如图 3-81 所示，还可以通过"保护"组里面的"限制编辑"按钮对文档进行限制编辑，如图 3-82 所示。

图 3-81　"审阅"中的"比较"组

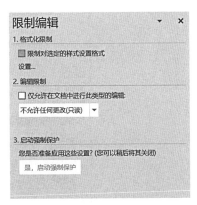

图 3-82　"审阅"中的"限制编辑"

3.6.5 图片及表格的引用

在论文的撰写过程中，往往需要对图片及表格进行引用，这样可以快速定位到对应图片及表格的位置。如图 3-83 所示，需要在正文中引用"图 1"和"表 1"，以引用图片为例，具体操作步骤如下。

《京都议定书》规定了对 6 种温室气体进行减量控制，其中 CO_2 对全球变暖影响的贡献值约为64%。中国能源消耗总量从20世纪80年代的不到10亿吨标准煤/年增长到 2012 年的超过 33 亿吨标准煤/年。图 1 为中国能源生产总量，表 1 为 2011 年我国几个大气本底站大气中的三种主要温室气体年平均浓度。

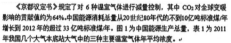

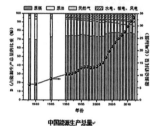

中国能源生产总量

2011年我国几个大气本底站大气中的三种主要温室气体年平均浓度

大气监测站	CO_2 (ppm)	CH_4 (ppb)	N_2O (ppb)
全球平均值	390.9	1813	324.2
青海瓦里关	392.2	1861	324.7
浙江临安	404.8	1943	326.0

图 3-83　论文背景案例

①将光标移到图片名字的前端。

②点击"引用"选项框的"题注"功能组中的"插入题注"按钮，弹出图 3-84 所示的"题注"对话框。

图 3-84　"题注"对话框

③点击"新建标签"按钮，输入文本"图"，并点击确定。

④点击"题注"对话框中的"确定"按钮,即可为图片进行顺序标注。

要引用已经标注的图片,其具体操作步骤如下。

①首先将光标移到文本中"图1"的位置,并删除"图1"两个字。

②点击"引用"选项框的"题注"功能组中的"交叉引用"按钮,弹出图3-85所示的"交叉引用"对话框。

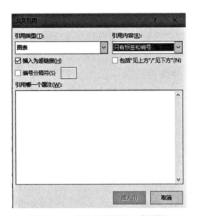

图3-85 "交叉引用"对话框

③选择引用类型为"图表",选择引用内容为"只有标签和编号"。

④最后点击"插入"按钮,即可生成从文本跳转到对应图片的链接,点击即可快速定位到对应的图片,如图3-86所示。

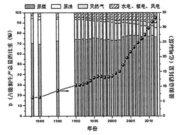

《京都议定书》规定了对6种温室气体进行减量控制,其中,CO_2对全球变暖影响的贡献值约为64%。中国能源消耗总量从亿吨标准煤/年增长到2012年的超过33亿吨标准煤/年。图1为中国能源生产总量,表1为2011年我国几个大气本底站大气中的三种主要温室气体年平均浓度。

图1 中国能源生产总量

大气监测站	CO_2 (ppm)	CH_4 (ppb)	N_2O (ppb)
全球平均值	390.9	1813	324.2
青海瓦里关	392.2	1861	324.7
浙江临安	404.8	1943	326.0

表1 2011年我国几个大气本底站大气中的三种主要温室气体年平均浓度

图3-86 图片和表格的引用

表格的引用和图片相似，只是在新建标签时，将标签名改为"表"即可。

3.6.6　字数统计

论文一般都有字数要求，不宜太多也不宜太少，想知道自己的论文共有多少字，其实很简单。Word 2019 提供了自动统计字数的功能，只需单击"审阅"选项卡中"校对"组的"字数统计"命令，就会跳出图 3-87 所示的"字数统计"对话框，显示当前论文的总页数、字数等项目。

字数统计	? ×
统计信息:	
页数	83
字数	30,496
字符数(不计空格)	32,418
字符数(计空格)	32,894
段落数	803
行	1,489
非中文单词	1,262
中文字符和朝鲜语单词	29,234
☑ 包括文本框、脚注和尾注(F)	
	关闭

图 3-87　"字数统计"对话框

3.6.7　参考文献

参考文献指为撰写或编辑论文和著作而引用的有关文献信息资源。

参考文献可以通过 Word 2019 的"编号"功能来插入。这样插入参考文献有一个好处，就是当鼠标指到正文引用处时会提示引用的文献。具体操作步骤如下。

①将每一条参考文献按照段落的方式排版，并选中。

②点击"开始"按钮，点击"段落"功能栏的"编号"按钮，在弹出的对话框中选择"定义新编号格式"按钮，如图 3-88 所示。

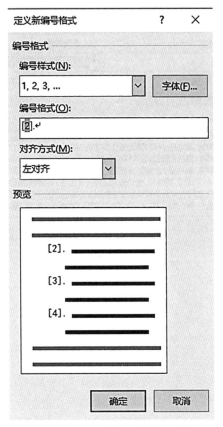

图 3-88 "定义新编号格式"对话框

③在"编号格式"中，输入"["和"]"，在中间插入编号"1,2,3,…"，对齐方式选择"左对齐"，点击确定，就能自动生成参考文献编号，如图 3-89 所示。

[1] 中国营养学会. 国民营养计划(2017-2030 年)[J]. 营养学报, 2017, 39(4):315-320.
[2] 苏国培. 骨龄在少年篮球运动员选材中的应用[J]. 体育科技(广西), 1995(3):74-76.
[3] 王路德. 身高预测公式的研究[J]. 湖北体育科技, 1984(2):77-80
[4] 顾学范. 身材矮小的鉴别诊断和处理[J]. 临床儿科杂志, 2002(02):61-65.
[5] 吴迪, 冯国双, 巩纯秀. 生长激素治疗特发性矮小儿童随访至接近成年终身高的治疗效果分析[J]. 首
都医科大学学报, 2018, 039(001):92-97.

图 3-89 添加编号后的参考文献

④往后的参考文献引用，只需要直接使用"引用"选项卡中"交叉引用"命令，如图 3-90 所示，引用类型选择"编号项"，引用内容选择"段落编号"，点击"插入"即可。

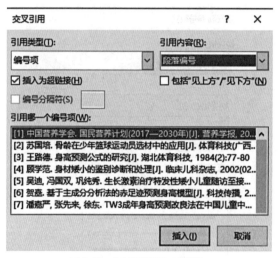

图 3-90 "交叉引用"对话框

◎ 习题

一、选择题

1. 对 Word 2019 的文档窗口进行最小化操作（　　）。

A. 会将指定的文档关闭 B. 会关闭文档及其窗口

C. 文档的窗口和文档都没关闭 D. 会将指定的文档从外存中读入，并显示出来

2. 若想在屏幕上显示常用工具栏，应当使用（　　）。

A. "视图"菜单中的命令 B. "格式"菜单中的命令

C. "插入"菜单中的命令 D. "工具"菜单中的命令

3. 用 Word 2019 进行编辑时，要将选定区域的内容放到剪贴板上，可采用（　　）。

A. 剪切或替换　　B. 剪切或清除　　C. 剪切或复制　　D. 剪切或粘贴

4. 在 Word 2019 中，用户同时编辑多个文档，若要一次将它们全部保存应（　　）。

A. 按住 Shift 键，并选择"文件"菜单中的"全部保存"命令

B. 按住 Ctrl 键，并选择"文件"菜单中的"全部保存"命令

C. 直接选择"文件"菜单中"另存为"命令

D. 按住 Alt 键，并选择"文件"菜单中的"全部保存"命令

5. 在使用 Word 2019 进行文字编辑时，下面叙述中（　　　）是错误的。

A. Word 可将正在编辑的文档另存为一个纯文本（TXT）文件

B. 使用"文件"菜单中的"打开"命令可以打开一个已存在的 Word 文档

C. 打印预览时，打印机必须是已经开启的

D. Word 允许同时打开多个文档

6. 使图片按比例缩放应选用（　　　）。

A. 拖动中间的句柄　　　　　　　　B. 拖动四角的句柄

C. 拖动图片边框线　　　　　　　　D. 拖动边框线的句柄

7. 能显示页眉和页脚的方式是（　　　）。

A. 普通视图　　　B. 页面视图　　　C. 大纲视图　　　D. 全屏幕视图

8. 在 Word 2019 中，如果要使图片周围环绕文字可以通过（　　　）操作。

A. "插入"选项卡的"图片"列表中的"四周型"

B. "布局"选项卡的"环绕文字"列表中的"四周型"

C. "设计"选项卡的"页面边框"列表中的"四周型"

D. "视图"选项卡的"切换窗口"列表中的"四周型"

9. 在 Word 2019 中，对表格添加边框可以通过（　　　）操作。

A. "设计"选项卡的"页面边框"对话框中的"边框"选项卡

B. "布局"选项卡的"页面边框"对话框中的"边框"选项卡

C. "插入"选项卡的"页面边框"对话框中的"边框"选项卡

D. "视图"选项卡的"页面边框"对话框中的"边框"选项卡

10. 删除单元格的正确操作是（　　　）。

A. 选中要删除的单元格，按 Delete 键

B. 选中要删除的单元格，按剪切按钮

C. 选中要删除的单元格，使用 Shift+Delete 组合键

D. 选中要删除的单元格，使用右键的"删除单元格"

11. 关于 Word 2019 的特点描述正确的是（　　　）。

A. 一定要通过使用"打印预览"才能看到打印出来的效果

B. 不能进行图文混排

C. 即点即输

D. 无法检查见的英文拼写及语法错误

12. 在 Word 2019 中，调整文本行距应选取（　　）。

A. "格式"菜单中"字体"中的行距　　　B. "插入"菜单中"段落"中的行距

C. "视图"菜单中的"标尺"中的行距　　D. "格式"菜单中"段落"中的行距

13. Word 2019 的页边距可以通过（　　）设置。

A. "视图"选项卡的"标尺"按钮

B. "设计"选项卡的"页面边框"对话框

C. "布局"选项卡的"页边距"列表

D. "插入"选项卡的"文本框"列表

14. 在 Word 2019 中要使用段落插入书签可以通过（　　）操作。

A. "插入"选项卡的"书签"按钮

B. "设计"选项卡的"书签"按钮

C. "布局"选项卡的"书签"按钮

D. "视图"选项卡的"书签"按钮

15. 下面对 Word 2019 编辑功能的描述中（　　）是错误的。

A. Word 2019 可以开启多个文档编辑窗口

B. Word 2019 可以将多种格式的系统时期、时间插到插入点位置

C. Word 2019 可以插入多种类型的图形文件

D. 使用"编辑"菜单中的"复制"命令可将已选中的对象拷贝到插入点位置

16. 在 Word 2019 中，如果要在文档中层叠图形对象，可以通过（　　）操作。

A. "插入"选项卡的"排列"功能区

B. "布局"选项卡的"排列"功能区

C. "视图"选项卡的"排列"功能区

D. "设计"选项卡的"排列"功能区

17. 在 Word 2019 中，要给图形对象设置阴影，可以通过（　　）操作。

A. "设计"选项卡的"阴影效果"功能区

B. "插入"选项卡的"阴影效果"功能区

C. "形状格式"选项卡的"阴影效果"功能区

D. "视图"选项卡的"阴影效果"功能区

18. 在 Word 2019 中，要删除表格中的某单元格，可以通过（　　）操作。

A. 选定所要删除的单元格，点击右键，选择"删除单元格"

B. 选定所要删除的单元格所在的行，点击右键，选择"删除行"

C. 选定所要删除的单元格所在的列，点击右键，选择"删除列"

D. 选定所要删除的单元格，点击左键，选择"删除单元格"

19. 在 Word 2019 中，要将表格数据排序，应执行（　　）操作。

A. "表格"菜单中的"排序"命令　　　　B. "工具"菜单中的"排序"命令

C. "表格"菜单中的"公式"命令　　　　D. "工具"菜单中的"公式"命令

20. 在 Word 2019 中，若要删除表格中某单元格所在的行，则应选择"删除单元格"对话框中的（　　）。

A. 右侧单元格左移　　　　　　B. 下方单元格上移

C. 整行删除　　　　　　　　　D. 整列删除

21. 在 Word 2019 中，要对某一单元格进行拆分，应执行（　　）操作。

A. "插入"菜单中的"拆分单元格"命令

B. "格式"菜单中"拆分单元格"命令

C. "工具"菜单中的"拆分单元格"命令

D. "表格"菜单中"拆分单元格"命令

22. 在 Word 2019 中，对内容不足一页的文档进行分栏时，如果要做两栏显示，那么首先应（　　）。

A. 选定全部文档　　　　　　B. 选定除文末回车符以外的全部内容

C. 将插入点置于文档中部　　D. 以上都可以

23. 在 Word 2019 的"文件"菜单"最近所用文件"功能面板中显示有一些 Word 文件名，这些文件是（　　）。

A. 当前已打开的文件　　　　B. 最近被操作过的所有文档

C. 所有 Word 2010 文档　　　D. 最近被操作过的 Word 2019 文档

24. 在 Word 2019 中删除一个段落标记后，前后两段文字合并为一段，此时（　　）。

A. 原段落格式不变　　　　　B. 采用后一段格式

C. 采用前一段格式　　　　　D. 变为默认格式

25. 在 Word 2019 的编辑状态下，要想在插入点设置一个分页符，可以通过"布局"选项卡中的"页面设置"功能区中的（　　）来实现。

A. 行号　　　　B. 分隔符　　　　C. 对象　　　　D. 页边距

26. 在 Word 2019 中，下面有关分页的叙述，错误的是（　　）。

A. 分页符也能打印出来　　　　　　B. 可以自动分页，也可以人工分页

C. 按 Delete 可以删除人工分页符　　D. 分页符标志着新一页的开始

27. 某个文档基本是纵向的，如果某一页需要横向页面，那么（　　）。

A. 不可以这样做

B. 可在该页开始处插入分节符，在该页下一页开始处插入分节符，将该页通过页面设置为横向，但应用范围必须设为"本节"

C. 可将整个文档分为两个文档来处理

D. 可将整个文档分为三个文档来处理

28. 记事本不能识别 Word 文档，因为 Word（　　）。

A. 文件比较大　　　　　　　　　　B. 文件中含有特殊控制符

C. 文字中含有汉字　　　　　　　　D. 文件中的西文有"全角"和"半角"之分

29. 下列有关 Word 格式刷的叙述中，（　　）是正确的。

A. 格式刷只能复制字体格式　　　　B. 格式刷可用于复制纯文本的内容

C. 格式刷只能复制段落格式　　　　D. 格式刷同时复制字体和段落格式

二、填空题

1. Word 2019 默认显示的工具栏是（　　）和"格式"工具栏。

2. 如果想在文档中加入页眉、页脚，应当使用（　　）菜单中的"页眉和页脚"命令。

3. 在用 Word 2019 编辑完一个文档后，要想知道它打印后的结果，可使用（　　）功能。

4. 单击（　　）按钮，鼠标指向（　　），然后再指向其子菜单中的"Microsoft Word"就启动了 Word 2019。

5. 第一次启动 Word 2019 后系统自动建立一个空白文档，名为（　　）。

6. 在 Word 2019 中向前滚动一页，可用按下（　　）键完成。

7. 选定内容后，单击"剪切"按钮，内容则被删除并送到（　　）上。

8. 将文档分左右两个版面的功能叫作（　　），将段落的第一字放大、突出显示的是（　　）功能。

9. 在 Word 2019 中执行（　　）菜单下的"插入表格"命令，可建立一个规则的

表格。

10. 在表格中将一列数字相加，可使用"自动求和"按钮，其他类型的计算可使用表格菜单下的（　　　）命令。

11. 每段首行、首字距页左边界的距离被称为（　　　），而从第二行开始，相对于第一行左侧的偏移量被称为（　　　）。

12. 当执行了误操作后，可以单击（　　　）按钮撤销当前操作，还可以从（　　　）列表中执行多次撤销或恢复多少撤销的操作。

13. Word 2019 表格由若干行和若干列组成，行和列交叉的地方被称为（　　　）。

14. Word 2019 保存文档的默认扩展名是（　　　）。

15. Word 2019 中的链接与嵌入是通过（　　　）技术实现的。

三、判断题（对的打"√"，错误的打"×"）

1. Word 2019 中不插入剪贴画。　　　　　　　　　　　　　　　　　（　　）

2. 插入艺术字既能设置字体，又能设置字号。　　　　　　　　　　　（　　）

3. Word 2019 中被剪掉的图片可以恢复。　　　　　　　　　　　　　（　　）

4. 页边距可以通过标尺设置。　　　　　　　　　　　　　　　　　　（　　）

5. 如果需要对文本格式化，那么必须先选择被格式化的文本，然后再对其进行操作。

　　　　　　　　　　　　　　　　　　　　　　　　　　　　　　　（　　）

6. 页眉与页脚一经插入，就不能修改了。　　　　　　　　　　　　　（　　）

7. 对当前文档的分栏最多可分为 3 栏。　　　　　　　　　　　　　　（　　）

8. 使用 Delete 键删除的图片可以粘贴回来。　　　　　　　　　　　（　　）

9. 在 Word 2019 中可以通过在最后一行的行末按下 Tab 键的方式在表格末添加一行。

　　　　　　　　　　　　　　　　　　　　　　　　　　　　　　　（　　）

10. 在 Word 2019 的文档中，一次只能定义一个文本块。　　　　　　（　　）

4 Excel 2019 的基础及应用

Excel 是全世界使用最广泛的电子表格软件之一，它可以进行各种数据的处理、统计分析和辅助决策操作，广泛地应用于管理、统计财经、金融等众多领域。Excel 的具体用途有且不限于以下几点。

数字运算：建立预算、生成费用表、分析调查结果，并执行可想到的任何类型的财务分析。

创建图表：创建各种可高度自定义的图表。

组织列表：使用"行—列"布局来高效地存储列表。

文本操作：清理和规范基于文本的数据。

访问其他数据：从多种数据源导入数据。

创建图形化仪表板：以简介的形式汇总大量商业信息。

创建图形和图表：使用形状和 SmartArt 功能创建具有专业外观的图标。

自动执行复杂的任务：通过 Excel 的宏功能，只需点击一下鼠标即可执行复杂任务。

4.1 Excel 2019 的基本操作

Excel 是一款电子表格软件，其直观的界面、出色的计算功能和图表工具，使 Excel 成为最流行的计算机数据处理软件之一。Excel 2019 提供了许多新的电子表格功能。

4.1.1 Excel 2019 的新功能

Excel 2019 相比之前的版本添加了新功能，具体如下。

"获取和转换"（之前称为 Power Query）被全面整合。"获取和转换"是一个灵活的工具，简化了从多种数据库导入数据并以多种方式转换数据的工作。

Excel 2019 的所有版本均提供了三维地图功能（之前称为 Power Map），允许创建出色的数据驱动的地图。

Excel 2019 提供了新的图表类型，包括树状图、旭日图、瀑布图、箱型图、直方图和排列图。

Excel 2019 简化了预测。其可以使用几种新的工作表函数来预测值，甚至可以创建一个图表来显示置信上下限。

Excel 2019 提供了一个新的"告诉我您想要怎么做"功能，可以快速定位（甚至执行）命令。

Excel 2019 的 Backstage 区域（单机"文件"菜单时显示）被重新安排。

新的 Office 主题颜色可用，即每个 Office 2019 应用程序使用一种不同的颜色（Excel 为绿色）。

4.1.2　Excel 2019 的启动与退出

启动 Excel 2019 的方法很简单，本书主要介绍两种方式。

第一种方法是双击桌面"Excel 2019"图标。第二种方法是单击"开始"菜单，然后单击"所有程序"，单击"Microsoft Office"选择"Microsft Office Excel 2019"。

使用 Excel 2019 结束后，需要退出工作表。Excel 2019 的退出方法也十分简单，只需在 Excel 2019 窗口中切换到"文件"选项卡，单击窗口左侧窗格中最下方的"关闭"命令即可。

4.1.3　Excel 2019 的窗口组成

Excel 2019 的窗口组成与 Excel 2010 相比有了明显的改变，Excel 2019 的工作界面更加友好，更贴近于 Windows 10 系统。Excel 2019 的工作界面由菜单栏、标题栏、快速访问工具栏、功能区、编辑栏、工作表格区、滚动条等元素组成，如图 4-1 所示。现简要介绍如下。

1）菜单栏

菜单栏由"文件""开始""插入""页面布局"等选项卡组成，如图 4-1 所示。单击选项卡在功能区会出现此选项卡对应的功能。例如，单击"文件"选项卡 ，可以打开

大学信息技术基础

"文件"功能界面。在该界面中，用户可以使用新建、打开、保存、打印、共享和发布工作簿等命令。

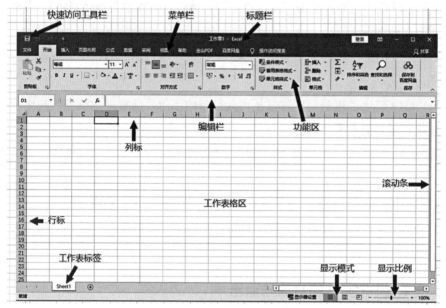

图 4-1 Excel 2019 的窗口组

2）快速访问工具栏

Excel 2019 的快速访问工具栏包含最常用的快捷按钮，方便用户使用。单击快速访问工具栏中的按钮，可以执行相应的命令。

单击快速访问工具栏右侧的下拉箭头，弹出图 4-2 所示的下拉菜单，用户只需勾选其中的项目，此项就可以出现在快速访问工具栏中。

3）标题栏

标题栏位于窗口的最上方，用于显示当前正在运行文件名等信息。如果是刚打开的新工作簿文件，用户所看到的文件名是"工作簿1"，这是 Excel 2019 默认建立的文件名。单击标题栏右端的 ▭ □ × 按钮，可以最

图 4-2 快速访问工具栏

184

小化、最大化或关闭窗口。

4）功能区

Excel 2019 的功能区继承自 Excel 2010，它结合了 Excel 2003 版本中的菜单栏与工具栏，以选项卡的形式列出 Excel 中的操作命令。

Excel 2019 功能区中的选项卡包括"开始""插入""页面布局""公式""数据""审阅""视图"。

5）状态栏与显示模式

状态栏位于窗口底部，用来显示当前工作区的状态。Excel 2019 支持 3 种显示模式，分别为"普通"模式、"页面布局"模式与"分页预览"模式，单击 Excel 2019 窗口右下角的 ▦ ▣ ⊞ 按钮可以切换显示模式。

6）编辑栏

编辑栏用于显示活动单元格中的常数或公式，用户可以在编辑栏中输入或编辑数据及公式，编辑完后按 Enter 键或单击"输入"按钮接收所做的输入或编辑。当用户在编辑公式时，编辑栏的左端为用户提供可选择的函数，并作为名称框，显示活动单元格的地址。

4.1.4 文件的新建、打开与保存

1）创建工作簿

要编辑电子表格，应从创建工作簿开始。在 Excel 2019 中，用户不仅可以创建空白工作簿，还可以根据模板创建带有格式的工作簿。工作簿默认的扩展名为".xlsx"。

建立空白工作簿的方法有以下几种。

方法 1：启动 Excel 2019 程序，进入"开始"界面，下方的最近栏目可以快速进入最近使用过的 Excel 文档。在上方的新建栏目点击"空白工作簿"，系统会自动创建一个名为"工作簿 1"的空白工作簿，再次启动该程序，系统会以"工作簿 2"命名，之后以此类推。

方法 2：启动 Excel 2019 后，按下 Ctrl+N 组合键，切换到新建界面，选择"空白工作簿"即可建立空白工作簿。

方法 3：在 Excel 2019 窗口中切换到"文件"选项卡，单击窗口左侧窗格中的"新建"命令，选择"空白工作簿"选项即可。

此外，Excel 2019 为用户提供了多种模板类型，利用这些模板，用户可以快速创建

各种类型的工作簿，如贷款分期付款、考勤卡等。具体操作步骤是：在 Excel 2019 窗口中切换到"文件"选项卡，单击窗口左侧的"新建"命令，然后在下方的模板中或者搜索联机模板找到用户需要的模板样式，最后单击"创建"。用户可以根据需要对工作簿进行适当的改进。

2）保存工作簿

在工作簿中输入数据或对工作簿中的数据进行编辑后，用户需要对其进行保存，以便今后查看和使用。

（1）保存新建或已有的工作簿

要保存新建的工作簿，首先需要单击快速访问工具栏中的保存按钮，其次在弹出的"另存为"对话框中设置工作簿的保存路径、文件名及保存类型，最后单击"保存"按钮即可。

除上述方法外，用户还可以通过以下方式保存工作簿。

方法 1：切换到"文件"选项卡，然后单击左侧窗格中的"保存"命令。

方法 2：按下 Ctrl+S 或 Shift+F12 组合键可以保存工作簿。

若要保存已有的工作簿，直接单击"保存"命令即可，此时不会弹出"另存为"对话框，系统会直接覆盖原有的工作簿。

（2）工作簿"另存为"

如不想覆盖保存到原有的工作簿或要将原有的工作簿备份，可以选择将修改的工作簿另存，以生成另一个工作簿。

工作簿另存的操作方法为：在 Excel 2019 窗口中切换到"文件"选项卡，单击窗口左侧窗格中的"另存为"命令，在弹出的"另存为"对话框中设置工作簿的保存路径、文件名及保存类型，然后再单击"保存"按钮即可。或者在现有的工作簿中，按下 F12 键也可以执行"另存为"命令。

3）关闭工作簿

对工作簿进行了各种编辑并保存后，如果确定不再对其进行修改，就可将其关闭。关闭的方法有以下几种。

方法 1：在 Excel 2019 窗口中切换到"文件"选项卡，单击窗口左侧窗格中最下方的"退出"命令即可退出。

方法 2：在要关闭的工作簿中，单击左上角的控制菜单图标，在弹出的窗口控制菜单中单击"关闭"命令。

方法 3：在要关闭的工作簿中，单击右上角的"关闭"按钮。

若关闭工作簿时没有保存，则在进行关闭操作时系统会有提示，用户可根据实际情况确定是否保存操作的内容。

4）打开工作簿

若要对电脑中已有的工作簿进行编辑或查看，必须要先将其打开。一般情况下，直接双击已有工作簿的图标就可以将其打开。此外，还可以通过"打开"命令将其打开，操作方法是：在 Excel 2019 窗口中切换到"文件"选项卡，单击窗口左侧窗格中的"打开"命令，在弹出的"打开"对话框中找到具体路径并将其选中，然后单击"打开"按钮即可。

4.1.5 工作表的基本操作

在 Excel 2019 的使用过程中，用户必须了解工作表的基本操作，如新建、复制、移动的删除等，本小节将做详细的介绍。

1）切换和选择工作表

工作表是显示在工作簿窗口中的表格，是一个平面二维表。一个工作表可以由 65536 行和 256 列构成。行的编号从 1 到 65536，列的编号依次用字母 A，B，…Z，或 AA，AB，…，IV 表示。工作表标签显示了系统默认的前 3 个工作表名：Sheet1、Sheet2、Sheet3。其中白色的工作表标签表示活动工作表，如图 4-3 所示。

图 4-3 工作表标签

要编辑某张工作表，先要切换到该工作表页面，切换到的工作表叫活动工作表，如果要在工作表间进行切换，即激活相应的工作表，使其成为活动工作表，则应单击相应的工作表标签。

若要选择一张工作表，只要用鼠标单击其标签即可。若要选择多张工作表，可按如下方法操作。

·选择多张连续的工作表：选中要选择的第一张工作表，然后按住 Shift 键，单击要选择的多张工作表中的最后一张，即可选中两张工作表之间的所有工作表。

·选择全部工作表：使用鼠标右键单击任意一张工作表标签，在弹出的快捷菜单中选择"选定全部工作表"命令。

2）添加和删除工作表

在默认情况下，Excel 2019 的工作簿中有一张工作表，用户可以根据自己的需要进行添加或删除。

（1）添加工作表

添加工作表也叫新建工作表，用户可以按照如下 3 种方法进行添加。

方法 1：使用鼠标右键单击任意一个工作表标签，在弹出的快捷菜单中选择"插入"命令，系统会弹出"插入"对话框，在此对话框中选择"工作表"选项，然后单击确定按钮即可，如图 4-4 所示。

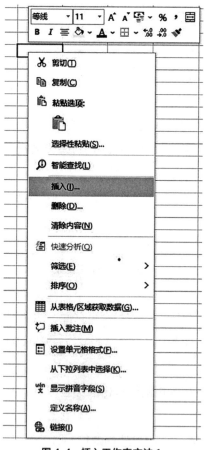

图 4-4　插入工作表方法 1

方法 2：单击工作表标签右侧的"插入工作表"按钮，即可插入新的工作表，如图

4-5 所示。

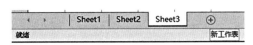

图 4-5　插入工作表方法 2

　　方法 3：在"开始"选项卡的"单元格"组中，单击"插入"按钮下方的下拉按钮，选择"插入工作表"选项，如图 4-6 所示。

图 4-6　插入工作表方法 3

（2）删除工作表

　　如果工作簿中有多余的工作表，可以将其删除。删除工作表的方法有以下两种。

　　方法 1：使用鼠标右键单击任意一个工作表标签，在弹出的快捷菜单中选择"删除"命令。

　　方法 2：选中要删除的工作表，在"开始"选项卡的"单元格"组中，单击"删除"按钮下方的下拉按钮，选择"删除工作表"选项。

（3）移动或复制工作表

　　用户可以在 Excel 2019 中移动或复制工作表，具体操作步骤如下。

　　使用鼠标右键单击任意一个工作表标签，在弹出的快捷菜单中选择"移动或复制"命令，系统会弹出"移动或复制工作表"对话框，在此对话框的"将选定工作表移至工作簿"下拉菜单中选择目标工作簿，在"下列选定工作表之前"列表框中选择目标工作簿的位置即可移动工作表。如果要复制工作表，需要将"建立副本"复选框选中，然后单击"确定"按钮，如图 4-7 所示。

图 4-7 "移动或复制工作表"

（4）重命名工作表

在 Excel 2019 中，工作表标签默认的工作表名为"Sheet1""Sheet2"等，为了便于查询和管理，用户可以根据实际需要来给工作表命名。操作方法很简单，只需使用鼠标右键单击任意一个工作表标签，在弹出的快捷菜单中选择"重命名"命令，此时工作表标签被激活，以黑底白字显示名称，用户可以直接输入新的工作表名称，输入完成后按下 Enter 键即可。

（5）隐藏或显示工作表

①隐藏工作表。若要隐藏工作表，可以通过以下两种方法。

方法 1：选中要隐藏的工作表，在"开始"选项卡的"单元格"组中单击"格式"按钮，在弹出的下拉列表的"可见性"栏中单击"隐藏或取消隐藏"，再单击"隐藏工作表"选项，如图 4-8 所示。

图 4-8 隐藏工作表

方法2：选中要隐藏的工作表，单击鼠标右键，在弹出的快捷菜单中选择"隐藏"命令。

②显示工作表。若要将隐藏的工作表显示出来，可以参照第一种隐藏方法进行操作。选中要隐藏的工作表，在"开始"选项卡的"单元格"组中单击"格式"按钮，再在弹出的下拉列表的"可见性"栏中单击"隐藏或取消隐藏"，最后单击"取消隐藏工作表"选项。

（6）保护工作表

为了防止工作表中的重要数据被他人修改，可以设置保护工作表，具体操作步骤如下。

选中要保护的工作表，点击"文件"选项卡，选择左侧的"信息"命令，在中间窗格中选择"保护工作簿"，如图4-9所示，再在弹出的下拉列表中选择"保护当前工作表"选项，弹出"保护工作表"对话框。在"取消工作表保护时使用的密码"文本框中输入密码，然后单击"确定"按钮。此时会弹出"确认密码"对话框，再次输入密码，单击"确定"按钮即可。

图4-9 保护工作表的方法

4.2 🖱 工作表的创建与格式化

使用 Excel 2019，首先要了解工作表的创建与格式化。

4.2.1 数据的输入与编辑

数据的输入与编辑是用户操作过程中遇到的很实际的问题。针对不同规律的数据，采用不同的输入方法，不仅能减少数据输入的工作量，还能保障输入数据的正确性。

1）选择单元格

在单元格中输入数据前，必须先选中单元格，可以选择一个，也可以选择多个，用户可以根据需要选择单元格的个数通过表 4-1 所示的方式来进行选择。

表 4-1 单元格选择项目的方法

选择项目	方法
一个单元格	单击要激活的单元格
	在名称框中输入单元格地址，按 Enter 键
	使用键盘上的光标移动键
矩形区域	对区域角上的单元格按下鼠标左键，然后沿对角线方向拖动鼠标
	单击区域角上的单元格，然后按住 Shift 键再单击对角线方向的末单元格
多个不相邻单元格	先选第一个单元格（或矩形区域），再按住 Ctrl 键并单击其他单元格
一行 / 一列	鼠标单击行号 / 列标
相邻行 / 列	在行号 / 列标上拖动鼠标从第一行 / 列到最后一行 / 列
	单击第一个行号 / 列标，再按住 Shift 键单击最后一行 / 列的行号 / 列标
	单击第一个行号 / 列标，再按 Shift 键和光标移动键
不相邻的行 / 列	用鼠标单击某一行号 / 列标，按住 Ctrl 键再分别单击其他的行号 / 列标
全部单元格	单击行号和列标交汇处的按钮。

2）输入数据

在工作表中输入数据的步骤是：选中单元格，键入数据，或单击编辑栏并在编辑栏上输入数据，按 Enter 键（激活下方的相邻单元格）或 Tab 键（激活右边的相邻单元格）。

Excel 2019 工作表包含了两种基本数据类型：常量和公式。用户录入的数据要符合一定的规则。

（1）输入文本（字符）的规则

在 Excel 2019 中输入的文本可以是数字、空格和其他各类字符的组合。输入文本时，文本在单元格中默认的对齐方式为左对齐。用户可以通过格式操作命令改变对齐方式。

如果要在单元格内中换行（俗称硬回车），可以按 Alt+Enter 键（仅按 Enter 键将激活相邻单元格）。

如果输入的数据是一串由数字构成的编号，且第一个数字为 0，这时应把编号当作文本进行输入。输入时，在 0 的前面加上英文的单引号"'"，如要输入编号"00001"，则键入"'00001"，否则系统将会识别成纯数字并自动将其转化为 1。

用户在单元格中输入超过 11 位的数字时，Excel 2019 会自动使用科学计数法来显示数字，如在单元格中输入并显示一个身份证号码"339005197502120672"，按下 Enter 键后显示为"339005E+17"。若要在单元格内输入完整的 18 位身份证号码，可以选中单元格，然后在"开始"选项卡的"数字"组中选择"数字格式"下的"文本"选项，或者直接在单元格中键入"'339005197502120672"。

（2）输入数字的规则

Excel 2019 允许键入的数字为数字常量，允许出现字符的字符有："0～9""+""–""（）""，""/""$""%""."""E""e"。

用户在输入正数时可以忽略正号"(+)"，对于负数则可用"–"或"（）"。如"–100"，可输入"(100)"。例如："34.666""$98""99%""(569)"等都是合法的数字常量。

用户在 Excel 2019 的单元格内输入分数时，若直接在编辑栏里输入"1/3"，系统会自动以日期格式显示为"1 月 3 日"。为了区分日期与分数，输入的分数前应冠以 0（零）和空格，如键入"0 1/3"表示 1/3，0 和分数之间要加一空格。

数字在单元格中默认的对齐方式为右对齐。用户可以通过格式操作命令改变默认方式。

（3）输入日期和时间的规则

通常，在 Excel 中输入日期采用的格式为"年 – 月 – 日""年 / 月 / 日"；输入时间采用的格式为"时：分：秒"。例如，要输入"2012 年 6 月 1 日"，可以使用格式"2012-6-1"或"2012/6/1"。要输入下午 3 时 45 分，可以输入"15:45""3:45 pm""3:45 p"（5 与 p 之间要加一个空格）。

Excel 2019 会将日期和时间当作数字进行处理，有多种时间或日期的显示方式，并且默认的对齐方式为右对齐，用户可以通过格式操作命令改变对齐方式和它们的显示方式。

用户可以在同一单元格中键入日期和时间，这时要用空格作分隔，如"2012-6-1 13:45"。

时间和日期可以进行运算。时间相减将得到时间差，时间相加将得到总时间。日期也可以进行加减，相减得到相差的天数；当日期加上或减去一个整数，将得到另一日期。例如，A1 单元格数据为“12:30”，A2 单元格数据为“2:00”，如果在 A3 单元格输入公式“=A1−A2”，则 A3 单元格的显示为“10:30”。

（4）填充数据

对于经常在 Excel 中输入数据的用户来说，经常会输入一些相同或者有规律的内容，为了节省时间、减少错误，可以使用填充柄。

· 填充相同的数据的方法：选定源单元格，将鼠标指针移到填充柄上，变成实心的“+”字形状时，拖动鼠标到目标单元格。

如图 4−10 所示，此张报名表中，班级、专业和班主任对所有学员来说都是相同的，不必一个一个输入，直接用填充柄填充即可。只需在 D3 单元格输入“统计学”，然后选定此单元格，将鼠标指针移到单元格右下角上，当变成实心的“+”字形状时，拖动鼠标到目标单元格即可完成。

	A	B	C	D	E	F
1	2019级统计学软件工程2班学生信息表					
2	序号	学号	姓名	专业	班级	班主任
3	1	2019122001	王可	统计学	软件工程2	王波
4	2	2019122002	刘丽丽	统计学	软件工程2	王波
5	3	2019122003	侯豪	统计学	软件工程2	王波
6	4	2019122004	邵为	统计学	软件工程2	王波
7	5	2019122005	邓迪利	统计学	软件工程2	王波
8	6	2019122006	蹈短	统计学	软件工程2	王波
9	7	2019122007	韩非德	统计学	软件工程2	王波
10	8	2019122008	赵丽	统计学	软件工程2	王波
11	9	2019122009	曲歌	统计学	软件工程2	王波
12	10	2019122010	乌莉莉	统计学	软件工程2	王波
13	11	2019122011	林惊羽	统计学	软件工程2	王波
14	12	2019122012	樊珂	统计学	软件工程2	王波
15	13	2019122013	华河	统计学	软件工程2	王波
16	14	2019122014	汪露露	统计学	软件工程2	王波
17	15	2019122015	许朝	统计学	软件工程2	王波
18	16	2019122016	陆萨	统计学	软件工程2	王波
19	17	2019122017	王精都	统计学	软件工程2	王波
20	18	2019122018	金炖及	统计学	软件工程2	王波
21	19	2019122019	方数航	统计学	软件工程2	王波
22	20	2019122020	程端	统计学	软件工程2	王波

图 4−10　使用填充柄填充

· 复制以 1 为步长的数据的使用方法：选定源单元格，将鼠标指针移到填充柄上，当变成实心的“+”字形状时，按住 Ctrl 键，并拖动鼠标到目标单元格。

以输入学生的学号为例，其中第一位学生的学号已在 B3 单元格中输入，学号为“2019122001”，现在要在 B3 至 B22 分别填上学号则可以进行如下操作：选定 B3 单元格，将鼠标指针移到单元格右下角，变成实心的“+”字时，按住鼠标，在 B 列中往下拖动鼠标指针至 B22，松开鼠标。

（5）填充等差数列或等比数列

填充等差数列的步骤是：在连续两个单元格里输入初值和第二个值，然后选定这两个单元格，最后拖动填充柄到需要数据的填充区域。

填充等差数列或等比数列都可以采用以下步骤。

① 在第一个单元格里输入初值。

② 用鼠标右键拖动填充柄到需要填充数据的单元格中，这时会弹出一个快捷菜单，在快捷菜单中选择"序列"命令，出现图4-11所示的对话框。

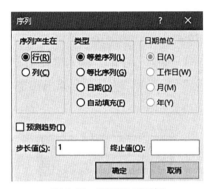

图4-11 "序列"对话框

③ 在对话框中选择等差序列或等比序列，输入步长，单击"确定"按钮，完成填充操作。

以上步骤②也可改成：选择包括初值在内的需要数据的单元格，单击"编辑"菜单的"填充"→"序列"命令项。

（6）填充其他序列

事实上，利用填充柄不仅可以复制文本、填充等差、等比数列，还可以填充星期、日期等序列。方法是在输入第一个单元格后，采用鼠标右键拖动填充柄。如填充星期"Monday"至"Sunday"。

3）修改、插入和删除数据

（1）修改数据

修改已输入的数据可以采用如下方法。

方法1：选择单元格，用鼠标单击编辑栏的编辑区，在编辑区中进行修改操作。

方法2：双击要修改的单元格，这时在单元格中出现插入点，然后进行插入、删除等操作。

若用户在选择了该单元后直接键入数据或按 Delete 键，则会删除原有的数据。若用户在键入数据确认以前，又想恢复原来的数据，则可以用鼠标单击编辑栏中的取消"×"按钮，也可以按 Esc 键。若按了 Delete 键，又想恢复原来的数据，则可以使用"撤销"命令。

（2）插入数据

在 Excel 2019 中可以插入单元格、行或列。

首先是单元格插入。用户可以插入一个或多个单元格，如果不是插入整行、整列，那么新插入的单元格总是位于所选单元格的上方或左侧。插入单元格的具体操作步骤如下。

① 选择一个或多个单元格。

② 单击"开始"菜单下的"插入"中的"插入单元格"命令项；或右击选中的单元格，在快捷菜单中选择"插入"命令项。这时，会弹出一个"插入"对话框，如图 4-12 所示。

图 4-12 "插入"对话框

③ 用户可以在该对话框中选择以下插入方式之一。

·活动单元格右移：插入与选定单元格数量相同的单元格，并插在选定的单元格左侧。

·活动单元格下移：插入与选定单元格数量相同的单元格，并插在选定的单元格上方。

④ 用户选择其中一项后，单击"确定"按钮。

其次是整行（列）插入。具体方法如下。

·整行插入：插入的行数与选定单元格的行数相同，且插在选定的单元格上方。

·整列插入：插入的列数与选定单元格的列数相同，且插在选定的单元格左侧。

4）移动和复制

（1）移动

移动分为单元格中部分数据的移动、工作表中数据的移动。

首先，单元格中部分数据的移动。要移动单元格中的部分数据，应先选择这些数据，然后使用"剪切"和"粘贴"命令。其中选择部分数据的方法为双击包含要移动内容的单元格，在单元格中选定要移动的部分字符；或者单击包含要移动内容的单元格，在编辑栏中选定要移动的部分字符。

其次，工作表中数据的移动。工作表中数据的移动是指移动一个或多个单元格中的数据，操作时可以使用"剪贴"命令，也可以使用鼠标拖动的方法。使用鼠标拖动的具体操作步骤如下。

①选择需要移动数据的单元格（一个或多个成矩形区域的单元格）。

②将鼠标指针移到选中的单元格区域的边框，拖动鼠标到需要数据的位置。移动后，新位置上单元格原有的数据消失，被移过来的数据所覆盖。如果在移动时，同时按住Shift键，那么选中的单元格将被插在新位置的左侧或上方。

（2）复制

复制操作与移动操作类似。

① 单元格中部分数据的复制。操作过程与移动数据基本一致，只要将"剪切"命令改为采用"复制"命令就可以了。

② 工作表中数据的复制。工作表中数据的复制可以使用"剪贴"命令，也可以使用鼠标拖动的方法。使用鼠标拖动的具体操作步骤与移动操作类似，只是在拖动时，应同时按住Ctrl键。复制后，新位置上单元格原有的数据消失，被复制过来的数据所覆盖。

5）查找与替换

查找和替换是编辑中最常用的操作之一，通过"开始"→"查找和选择"→"查找"命令，用户可以快速地找到某些数据的位置。通过"替换"命令，用户可以统一修改一些数据。

另外，Excel 2019中的"替换"命令也可以一次清除成批的数据，即"替换值"中不输入任何字符或数据，直接单击"替换"按钮或"全部替换"按钮。

4.2.2 公式与函数的使用

公式与函数是电子表格的核心部分，它是对数据进行计算、分析等操作的工具。

Excel 2019 提供了许多类型的函数。在公式中利用函数可以进行简单或复杂的计算或数据处理。

1）使用公式计算数据

（1）公式的使用方法

Excel 2019 中的公式是以等号开头的式子，语法为"＝表达式"。

其中，表达式是操作数和运算符的集合。操作数可以是常量、单元格、区域引用、标志、名称或工作表函数。若在输入表达式时需要加入函数，可以在编辑栏左端的"函数"下拉列表框选择函数。

例如，在图 4-13 所示的工作表中，若要在 G3 单元格中，计算出"王可"同学的总分，则可先单击 G3 单元格，再输入公式："=D3+E3+F3"，再输入 Enter 键。其中 D3、E3 和 F3 分别表示使用 D3、E3 和 F3 单元格中的数据，同时 G3 单元格自动完成"总成绩"的计算。

	A	B	C	D	E	F	G
1			2019级统计学软件工程2班学生成绩单				
2	序号	学号	姓名	数理统计	数据库	Java程序设	总成绩
3	1	2019122001	王可	78	94	83	=D3+E3+F3
4	2	2019122002	刘丽丽	56	52	95	
5	3	2019122003	侯豪	65	48	63	
6	4	2019122004	邵为	51	85	48	
7	5	2019122005	邓迪利	85	62	60	
8	6	2019122006	陷短	94	94	70	
9	7	2019122007	韩非德	47	42	94	
10	8	2019122008	赵丽	75	69	48	
11	9	2019122009	曲歌	50	65	60	
12	10	2019122010	乌莉莉	59	64	37	
13	11	2019122011	林惊羽	69	75	59	
14	12	2019122012	樊珂	93	97	83	
15	13	2019122013	华河	37	38	92	
16	14	2019122014	汪露露	87	67	83	
17	15	2019122015	许朝	84	95	61	
18	16	2019122016	陆萨	63	42	82	
19	17	2019122017	王精都	85	54	93	
20	18	2019122018	金挖及	82	73	72	
21	19	2019122019	方数航	83	94	83	
22	20	2019122020	程端	95	98	72	

图 4-13　在单元格中输入公式示例

（2）运算符

Excel 2019 中的运算符有 4 类：算术运算符、比较运算符、文本运算符和引用运算符。

①算术运算符。运算符有：负号（-）、百分数（%）、乘幂（^）、乘（*）、除（/）、加（+）和减（-）。运算优先级，按顺序由高到低。如公式"=5/5%"，表示 $\frac{5}{5\%}$，值为 100。

②文本运算符。Excel 2019 的文本运算符只有一个，就是"&"。

“&”的作用是将两个文本值连接起来产生一个连续的文本值，如公式“= '用户好' & '中国' ”的值为“用户好中国”；又如单元格 A1 储存着“中国”，单元格 A2 储存着“浙江”（均不包括引号），则公式“=A1&A2”的值为“中国浙江”。

③比较运算符。比较运算符有等于（=）、小于（<）、大于（>）、小于等于（<=）、大于等于（>=）、不等于（<>）。

使用比较运算符可以比较两个值。比较的结果是一个逻辑值：“TRUE”或“FALSE”。“TRUE”表示条件成立，“FALSE”表示比较的条件不成立。例如，公式“=10>=45”表示判断“10”是否大于或等于“5”，其结果显然是不成立的，故其值为“FALSE”。

④引用运算符。在介绍引用运算符前，先介绍单元格的引用方法。

在 Excel 公式中经常要引用各单元格的内容，引用的作用是标识工作表上的单元格或单元格区域，并指明公式中所使用的数据的位置。通过引用，用户可以在公式中使用工作表中不同部分的数据，或者在多个公式中使用同一单元格的数值。用户还可以引用同一工作簿中其他工作表中的数据。在 Excel 中，对单元格的引用分为相对引用、绝对引用和混合引用 3 种。

第一，相对引用。相对引用就是前面提到过的引用方法，把 A 列 5 行的单元格表示成 A5，但事实上，相对引用是相对于包含公式的单元格的相对位置。

例如，如图 4-14 所示，当将 D1 单元格的公式“=A1+B1+C1”复制到 D2 单元格时，D2 单元格的公式变为“=A2+B2+C2”，由此可见，D2 单元格中的公式发生了变化，其引用指向了与当前公式位置相对应的单元格。

D2　fx =A2+B2+C2

	A	B	C	D
1	45	5	10	60
2	125	15	30	170
3				

图 4-14　相对引用

第二，绝对引用。如果在复制公式时不希望 Excel 调整引用，那么可以使用绝对引用。使用绝对引用的方法是在行号和列标前各加上一个美元符号（$），如 A1 单元格可以表示成“$A$1”，这样在复制包含该单元的公式时，对该单元的引用将保持不变。

例如，如图 4-15 所示，当将 D1 单元格的公式“=$A$1+$B$1+$C$1”复制到 D2 单元格时，D2 单元格的结果仍旧为“60”。由此可见，D2 单元格中的公式没有变化。

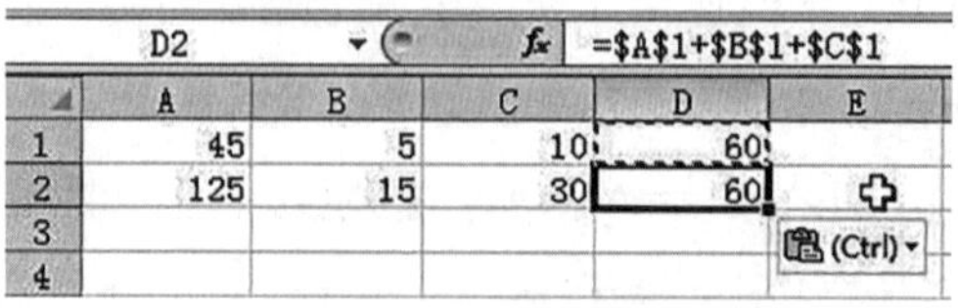

图 4-15　绝对引用

第三，混合引用。用户还可以根据需要只对行进行绝对引用或只对列进行绝对引用，即只在行号前加"$"或只在列标前加"$"。

例如，在单元格 B2 中输入公式"=$A2*5"，当将该公式复制到 B3 时，B3 中的公式变为"=$A3*5"；当将该公式复制到 C2 时，C2 中的公式还是"=$A2*5"。可见复制时，由于列标使用了绝对引用，所以不会发生变化，而行号采用相对引用，故行号随着目标单元格行号的不同而改变。

Excel 2019 中的引用运算符有冒号（：）、逗号（,）、空格和感叹号（!）。

冒号（：）是区域运算符，表示对以左右两个引用的单元格为对角的矩形区域内所有单元格进行引用。例如，"A1:C3"表示 A1、A2、A3、B1、B2、B3、C1、C2 和 C3 共 9 个单元格，公式"=SUM(A1:C3)"表示对这 9 个单元格的数值求和。

逗号（,）是联合运算符，它将多个引用合并为一个引用，如公式"=SUM（B2:C3，B5:C7）"表示对"B2:C3"和"B5:C7"共 10 个单元格的数值进行求和。

空格是交叉运算符，它取引用区域的公共部分（又称为交）。如"=SUM(A2:B4，A4:B6)"等价于"=SUM(A4:B4)"，即区域"A2:B4"和区域"A4:B6"的公共部分。

另外还有三维引用运算符"!"，利用它可以引用另一张工作表中的数据，其表示公式为"工作表名! 单元格引用区域"。

（3）选择性粘贴

选择性粘贴用于将"剪贴板"上的内容按指定的格式，如批注、数值、格式等，粘贴或链接到当前工作表中。选择性粘贴是一个很强大的工具。

在 Excel 2019 中，选择性粘贴分类更加细致。进行复制后，在右键弹出的快捷菜单中，粘贴选项有粘贴、值、公式、转置、格式和粘贴链接 6 个选项。如果需要的粘贴方式不在其中，可以选择下方的选择性粘贴，在右侧弹出的菜单中进行选择。系统提供的粘贴方式有 3 种——粘贴、粘贴数值和其他粘贴选项，如图 4-16 所示。下面介绍常用的几个选项。

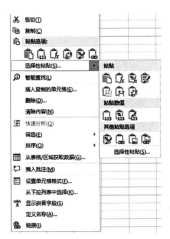

图 4-16　选择性粘贴

·公式：当复制公式时，单元格引用将根据所用引用类型而变化。如要使单元格引用保证不变，应使用绝对引用。

·值：将单元格中的公式转换成计算后的结果，并不覆盖原有的格式，仅粘贴来源数据的数值，不粘贴来源数据的格式。

·格式：复制格式到目标单元格，但不能粘贴单元格的有效性。

·转置：复制区域的顶行数据将显示于粘贴区域的最左列，而复制区域的最左列将显示于粘贴区域的顶行。

Excel 2019 的选择性粘贴还有些新功能，如"图片"。如图 4-17 所示，选择"A1:D1"单元格，选择"选择性粘贴"中的"其他粘贴选项"中的"链接的图片"，就可以将刚刚复制的内容保存为图片。

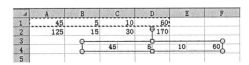

图 4-17　选择性粘贴中"图片"粘贴

2）公式的输入和编辑

Excel 公式必须以等号（＝）开始。

（1）输入公式

在 Excel 中输入公式时首先应选中要输入公式的单元格，然后在单元格内输入"="，接着根据需要输入表达式，最后按 Enter 键确定输入的内容。

例如，在单元格 D3 中输入公式"=10+5*2"，输入完成按下 Enter 键，在该单元格中即可显示该公式的运算结果。

（2）显示公式

输入公式后，系统将自动计算其结果并在单元格中显示出来。如果需要将公式显示在单元格中，可以通过下列方法：单击"公式"选项卡中"公式审核"组的"显示公式"按钮，如图 4-18 所示。

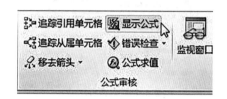

图 4-18 "显示公式"按钮

（3）修改公式

在计算的过程中若发现某公式有错误，或者发现情况发生改变，则需要对公式进行修改。具体的操作步骤如下。

①选定包含要修改公式的单元格，这时在编辑栏中将显示该公式。

②在编辑栏中对公式进行修改。

③修改完毕按 Enter 键。

修改公式时也可以在含有公式的单元格上双击，然后直接在单元格区域中对公式进行修改。

（4）移动公式

如果需要移动公式到其他单元格，具体的操作步骤如下。

①选定包含公式的单元格，这时单元格的周围会出现一个黑色的边框。

②将鼠标放在被移动公式的单元格边框上，当鼠标指针变为四向箭头时单击鼠标左键，拖动鼠标指针到目标单元格。

③释放鼠标左键，公式移动完毕。

移动公式后，公式中的单元格引用不会发生变化。

（5）复制公式

在 Excel 2019 中，可以将已经编辑好的公式复制到其他单元格中。复制公式时，单元格引用将会根据所用引用类型而变化。

复制公式可使用"开始"选项卡中的"复制"和"粘贴"按钮来复制公式。复制公式也可以使用"填充柄",相当于批量复制公式。根据复制的需要,有时在复制内容时不需要复制单元格的格式,或只想复制公式,这时可以使用"选择性粘贴"命令来完成复制操作。

(6)公式的错误和审核

在公式的使用中,用户会遇到各种各样的问题,在此针对各类问题产生的错误进行总结。

①Excel 2019常见错误。

用户在使用Excel 2019的过程中会遇到各种各样的错误,表4-2列出了Excel 2019常见的错误。

表4-2 Excel常见错误

错误值	产生的原因
#####!	公式计算的结果太长,单元格容纳不下
#DIV/O	除数为零。当公式被空单元格除时也会出现这个错误
#N/A	公式中无可用的数值或者缺少函数参数
#NAME?	公式中引用了一个无法识别的名称。当删除一个公式正在使用的名称或者在使用文本时有不相称的引用,也会出现这种错误
#NULL!	使用了不正确的区域运算或者不正确的单元格引用
#NUM!	在需要数字参数的函数中使用了不能被接受的参数,或者公式的计算结果的数字太大、太小而无法表示
#RFF!	公式中引用了一个无效的单元格。如果单元格从工作表中被删除就会出现这个错误
#VALUE!	公式中含有一个错误类型的参数或者操作数

②错误检查。

Excel 2019使用特定的规则来检查公式中的错误。这些规则虽然不能保证工作表中没有错误,但对发现错误非常有帮助。错误检查规则可以单独打开或关闭。

在Excel 2019中可以使用两种方法检查错误:一是像使用拼写检查器那样一次检查一个错误,二是检查当前工作表中的所有错误。一旦发现错误,在单元格的左上角会显示一个三角。这两种方法检查到错误后都会显示相同的选项。

当单击包含错误的单元格时,在单元格旁边就会出现一个错误提示按钮,单击该按钮会打开一个菜单,显示错误检查的相关命令。使用这些命令可以查看错误的信息、相关帮助、显示计算步骤、忽略错误、转到编辑栏中编辑公式,以及设置错误检查选项等。

·处理循环引用:如果在当前单元格引用公式,那么不论是直接引用还是间接引用,都被称为"循环引用"。例如，在 A1 单元格中输入公式"=A1+2"，这就是一个循环引用。完成公式输入后按 Enter 键确认时，系统会弹出一个警告对话框，提示产生了循环引用，如图 4-19 所示。

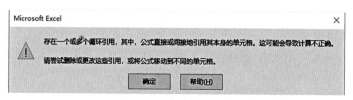

图 4-19 循环引用警告

·审核公式：使用 Excel 2019 中提供的多种公式审核功能，可以追踪引用单元格和从属单元格，可以使用监视窗口监视公式及其结果。主要方式为追踪引用单元格、追踪从属单元格和使用监视窗口。

3）函数的使用

函数是 Excel 提供的内部工具，Excel 2019 将具有特定功能的一组公式组合在一起以形成函数。与直接使用公式进行计算相比较，使用函数进行计算的速度更快，同时减少了错误的发生。

（1）函数简介

函数的一般结构是：函数名（参数 1，参数 2，…，参数 n）。

其中，函数名是函数的名称，每个函数名只标识一个函数。参数就是函数的输入值，用来计算所需的数据。参数可以是常量、单元格引用、数组、逻辑值或者是其他的函数。

按照参数的数量和使用区分，函数可以分为无参数型和有参数型。无参数型如返回当前日期和时间的"NOW（）"函数，不需要参数。大多数函数至少有一个参数，但有的甚至有 9 个之多。这些参数又可以分为必要参数和可选参数。

函数要求的参数必须出现在括号内，否则会产生错误信息，可选参数则依据公式的需要而定。

（2）函数的使用方法

要在工作表中使用函数必须先输入函数。函数的输入有两种常用的方法，即手工输入和使用函数向导输入。

Excel 2019 的函数在"公式"选项卡的"函数库"中，与 Excel 2010 及以前版本有很多的不同，如图 4-20 所示。其主要由"插入函数""自动求和""最近使用的函数"和一些常用的函数组成。

图 4-20　函数工作区域

·插入函数：单击"插入函数"按钮，弹出图 4-21 所示的菜单，此菜单同 Excel 2010 菜单相似，在此可以找到 Excel 2019 的所有函数。

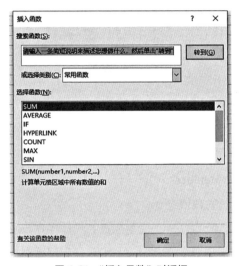

图 4-21　"插入函数"对话框

·自动求和功能："自动求和"对话框在"公式"选项卡的"函数库"组中。自动求和功能不仅具备快速求和的功能，对于一些常用的函数计算，例如求和、求平均值、求最大值等，都可利用"自动求和"按钮来快速操作。下面以求最大值为例来进行讲解。

要求分别在图 4-22 所示的成绩单中求出数理统计、数据库、Java 程序设计 3 门课程的最高分，分别填在 J8、J9 和 J10 3 个单元格中。具体操作方法如下：选择 J8 单元格，然后单击"自动求和"按钮，在下拉菜单中选择"最大值"选项，最后用鼠标选择求和区域"D3:D22"，按下 Enter 键后即可求出最大值。其他两门课程最大值求法完全相同。

	A	B	C	D	E	F	G	H	I	J	K	L
1			2019级统计学软件工程2班学生成绩单									
2	序号	学号	姓名	数理统计	数据库	Java程序设	总成绩					
3	1	2019122001	王可	78	94	83	255					
4	2	2019122002	刘丽丽	56	52	95	203					
5	3	2019122003	侯豪	65	48	63	176					
6	4	2019122004	邵为	51	85	48	184					
7	5	2019122005	邓迪利	85	62	60	207					
8	6	2019122006	蹈短	94	94	70	258		数理统计最高分	=MAX(D3:D22)		
9	7	2019122007	韩非德	47	42	94	183		数据库最高分	MAX(number1, [number2], ...)		
10	8	2019122008	赵丽	75	69	48	192		Java程序设计最高分			
11	9	2019122009	曲歌	50	65	60	175					
12	10	2019122010	乌莉莉	59	64	37	160					
13	11	2019122011	林惊羽	69	75	59	203					
14	12	2019122012	樊珂	93	97	83	273					
15	13	2019122013	华河	37	38	92	167					
16	14	2019122014	汪露露	87	67	83	237					
17	15	2019122015	许朝	84	95	61	240					
18	16	2019122016	陆萨	63	42	82	187					
19	17	2019122017	王精都	85	54	93	232					
20	18	2019122018	金抟及	82	73	72	227					
21	19	2019122019	方数航	83	94	83	260					
22	20	2019122020	程端	95	98	72	265					
23												

图 4-22　求最高分公式

（3）常用的函数介绍

为了帮助用户掌握使用函数的方法，下面将列出常用函数的应用方法。

①求和函数 SUM。

格式：=SUM(number1,number2,…)。

功能：返回参数所对应的数值之和。

例如，要求算出 3 门成绩的总分，输入公式的具体操作步骤是：单击 G3 单元格，输入 "=SUM(D3:F3)"，按 Enter 键，如图 4-23 所示。利用填充柄填充本列其他单元格。

	A	B	C	D	E	F	G
1			2019级统计学软件工程2班学生成绩单				
2	序号	学号	姓名	数理统计	数据库	Java程序设	总成绩
3	1	2019122001	王可	78	94	83	=SUM(D3:F3)
4	2	2019122002	刘丽丽	56	52	95	
5	3	2019122003	侯豪	65	48	63	
6	4	2019122004	邵为	51	85	48	
7	5	2019122005	邓迪利	85	62	60	
8	6	2019122006	蹈短	94	94	70	
9	7	2019122007	韩非德	47	42	94	
10	8	2019122008	赵丽	75	69	48	
11	9	2019122009	曲歌	50	65	60	
12	10	2019122010	乌莉莉	59	64	37	
13	11	2019122011	林惊羽	69	75	59	
14	12	2019122012	樊珂	93	97	83	
15	13	2019122013	华河	37	38	92	
16	14	2019122014	汪露露	87	67	83	
17	15	2019122015	许朝	84	95	61	
18	16	2019122016	陆萨	63	42	82	
19	17	2019122017	王精都	85	54	93	
20	18	2019122018	金抟及	82	73	72	
21	19	2019122019	方数航	83	94	83	
22	20	2019122020	程端	95	98	72	

图 4-23　求和函数 SUM 操作方法

②求平均值函数。

格式：=AVERAGE(number1, number2, …)。

功能：返回参数所对应数值的算术平均数。

说明：该函数只对参数中的数值求平均数，若区域引用中包含了非数值的数据，则AVERAGE 不会把它包含在内。

例如，要求算出 3 门成绩的平均值，具体操作步骤是：单击 H3 单元格，输入"=AVERAGE(D3:F3)"，按 Enter 键，如图 4-24 所示。最后再利用填充柄填充本列其他单元格。

	A	B	C	D	E	F	G	H
1			2019级统计学软件工程2班学生成绩单					
2	序号	学号	姓名	数理统计	数据库	Java程序设	总成绩	平均成绩
3	1	2019122001	王可	78	94	83	255	=
4	2	2019122002	刘丽丽	56	52	95	203	AVERAGE (
5	3	2019122003	侯豪	65	48	63	176	D3:F3)
6	4	2019122004	邵为	51	85	48	184	
7	5	2019122005	邓迪利	85	62	60	207	
8	6	2019122006	蹈短	94	94	70	258	
9	7	2019122007	韩非德	47	42	94	183	
10	8	2019122008	赵丽	75	69	48	192	
11	9	2019122009	曲歌	50	65	60	175	
12	10	2019122010	乌莉莉	59	64	37	160	
13	11	2019122011	林惊羽	69	75	59	203	
14	12	2019122012	樊珂	93	97	83	273	
15	13	2019122013	华河	37	38	92	167	
16	14	2019122014	汪露露	87	67	83	237	
17	15	2019122015	许朝	84	95	61	240	
18	16	2019122016	陆萨	63	42	82	187	
19	17	2019122017	王精郁	85	54	93	232	
20	18	2019122018	金拖及	82	73	72	227	
21	19	2019122019	方数航	83	94	83	260	
22	20	2019122020	程端	95	98	72	265	

图 4-24　求平均值函数示例

③求最大值函数 MAX 和求最小值函数 MIN。

格式：=MAX(number1,number2, …)；=MIN(number1,number2, …)。

功能：用于求参数表中对应数字的最大值或最小值。

④取整函数 INT。

格式：=INT(number)。

功能：返回一个小于 number 的最大整数。

例如，要求对图 4-24 中的平均值取整，具体操作步骤是：单击 H3 单元格，输入"=INT(H4)"，按 Enter 键，如图 4-25 所示。

	A	B	C	D	E	F	G	H	I
1			2019级统计学软件工程2班学生成绩单						
2	序号	学号	姓名	数理统计	数据库	Java程序设	总成绩	平均成绩	平均成绩取整
3	1	2019122001	王可	78	94	83	255	85	
4	2	2019122002	刘丽丽	56	52	95	203	67.666667	=INT(H4)
5	3	2019122003	侯豪	65	48	63	176	58.666667	INT(number)
6	4	2019122004	邵为	51	85	48	184	61.333333	
7	5	2019122005	邓迪利	85	62	60	207	69	
8	6	2019122006	踏短	94	94	70	258	86	
9	7	2019122007	韩非德	47	42	94	183	61	
10	8	2019122008	赵丽	75	69	48	192	64	
11	9	2019122009	曲歌	50	65	60	175	58.333333	
12	10	2019122010	乌莉莉	59	64	37	160	53.333333	
13	11	2019122011	林惊羽	69	75	59	203	67.666667	
14	12	2019122012	樊珂	93	97	83	273	91	
15	13	2019122013	华河	37	38	92	167	55.666667	
16	14	2019122014	汪露露	87	67	83	237	79	
17	15	2019122015	许朝	84	95	61	240	80	
18	16	2019122016	陆萨	63	42	82	187	62.333333	
19	17	2019122017	王精都	85	54	93	232	77.333333	
20	18	2019122018	金纯及	82	73	72	227	75.666667	
21	19	2019122019	方数航	83	94	83	260	86.666667	
22	20	2019122020	程端	95	98	72	265	88.333333	

图 4-25　INT 函数应用举例

⑤四舍五入函数 ROUND。

格式：=ROUND(number,num_digits)。

功能：返回数字 number 按指定位数 num_digits 舍入后的数字。

若"num_digits>0"，则舍入到指定的小数位；若"num_digits=0"，则舍入到整数；若"num_digits<0"，则在小数点左侧（整数部分）进行舍入。

四舍五入函数 ROUND 操作方式与取整函数 INT 相似，只是要写入小数位，这里不过多介绍。

⑥根据条件计数函数 COUNTIF。

格式：=COUNTIF(range, criteria)。

功能：统计给定区域内满足特定条件的单元格的数目。

其中，range 为需要统计的单元格区域，criteria 为条件，其形式可以为数字、表达式或文本。如条件可以表示为"100""100"">=60"""计算机""等。

例如，要在 D24 单元格中求出成绩单中数据库及格的人数（>=60），输入公式的具体操作步骤是：单击 D24 单元格；输入"=COUNTIF(E3:E22, ">=60")"，按 Enter 键，如图 4-26 所示。

图 4-26 COUNTIF 函数应用举例

⑦条件函数 IF。

格式：=IF(logical_test,value_if_true,value_if_false)。

功能：根据条件 logical_test 的真假值，返回不同的结果。若 logical_test 的值为真，则返回 value_if_true；否则，返回 value_if_false。

用户可以使用函数 IF 对数值和公式进行条件检测。

例如，在图 4-27 中增加"总评"，总评标准为：当平均值大于等于 90 时为"优"，若大于等于 60 且小于 90 时为"合格"，若小于 60 为"不合格"。

图 4-27 IF 函数应用举例

具体操作步骤是：在 J3 中输入总评公式："=IF(H3>=90, " 优 ",IF(H3>=60, " 合格 "," 不合格 "))"，按 Enter 键。

该例中使用了 IF 的嵌套，函数 IF 最多可以嵌套 7 层。

⑧排序 RANK 函数。

格式：=RANK(number,ref,order)。

功能：返回一个数字在数字列表中的排位。

其中 number 为需要找到排位的数字，ref 为数字列表数组或对数字列表的引用（ref 中的非数值型参数将被忽略），order 为一数字，指明排位的方式。

例如，要给图 4-28 所示的成绩单的每一名学员的成绩排名，具体操作步骤是：单击 K3 单元格，输入"=RANK(H3,$H$3: $H$22,0)"，按 Enter 键。

SUM			✕ ✓ fx	=RANK(H3,$H$3:$H$22,0)						
▲	A	B	C	D	E	F	G	H	I	J	K
1			2019级统计学软件工程2班学生成绩单								
2	序号	学号	姓名	数理统计	数据库	Java程序设	总成绩	平均成绩	平均成绩取整	总评	排名
3	1	2019122001	王可	78	94	83	255	85	85	合格	=RANK(H3,
4	2	2019122002	刘丽丽	56	52	95	203	67.666667	67	合格	$H$3:
5	3	2019122003	侯豪	65	48	63	176	58.666667	58	不合格	$H$22,0)
6	4	2019122004	邵为	51	85	48	184	61.333333	61	合格	15
7	5	2019122005	邓迪利	85	62	60	207	69	69	合格	10
8	6	2019122006	蹈烜	94	94	70	258	86	86	合格	4
9	7	2019122007	韩非德	47	42	94	183	61	61	合格	16
10	8	2019122008	赵丽	75	69	48	192	64	64	合格	13
11	9	2019122009	曲歌	50	65	60	175	58.333333	58	不合格	18
12	10	2019122010	乌莉莉	59	64	37	160	53.333333	53	不合格	20
13	11	2019122011	林惊羽	69	75	59	203	67.666667	67	合格	11
14	12	2019122012	樊河	93	97	83	273	91	91	优	1
15	13	2019122013	华河	37	38	92	167	55.666667	55	不合格	19
16	14	2019122014	汪露露	87	67	83	237	79	79	合格	7
17	15	2019122015	许朝	84	95	61	240	80	80	合格	6
18	16	2019122016	陆萨	63	42	82	187	62.333333	62	合格	14
19	17	2019122017	王精郗	85	54	93	232	77.333333	77	合格	8
20	18	2019122018	金拧及	82	73	72	227	75.666667	75	合格	9
21	19	2019122019	方数航	83	94	83	260	86.666667	86	合格	3
22	20	2019122020	程端	95	98	72	265	88.333333	88	合格	2

图 4-28　RANK 应用举例

此函数的公式使用与前面的函数使用不同，采用了绝对引用，这是因为当用户完成 H3 单元格的操作时，其他的单元格需要使用填充柄，如果不使用绝对引用，ref 的范围将变为"G4:G16"，而排序的 ref 应固定为"G3:G15"，所以必须采用绝对引用。

4.2.3　数据的格式化

前面已经介绍了如何在 Excel 2019 中建立工作簿、录入基本数据和使用公式。下面将介绍数据的格式化相关操作。

1）设置行高和列宽

在编辑表格数据时，若输入的内容超过了单元格的范围，就需要调整单元格的行高或列宽，调整列宽或行高有 3 种方法。

方法 1：鼠标拖动列标（或行号）右侧（下方）边界处。

方法 2：使用"开始"选项卡中"单元格"组的"格式"下拉菜单项的"列"→"列宽"（或"行"→"行高"）命令项，在弹出的对话框中进行精确设置，如图 4-29 所示。

方法 3：要使列宽与单元格内容宽度相适合（或行高与内容高度相适合），可以双击列标（或行号）右（下）边界；或使用"单元格"组的"格式"菜单中的"自动调整行高"（或"自动调整列宽"）命令项。

图 4-29　设置行高

2）设置数据格式

用户可以使用图 4-30 所示的"设置单元格格式"对话框来设置单元格的数据格式、对齐格式、字体格式、边框、图案等。设置单元格的数据格式、对齐格式、字体格式、边框等前，必须先选择要设置格式的单元格区域。其中字体格式、边框、图案的设置与Word 中的字体、边框与底纹的设置基本相似，本章不做介绍。

图 4-30　"设置单元格格式"对话框

打开"设置单元格格式"对话框的方法比较简单，只要单击"开始"选项卡的"数字"组的"功能扩展"按钮（右下角），就可弹出"设置单元格格式"；或用鼠标右键单击选中的区域，在快捷菜单中选择"设置单元格格式"命令。

单元格默认的数据格式是"常规"格式，但在输入日期等数据后，Excel 自动会更改其格式。"常规"格式包含任何特定的数字格式。

（1）设置日期格式

用户可以设置各种日期的显示格式。方法是在分类中选择"日期"，再在右侧的选择项的类型中设置显示类型。

（2）设置时间格式

用户可以设置各种时间的显示格式。方法是在分类中选择"时间"，再在类型中设置显示类型。例如，输入的"10:30:20"，可以设置显示为"上午 10 时 30 分 20 秒"。

（3）设置分数格式

用户可以设置各种分数的显示格式。方法是在分类中选择"分数"，再在类型中设置显示类型。

（4）设置对齐方式

设置对齐方式是在"单元格格式"对话框的"对齐"选项卡中进行的，如图 4-31 所示。

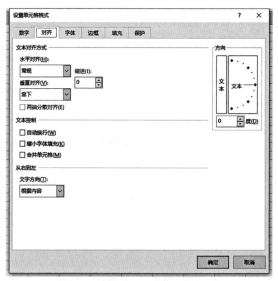

图 4-31 "对齐"选项卡

"对齐"选项卡可以设置文本对齐、文本控制和方向，文本对齐方式又分为垂直对齐和水平对齐。水平对齐方式有"常规""靠左""居中""靠右""填充""两端对齐""跨列居中""分散对齐";垂直对齐方式有"靠上""居中""靠下""两端对齐""分散对齐"。

（5）设置条件格式

采用条件格式标记单元格可以突出显示公式的结果或某些单元格的值。用户可以对满足一定条件的单元格设置字形、颜色、边框、底纹等格式。

设置条件格式的具体操作步骤如下。

①选择要设置格式的单元格区域，在"开始"选项卡的"样式"组中选择"条件格式"按钮。

②在打开的"条件格式"菜单中确定具体条件，设置格式（利用"格式"按钮，打开含有字体、字形等格式的对话框），如图4-32所示。

图4-32 "条件设置"格式

③如果用户还需要添加其他条件，则单击"添加"按钮，然后重复第②步。

④单击"确定"按钮。

例如，用户要想在工作表中找出不及格的同学的成绩就可以使用条件格式，将3门功课中有不及格的同学体现出来。

具体操作步骤是：选择要设置格式的单元格区域"D3:F15"；在"开始"选项卡的"样式"组中选择"条件格式"按钮。在下拉菜单中根据题目具体要求选择"突出显示单元格规则"，然后选择"小于"项。在弹出的"小于"对话框中的"为小于以下值的单元格设置格式"中填入"60"，在"设置为"下拉框中选择"浅红填充深红色文本"，单击"确定"完成操作，如图 4-33 所示。

图 4-33 "小于"对话框

如图 4-34 所示，不及格的同学的成绩全部变为"浅红填充深红色文本"，一目了然。

	A	B	C	D	E	F
1		2019级统计学软件工程2班学生成绩单				
2	序号	学号	姓名	数理统计	数据库	Java程序设 总成
3	1	2019122001	王可	78	94	83
4	2	2019122002	刘丽丽	56	52	95
5	3	2019122003	侯豪	65	48	63
6	4	2019122004	邵为	51	85	48
7	5	2019122005	邓迪利	85	62	60
8	6	2019122006	蹈短	94	94	70
9	7	2019122007	韩非德	47	42	94
10	8	2019122008	赵丽	75	69	48
11	9	2019122009	曲歌	50	65	60
12	10	2019122010	乌莉莉	59	64	37
13	11	2019122011	林惊羽	69	75	59
14	12	2019122012	樊河	93	97	83
15	13	2019122013	华河	37	38	92
16	14	2019122014	汪霹露	87	67	83
17	15	2019122015	许朝	84	95	61
18	16	2019122016	陆萨	63	42	82
19	17	2019122017	王精都	85	54	93
20	18	2019122018	金抟及	82	73	72
21	19	2019122019	方数航	83	94	83
22	20	2019122020	程端	95	98	72
23						

图 4-34 "条件格式"设置结果

4.2.4 页面设置与打印

页面设置是在"页面布局"选项卡的"页面设置"中进行的，如图 4-35 所示。

图 4-35 "页面设置"组

1）"页面设置"组

（1）设置页边距

选择要打印的一个或多个工作表，单击"页面布局"选项卡，在"页面设置"组中单击"页边距"，然后执行下列操作之一。

·若要使用预定义边距，可单击"普通""宽"或"窄"。

·若要使用先前使用的自定义边距设置，可单击"上次的自定义设置"。

·若要指定自定义页边距，可单击"自定义边距"，然后在"上""下""左""右"框中输入所需边距大小。

·若要设置页眉或页脚边距，可单击"自定义边距"，然后在"页眉"或"页脚"框中输入新的边距大小。

·若要使页面水平或垂直居中，可单击"自定义边距"，然后在"居中方式"下选中"水平"或"垂直"复选框。

·若要查看新边距对打印的工作表有何影响，可单击"页面设置"对话框中"边距"选项卡中的"打印预览"。

·若要在打印预览中调整边距，可单击"显示边距"，然后拖动任意一条边上及页面顶部的黑色边距控点。

（2）设置纸张方向

选择要更改其页面方向的一个或多个工作表，选择"页面布局"选项卡，在"页面设置"组中单击"纸张方向"，然后执行下列操作之一。

·若要将打印页面设置为纵向，可单击"纵向"。

·若要将打印页面设置为横向，可单击"横向"。

（3）设置纸张大小

选择要设置纸张大小的一个或多个工作表，单击"页面布局"→"页面设置"→"纸张大小"选项，然后执行下列操作之一。

·若要使用预定义纸张大小，可单击"信纸""明信片"等。

·若要使用自定义纸张大小，可单击"其他纸张大小"，当出现"页面设置"对话框的"页面"选项卡时，在"纸张大小"框中选择所需的纸张大小。

（4）设置打印区域

在工作表中，选择要打印的单元格区域，单击"页面布局"→"页面设置"→"打印区域"选项，然后单击"设置打印区域"。

（5）设置打印标题

选择要打印的一个或多个工作表，单击"页面布局"→"工作表选项"→"标题"→"打印"选项。

（6）在每一页上打印行或列标签

选择要打印的一个或多个工作表，单击"页面布局"选项卡，在"页面设置"组中单击"打印标题"。在"页面设置"组中的"工作表"选项卡中包含很多内容，可以按需求执行以下操作。

· 在"顶端标题行"框中，键入包含列标签的行的引用。

· 在"左端标题列"框中，键入包含行标签的列的引用。

· 若要打印网格线，可在"打印"下选中"网格线"复选框。

· 若要打印行号列标，可在"打印"下选中"行号列标"复选框。

· 若要设置打印顺序，可在"打印顺序"下单击"先列后行"或"先行后列"。

（7）设置页眉和页脚

单击要添加页眉或页脚或者包含要更改的页眉或页脚的工作表，单击"插入"选项卡，在"文本"组中单击"页眉和页脚"，然后按需求执行以下操作。

· 若要添加页眉或页脚，可单击工作表页面顶部或底部的左侧、中间或右侧的页眉或页脚文本框，然后键入所需的文本。

· 若要更改页眉或页脚，可单击工作表页面顶部或底部的包含页眉或页脚文本的页眉或页脚文本框，然后选择需要更改的文本并键入所需的文本。

· 若要预定义页眉或页脚，可在"设计"选项卡上的"页眉和页脚"组中单击"页眉"或"页脚"，然后单击所需的页眉或页脚。

· 若要在页眉或页脚中插入特定元素，可在"设计"选项卡上的"页眉和页脚元素"组中单击所需的元素，例如页码、页数、当前日期、当前时间等。

· 若要关闭页眉或页脚，可单击工作表中的任何位置，或按 Esc 键。

· 若要返回普通视图，可单击"视图"→"工作簿视图"→"普通"选项，或者单击状态栏上的"普通"选项。

（8）设置分页符

单击"视图"→"工作簿视图"→"分页预览"选项，在出现的对话框中，单击"确定"按钮，然后按需求执行以下操作。

· 若要移动分页符，可将其拖至新的位置。移动自动分页符会将其变为手动分页符。

·若要插入垂直或水平分页符，可在要插入分页符的位置的下面或右边选中一行或一列，单击鼠标右键，然后单击快捷菜单上的"插入分页符"。

·若要删除手动分页符，可将其拖至分页预览区域之外。

·若要删除所有手动分页符，可右键单击工作表上的任一单元格，然后单击快捷菜单上的"重设所有分页符"。

·若要在完成分页符操作后返回普通视图，可单击"视图"→"工作簿视图"→"普通"选项。

（9）其他设置

在"页面设置"对话框的"页面"选项卡中，还可以设置以下选项。

·若要缩放打印工作表，可在"缩放比例"框中输入所需的百分比，或者选中"调整为"，然后输入页宽和页高的值。

·若要指定工作表的打印质量，可在"打印质量"列表选择所需的打印质量，例如"600点/英寸"。

·若要指定工作表开始打印时的页码，可在"起始页码"框输入页码。

2）打印设置

表格制作完成后需要对其进行输出，可以通过以下方法进行。

（1）打印部分内容

在工作表中选择要打印的单元格区域，然后单击"页面布局"→"页面设置"→"打印区域"→"设置打印区域"选项。

若要向打印区域中添加更多的单元格，可在工作表中选择新的单元格区域，然后单击"页面布局"→"页面设置"→"打印区域"→"设置打印区域"选项。之后，单击"打印"，或者按Ctrl+P组合键，在"打印内容"之下选中"活动工作表"，再单击"确定"。

（2）打印工作表

选择要打印的一个或多个工作表，然后单击"打印"，或者按Ctrl+P组合键。当出现"打印内容"对话框时，在"打印内容"之下选中"活动工作表"。若已经在工作表中定义了打印区域，则应选中"忽略打印区域"复选框。

（3）打印整个工作簿

单击工作簿中的任意工作表，然后单击"打印"，或者按Ctrl+P组合键。在"打印内容"之下选中"整个工作簿"，单击"确定"按钮。

（4）打印 Excel 表格

单击表格中的一个单元格来激活表格，然后单击"打印"，或者按 Ctrl+P 组合键。单击"打印内容"中的"表"选项，并单击"确定"按钮。

4.2.5　格式的复制、删除与套用

Excel 2019 格式的复制、删除与套用功能具体如下。

1）格式的复制

Excel 2019 提供了一种专门用于复制格式的工具——格式刷，它可在单元格之间传递格式信息。使用"格式刷"功能可以将 Excel 工作表中选中区域的格式快速复制到其他区域，用户既可以将被选中区域的格式复制到连续的目标区域，也可以将被选中区域的格式复制到不连续的多个目标区域。下面分别介绍其操作方法。

打开 Excel 2019 工作表窗口，选中含有格式的单元格区域，然后在"开始"功能区的"剪贴板"分组中单击"格式刷"按钮。当鼠标指针呈现出一个加粗的"+"号和小刷子的组合形状时，单击并拖动鼠标选择目标区域。松开鼠标后，格式将被复制到选中的目标区域。

仍旧以学生成绩表为例进行说明。要想 2—20 号学生的相关信息的格式都和 1 号学生的格式相同，只需选中"A3:G3"，然后单击"开始"选项卡的"剪切板"组中的"格式刷"按钮，再去单击区域"A4:G22"，这样区域"A4:G22"单元格的格式与区域"A3:G3"单元格的格式就完全相同了，复制前、后的对比如图 4-36、图 4-37 所示。

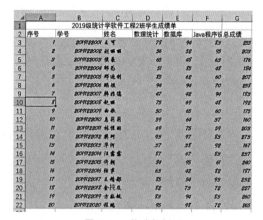

图 4-36　格式复制前　　　　　　　　　图 4-37　格式复制后

使用格式刷将格式复制到不连续的目标区域操作方法与上述方法基本相同，即选中

含有格式的单元格区域，然后在"开始"功能区的"剪贴板"分组中双击"格式刷"按钮。当鼠标指针呈现出一个加粗的"＋"号和小刷子的组合形状时，分别单击并拖动鼠标选择不连续的目标区域。完成复制后，按键盘上的 Esc 键或再次单击"格式刷"按钮即可取消格式刷。

2）格式的清除和删除

这里首先要区分清除和删除的概念。清除是指清除单元格中的信息，这些信息可以是格式、内容或批注，但并不删除单元格。删除是将连同单元格这个矩形格子一起删除。Excel 2019 中的删除操作有单元格的删除、行或列的删除和工作表的删除。

（1）格式的清除

清除单元格中信息的具体操作步骤如下。

①选择要清除信息的单元格，使用"编辑"菜单的"清除"子菜单。

②在子菜单中，根据需要选择"全部""格式""内容"和"批注"之一。

其中子菜单中的选项含义如下。

全部：从选定的单元格中清除所有内容和格式，包括批注和超级链接。

格式：只删除所选单元格的单元格格式，如字体、颜色、底纹等，不删除内容和批注。

内容：删除所选单元格的内容，即删除数据和公式，不影响单元格格式，也不删除批注。

批注：只删除附加到所选单元格中的批注。

如果用户仅清除单元格中的数据（内容），可以选择单元格，并按 Delete 键。

（2）单元格删除

用户可以删除一个或多个单元格，若不是删除整行、整列，则删除单元格后右侧单元格会左移或下方单元格会上移。删除单元格的具体操作步骤如下。

①选择一个或多个单元格，使用"编辑"菜单的"删除"命令项，或用快捷菜单的"删除"命令项。这时会弹出一个"删除"对话框，如图 4-38 所示。

②用户在对话框中选择选项后，单击"确定"按钮。

（3）整行（列）删除

与插入相同，整行或整列的删除可以通过单元格删除的方

图4-38 "删除"对话框

法进行。也可以采用如下方法：先选择要删除的若干行（列），再使用"编辑"菜单的"删除"命令项，或在快捷菜单中选择"删除"命令项。这时，下方的行（右侧的列）会向上（向左）移动。

3）自动套用格式

对一个单元格区域或数据透视表报表，可以使用 Excel 提供的内部组合格式，这种格式被称为自动套用格式。它类似于 Word 表格中的自动套用格式。

设置方法为：选择单元格区域，在"开始"选项卡的"样式"组"套用表格格式"的下拉菜单中，选择具体的样式。Excel 2019 提供的样式更多，也更加实用。

4.3 数据的图表化

为了能更加直观地表达工作表中的数据，可将数据以图表的形式表示。通过图表可以清楚地了解各个数据的大小及数据的变化情况，方便对数据进行对比和分析。Excel 2019 自带各种各样的图表，如柱形图、折线图、饼图、条形图、面积图、散点图等，各种图表各有优点，适用于不同的场合。Excel 2019 还增加了迷你图（Sparklines）功能，通过该功能可以快速查看数值系列中的趋势，如图 4-39 所示。

在 Excel 2019 中，有两种类型的图表，一种是嵌入式图表，另一种是图表工作表。嵌入式图表就是将图表看作一个图形对象，并作为工作表的一部分进行保存；图表工作表是工作簿中具有特定工作表名称的独立工作表。在需要独立于工作表进行数据查看，或编辑大而复杂的图表，或节省工作表上的屏幕空间时，就可以使用图表工作表。

图 4-39 "图表"和"迷你图"

4.3.1 创建图表

用户可以利用工作表中的数据来创建图表，由于图表有较好的视觉效果，用户可以通过图表直观地查看数据的差异并可以预测趋势。创建图表前可以通过图 4-40 了解图表各个部分的名称。

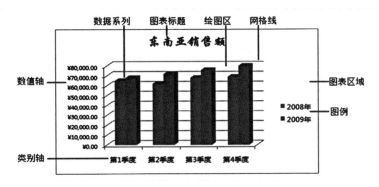

图 4-40　图表的组成

"图表"功能在 Excel 2019 的"插入"选项卡中，在创建图表前，必须先在工作表中为图表输入数据，然后再选择数据并使用"图表向导"逐步完成选择图表类型和其他选项的设置。具体操作步骤如下。

①选择数据区域，包括标题部分。

②选择"插入"选项卡中的"图表"组，或单击"图表"组右下方的快捷项弹出"插入图标"对话框。

③用户选择图表类型（Excel 2019 提供了多种不同类型的图表，如柱形图、折线图等，而且每一类图还有几种不同的子图类型，如柱形图就有 19 种不同的类型），选择其中的一种，单击"确定"按钮。

下面以建立"某书店部分销售图书情况表的饼图"为例具体讲解创建图表的过程。

打开要操作的工作簿，选择用来创建图表的单元格区域，选择"插入"选项卡中的"图表"组，单击"饼图"按钮，在弹出的下拉列表中选择需要的图像样式（本实例选择"三维饼图"），选择样式后，系统会根据选择的数据区域在当前工作表中生成对应的图表，如图 4-41 所示。

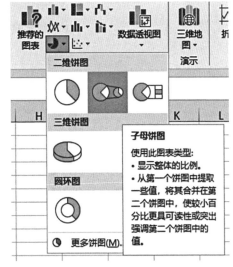

图 4-41　创建饼图

4.3.2 图表的编辑

如果已经创建好的图表不符合用户要求,可以对其进行编辑。例如,更改图表类型、调整图表位置、在图表中添加和删除数据系列、设置图表的图案、改变图表的字体、改变数值坐标轴的刻度和设置图表中数字的格式等。单击图表就可以看到"图表工具"选项卡。

Excel 2019 最新的"图表工具"组将其分为两个部分:设计和格式。

1)更改图表类型

若图表的类型无法确切地展现工作表数据所包含的信息,如使用"饼图"来表现数据的走势等,则需要更改图表类型。下面以实例来具体讲解。

以上述的"某书店部分销售图书情况表的饼图"为例继续讲解,现在想要将其变为"柱形图",具体操作步骤为:选中已经建立好的"某书店部分销售图书情况表的饼图",出现"图标工具"选项卡,选择其中的"设计"组,在其中单击"更改图表类型"按钮,如图 4-42 所示,出现"更改图表类型"对话框,在其中找到需要的样式即可(本实例选择簇状柱形图),如图 4-43 所示。

图 4-42 "更改图表类型"按钮

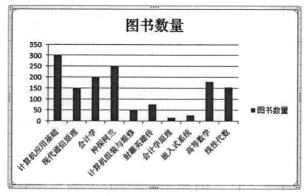

图 4-43 "更改图表类型"结果

2）增加或删除数据系列

如果要在图表中增加或删除数据系列，可以直接在原有的图表上面操作，如想在已经建立好的图书数量的图表中增加显示图书价格，可以进行如下操作。

①选中已经建立好的"图书价格"图表，出现"图标工具"选项卡，选择其中的"设计"组，单击"选择数据"按钮。

②出现"选择数据源"对话框，如图4-44所示，单击"图例项（系列）"中的"添加"按钮。

图4-44 "选择数据源"对话框

③弹出"编辑数据系列"对话框，如图4-45所示。在其中的系列名称中填入名称"图书价格"。在系列值中单击选择区域范围，单击"确定"按钮。回到"选择数据源"对话框，再次单击"确定"按钮，即可看到原来的图表上面已经有了新的一列"图书价格"，如图4-46所示。

图4-45 "编辑数据系列"对话框

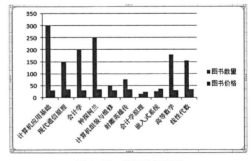

图4-46 增加数据系列

3）交换行列数据

单击其中以不同方式绘制的数据图表。此时，将显示图表工具，其中包含"设计"和"格式"选项卡。之后，单击"设计"→"数据"→"切换行/列"选项，完成行列数据交换。

4）调整图表的位置和大小

Excel 2019 既可以将图表作为嵌入图表放在现在的工作表上，也可以将图表放在一个单独的图表工作表中。对于嵌入图表，可以在所在工作表上移动其位置，也可以将其移动到单独的图表工作表中。

在工作表上移动图表的位置，可用鼠标指针指向要移动的图表，当鼠标指针变形时，将图表拖到新的位置上，然后释放鼠标。

对于嵌入图表，还可以调整其大小。具体操作步骤是：在工作表上单击图表，并选定它；然后用鼠标指针指向图表的 4 个角或 4 条边上的尺寸控制柄，当鼠标指针变成双箭头形状时，按住并拖动鼠标左键，以调整图表的大小。

将嵌入图表放到单独的图表工作表中，单击嵌入图表以选中该图表并显示图表工具。在"设计"选项卡的"位置"组中单击"移动图表"，如图 4-47 所示。

图 4-47 "移动图表"

在"选择放置图表的位置"组下执行下列操作之一。

·若要将图表显示在图表工作表中，可单击"新工作表"。若要替换图表的建议名称，则可以在"新工作表"框中键入新的名称。

·若要将图表显示为其他工作表中的嵌入图表，可单击"对象位于"，然后在"对象位于"框中单击工作表。

4.3.3 图表的格式化

1）对图表快速布局

Excel 2019 为图表提供了几种内置布局方式，从而帮助用户快速对图表布局。要选择预定义图表布局，可单击要设置格式的图表，然后在"设计"选项卡的"图表布局"组中单击要使用的图表布局，图 4-48 为选择不同"图表布局"的对比。

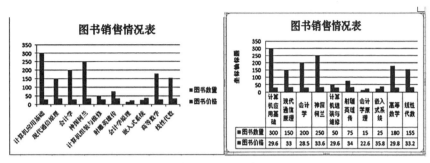

图 4-48 选择不同"图表布局"对比

2)快速设置图片样式

Excel 2019 为图表提供了几种内置样式,从而帮助用户快速对图表样式进行设置。要选择预定义图表样式,可单击要设置格式的图表,并在"设计"选项卡的"图表样式"组中单击要使用的图表样式。图 4-49 为选择不同"图表样式"的对比。

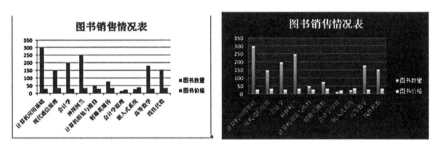

图 4-49 选择不同"图表样式"对比

3)设置图表元素格式

设置图表元素格式的具体方法如下,可按需求执行一项或多项操作。

·若要为选择的任意图表元素设置格式,可在"格式"选项卡中的"当前所选内容"组中单击"设置所选内容格式",然后在弹出的对话框中选择需要的格式选项。

·若要为所选图表元素的形状设置格式,可在"形状样式"组中单击需要的样式,或者单击"形状填充""形状轮廓""形状效果",然后选择需要的格式选项。

·若要通过使用"艺术字"为所选图表元素中的文本设置格式,可在"艺术字样式"组中单击需要的样式,或者单击"文本填充""文本轮廓""文本效果",然后选择需要的格式选项。

4）设置图表坐标轴选项

（1）显示或隐藏坐标轴

单击要显示或隐藏其坐标轴的图表，点击图表右上角的"+"字形图标，则会出现一系列图标元素。然后在"坐标轴"组中单击"坐标轴""坐标轴标题""图表标题""数据标签""网格线"和"图例"。最后，按需求执行下列一项或两项操作。

·若要显示坐标轴，可勾选"坐标轴"左侧方格。

·若要隐藏坐标轴，可取消勾选"坐标轴"左侧方格。

（2）调整轴刻度线和标签

在图表中，单击要调整其刻度线和标签的坐标轴，或从图表元素列表中选择坐标轴。单击"格式"→"当前所选内容"→"设置所选内容格式"选项。

在"设置坐标轴格式"对话框中单击"坐标轴选项"，然后按需求执行下列一项或多项操作。

·若要更改主要刻度线的显示，可在"主要刻度线类型"框中单击所需的刻度线位置。

·若要更改次要刻度线的显示，可在"次要刻度线类型"下拉列表框中，单击所需的刻度线的位置。

·若要更改标签的位置，可在"轴标签"框中，单击所需的选项。

·若要隐藏刻度线或刻度线标签，可在下拉列表框中选择"无"。

（3）更改标签或刻度线之间的分类数

在图表中，单击要更改的水平（分类）轴，或从图表元素列表中选择坐标轴。单击"格式"→"当前所选内容"→"设置所选内容格式"选项，在"设置坐标轴格式"对话框中单击"坐标轴选项"，然后按需求执行以下一项或两项操作。

·若要更改坐标轴标签之间的间隔，可在"标签间隔"下单击"指定间隔单位"，然后在文本框中键入所需的数字。例如，键入"1"可为每个分类显示一个标签，键入"2"可每隔一个分类显示一个标签，键入"3"可每隔两个分类显示一个标签，以此类推。

·若要更改坐标轴标签的位置，请在"标签与坐标轴的距离"框中键入所需的数字。键入较小的数字可使标签靠近坐标轴。如果要加大标签和坐标轴之间的距离，需键入较大的数字。

5）显示或隐藏网格线

显示或隐藏网格线的具体操作步骤为：单击需要添加网格线的图表，再单击"设计"→"图表布局"→"添加图标元素"→"网格线"选项，就可以为图表添加趋势线。
然后，按需求执行下列一项或多项操作。

·若要向图表中添加横网格线，可单击"主轴主要水平网格线"。如果图表有次要水
平轴，还可以单击"主轴次要水平网格线"。

·若要向图表中添加纵网格线，可单击"主轴主要垂直网格线"。如果图表有次要垂
直轴，还可以单击"主轴次要垂直网格线"。

·若要将竖网格线添加到三维图表中，可单击"竖网格线"，然后单击所需选项。此
选项仅在所选图表是真正的三维图表（如三维柱形图）时才可用。

·若要隐藏图表网格线，可指向"主要横网格线""主要纵网格线"或"竖网格线"
（三维图表上），然后取消复选框。如果图表有次要坐标轴，还可以单击"次要横网格线"
或"次要纵网格线"，然后取消复选框。

6）添加趋势线

趋势线就是用图形的方式显示数据的预测趋势并可用于预测分析，也叫作回归分析。
利用趋势线可以在图表中扩展趋势线，根据实际数据预测未来数据。打开"图表工具"
的"设计"选项卡，在"图表布局"组中点击"添加图标元素"的下拉框中的"趋势线"
可以为图表添加趋势线。

为"图书数量"图添加"双周期移动平均"趋势线的结果如图4-50所示。

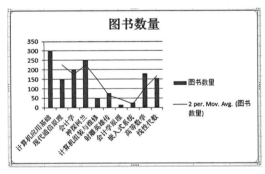

图 4-50　"双周期移动平均"趋势线

7）使用迷你图显示数据趋势

迷你图是 Excel 2019 中新增的一个功能，它是绘制在单元格中的一个微型图表，用
迷你图可以直观地反映数据系列的变化趋势。与图表不同的是，当打印工作表时，单元
格中的迷你图会与数据一起进行打印。创建迷你图后还可以根据需要可以对迷你图进行

自定义，如高亮显示最大值和最小值、调整迷你图颜色等。在 Excel 2019 中创建迷你图非常简单，下面用一个例子来说明。

（1）创建迷你图

Excel 2019 目前提供了 3 种形式的迷你图，即“折线图”“柱形图”“盈亏图”。

图 4–51 为某书店部分销售图书情况表，对于这些数据，很难直接看出变化的趋势，而使用迷你图就可以非常直观地反映出各种图书的销售走势情况。具体操作步骤如下。

	A	B	C	D	E
1	某书店部分销售图书情况表				
2		一月	二月	三月	四月
3	计算机基础	45	65	70	78
4	微积分	56	45	59	40
5	大学英语1	86	70	63	60
6	线性代数	69	52	49	45
7	大学语文	56	36	56	69

图 4–51　某书店部分销售图书情况表

①选择“B3:E3”区域，在功能区中选择“插入”选项卡，在“迷你图”组中单击“折线图”按钮。

②弹出“创建迷你图”对话框后，在“数据范围”右侧的文本框中输入数据所在的区域“B3:E3”，也可以单击右侧的按钮用鼠标对数据区域进行选择。由于在第①步中已经选择了“B3:E3”区域，“位置范围”已由 Excel 自动输入，因此这里就不需要输入了。

③选择迷你图存放的位置（F3 单元格）。单击“确定”按钮。此时在 F3 单元格中创建一组折线迷你图，如图 4–52 所示。

	A	B	C	D	E	F
1	某书店部分销售图书情况表					
2		一月	二月	三月	四月	迷你图
3	计算机基础	45	65	70	78	
4	微积分	56	45	59	40	
5	大学英语1	86	70	63	60	
6	线性代数	69	52	49	45	
7	大学语文	56	36	56	69	

图 4–52　迷你图

这是一种创建一组迷你图的方法，除此之外还可以在某个区域中创建迷你图后，用拖动填充柄的方法将迷你图填充到其他单元格，就像填充公式一样。

（2）编辑迷你图

创建迷你图后，功能区中将显示“迷你图工具”，通过该选项卡可以对迷你图进行相应的编辑或美化。

例如，选择“设计”选项卡，在“样式”组中单击“显示”中的高点、低点、负点、首点、尾点和标记，选择某种颜色作为最大值标记颜色，或选择一种样式直接美化迷你图。

有些 Excel 2019 中的迷你图的图标是灰色，这表示不能使用迷你图，因为迷你图是 Excel 2019 中的一个新功能，必须是带有".xlsx"后缀名的文件才能使用。比如，一个 Excel 2003 版的文件，虽然是利用 Excel 2019 打开的，但实际上是使用 Excel 2003 版本制作，在 Excel 2019 工作表上兼容显示的。

4.4　数据管理与分析

Excel 2019 在数据的组织、管理、计算和分析等方面具有强大的功能，应用领域非常广泛。

4.4.1　数据透视表及数据透视图

Excel 2019 提供了一种简单、形象、实用的数据分析工具——数据透视表及数据透视图。使用它可以生动、全面地对数据清单重新组织和统计数据。

1）数据透视表

数据透视表是一种对大量数据快速汇总和建立交叉列表的交互式表格。它不仅可以转换行和列以查看源数据的不同汇总结果，也可以显示不同页面以筛选数据，还可以根据需要显示区域中的细节数据。

（1）创建数据透视表

在 Excel 2019 工作表中创建数据透视表的步骤大致可分为两步：第一步是选择数据来源，第二步是设置数据透视表的布局。

选择单元格区域中的一个单元格并确保单元格区域具有列标题，或者将插入点放在一个 Excel 表格中。在"插入"选项卡的"表格"组中单击"数据透视表"，根据弹出的对话框进行设置，再根据"数据透视表窗格"弹出的具体内容选择具体需要项。

如图 4-53 所示，要为"某服装店服装销售情况"创建数据透视表，具体操作步骤如下。

▲	A	B	C	D	E	F
1	某服装店服装销售情况					
2	服装编号	服装名称	服装类别	服装数量	服装单价	服装折扣
3	AK001	连衣裙	女装	300	130	0.8
4	AK002	衬衫	男装	290	70	0.6
5	AK003	牛仔帽	男装	400	40	0.7
6	AK004	连体裤	童装	420	120	0.75
7	AK005	半身裙	女装	280	50	0.9
8	AK006	妈妈群	孕妇装	370	80	0.85
9	AK007	半袖	女装	320	38	0.7
10	AK008	防晒衣	女装	300	80	0.9

图4-53 数据透视图实例

①选中图表区域"A2:F10",在"插入"选项卡的"表"组中单击"数据透视表"。

弹出图4-54所示的"创建数据透视表"对话框,在"选择一个表或区域"中选择一个区域,前面已经选择"A2:F10",在"选择放置数据透视表的位置"中选择一个位置,这里选择A14单元格。

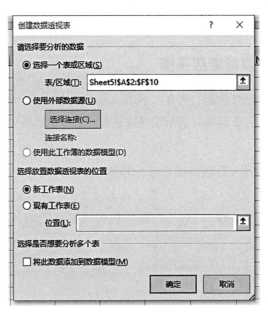

图4-54 "创建数据透视表"

②系统自动在当前工作表中创建一个空白数据透视表,并打开"数据透视表字段"。在"数据透视表字段"列表中勾选相应的项,如图4-55所示,即可创建出图4-56所示的数据透视表。

图 4-55 "数据透视表字段"

行标签	求和项:服装数量	求和项:服装单价
⊟男装	**690**	**110**
衬衫	290	70
牛仔帽	400	40
⊟女装	**1200**	**298**
半身裙	280	50
半袖	320	38
防晒衣	300	80
连衣裙	300	130
⊟童装	**420**	**120**
连体裤	420	120
⊟孕妇装	**370**	**80**
妈妈裙	370	80
总计	**2680**	**608**

图 4-56 数据透视表

（2）设置数据透视表

单击"数据透视表"，在"选项"选项卡中单击"数据透视表"，然后单击"选项"。当出现"数据透视表选项"对话框时，可在"名称"框中更改数据透视表的名称。

选择"布局和格式"选项卡，然后对各种选项进行设置。在"数据透视表选项"对话框中选择"汇总和筛选"，然后对相关选项进行设置。

如果需要，还可以选择在"数据透视表"对话框中选择"显示""打印""数据"选项卡，然后对相关选项进行设置。

2）数据透视图

数据透视图以图形的形式表示数据透视表中的数据。如同在数据透视表中那样，可以更改数据透视图的布局和数据。数据透视图通常有一个使用相应布局的相关联的数据透视表。两个报表中的字段相互对应，如果更改了某一报表的某个字段位置，那么另一报表中的相应字段位置也会改变。

创建数据透视图的具体方法是：选择单元格区域中的一个单元格并确保单元格区域具有列标题，或者将插入点放在一个 Excel 表格中。单击"插入"选项卡，在"图表"组中单击"数据透视图"。

与标准图表一样，数据透视图也具有系列、分类、数据标记和坐标轴等元素。除此之外，数据透视图还有一些与数据透视表对应的特殊元素。由于数据透视图与数据透视表的操作基本一致，这里不做详细介绍。图 4-57 为根据"某服装店服装销售情况"创建的数据透视图。

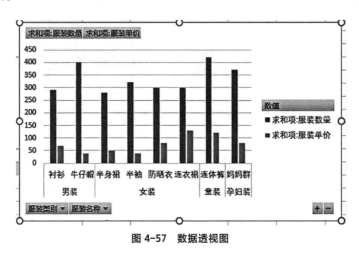

图 4-57　数据透视图

3）切片器

切片器是 Excel 2019 新增的功能，它提供了一种可视性极强的筛选方法来筛选数据透视表中的数据。一旦插入切片器，即可使用按钮对数据进行快速分段和筛选，以仅显示所需数据。切片器可以与数据透视表链接，或者与其他数据查询链接，让数据分析与呈现更加可视化，使用更加方便，外观更加美观。下面以数据透视表为例简单讲解切片器的使用。

要想使用切片器必须先创建数据透视表，这里以上节创建的数据透视表为例进行讲解。

① 单击"插入"选项卡，在"筛选器"组中单击"切片器"。

② 弹出"插入切片器"对话框，如图 4-58 所示，在其中勾选需要切片的项，单击"确定"按钮。

③ 返回工作表，即可为所选字段创建切片器。插入切片器后的效果如图 4-59 所示。

图 4-58　"插入切片器"对话框

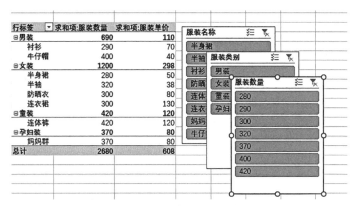

图 4-59 插入切片器后的效果

④这时用户就可以利用切片器，进行快速的多重筛选，从而快速地进行数据查看、分析。分别单击各个切片，相应的数据就会实时展现了。图 4-60 为单击"服装类别"中的"女装"所筛选出的内容，十分直观。

图 4-60 多重筛选结果

插入的切片器是默认的样式，没有特色。用户可以在"切片器选项"中快速地设置切片器的格式。

对某个切片器进行了选择，右上角的删除按钮就会变成红色，单击该删除按钮，即可清除该切片器的筛选。只是看上面的内容也许并不会感受到切片器的好处，实际操作一下，用户一定会觉得切片器十分实用。

4.4.2 数据排序

1）单条件排序

选择单元格区域中的一列字母数字、数值、日期或时间数据，或者确保活动单元格在包含这些数据的表格列中。单击"数据"→"排序和筛选"→"排序"选项，如图4-61所示，按需求执行以下操作。

图 4-61 "排序和筛选"组

· 若要进行升序排序，可单击"升序"按钮 。

· 若要进行降序排序，可单击"降序"按钮 。

如图4-62所示，对此成绩表中的总成绩按照降序进行排列，具体操作步骤如下。

	A	B	C	D	E	F
1			19级计算机2班成绩单			
2	序号	姓名	Java设计与技术	数据库	高等数学	总分
3	1	孙一博	68	70	80	218
4	2	唐宝	79	89	57	225
5	3	黄琼芳	40	69	79	188
6	4	韩敏达	59	49	90	198
7	5	樊涛	98	30	49	177
8	6	丁亚楠	86	67	80	233
9	7	李璧影	82	79	79	240
10	8	叶子宸	61	86	50	197
11	9	傅洪鑫	94	83	79	256
12	10	黄臻杰	49	59	84	192
13	11	蔡梦龙	79	52	94	225
14	12	钱凯	59	98	84	241
15	13	杨绍漂	100	70	59	229

图 4-62 排序前的数据表

首先，选中要排序的区域"F3:F15"。然后，单击"数据"→"排序和筛选"→"降序"选项。最后，会出现图4-63所示的按总分成绩降序行排列成绩单。

▲	A	B	C	D	E	F
1			19级计算机2班成绩单			
2	序号	姓名	Java设计与技术	数据库	高等数学	总分
3	9	傅洪鑫	94	83	79	256
4	12	钱凯	59	98	84	241
5	7	李璧影	82	79	79	240
6	6	丁亚楠	86	67	80	233
7	13	杨绍漂	100	70	59	229
8	2	唐宝	79	89	57	225
9	11	蔡梦龙	79	52	94	225
10	1	孙一博	68	70	80	218
11	4	韩敏达	59	49	90	198
12	8	叶子宸	61	86	50	197
13	10	黄臻杰	49	59	84	192
14	3	黄琼芳	40	69	79	188
15	5	樊涛	98	30	49	177

图 4-63　单条件排序后数据表

2）多条件排序

选择具有两列或更多列数据的单元格区域，或者确保活动单元格在包含两列或更多列的表格中。单击"数据"选项卡，在"排序和筛选"组中单击"排序"。当出现"排序"对话框时，在"列"下的"排序依据"框中，选择要排序的第一列作为主要关键字。

在"排序依据"下选择"排序类型"，按需求执行以下操作。

·若要按文本、数字或日期和时间进行排序，可选择"数值"。

·若要按格式进行排序，可选择"单元格颜色""字体颜色"或"单元格图标"。

在"次序"下选择"排序方式"，按需求执行以下操作。

·对于文本值、数值、日期或时间值，选择"升序"或"降序"。

·若要基于自定义序列进行排序，可选择"自定义序列"。

此成绩表按照总分降序排列，其中，成绩相同的两名学员是按照唐宝和蔡梦龙进行排序的。现在要对其进行多条件排序。主关键字仍然选择"总分"降序排列，次关键字选择"姓名"升序排列，如图 4-64 所示。排序结果如图 4-65 所示，"唐宝"和"蔡梦龙"的顺序发生了变化，现在按照姓名第一个字的字母顺序排列（C、T）。

序号	姓名	Java设计与技术	数据库	高等数学	总分
			19级计算机2班成绩单		
9	傅洪鑫	94	83	79	256
12	钱凯	59	98	84	241
7	李璧影	82	79	79	240
6	丁亚楠	86	67	80	233
13	杨绍漂	100	70	59	229
2	唐宝	79	89	57	225
11	蔡梦龙	79	52	94	225
1	孙一博	68	70	80	218
4	韩敏达	59	49	90	198
8	叶子宸	61	86	50	197
10	黄臻杰	49	59	84	192
3	黄琼芳	40	69	79	188
5	樊涛	98	30	49	177

图 4-64　多条件排序对话框

	A	B	C	D	E	F
1			19级计算机2班成绩单			
2	序号	姓名	Java设计与技术	数据库	高等数学	总分
3	9	傅洪鑫	94	83	79	256
4	12	钱凯	59	98	84	241
5	7	李璧影	82	79	79	240
6	6	丁亚楠	86	67	80	233
7	13	杨绍漂	100	70	59	229
8	11	蔡梦龙	79	52	94	225
9	2	唐宝	79	89	57	225
10	1	孙一博	68	70	80	218
11	4	韩敏达	59	49	90	198
12	8	叶子宸	61	86	50	197
13	10	黄臻杰	49	59	84	192
14	3	黄琼芳	40	69	79	188
15	5	樊涛	98	30	49	177

图 4-65　多条件排序结果

若要添加作为排序依据的另一列，可单击"添加条件"，然后重复以上步骤。若要复制作为排序依据的列，可选择该条目，然后单击"复制条件"。若要删除作为排序依据的列，可选择该条目，然后单击"删除条件"。若要更改列的排序顺序，可选择一个条目，然后单击"向上"或"向下"箭头来更改顺序。列表中位置较高的条目在列表中位置较低的条目之前排序。

3）自定义序列排序

选择单元格区域中的一列数据，或者确保活动单元格在表格的列中，然后单击"数据"选项卡，在"排序和筛选"组中单击"排序"。当显示"排序"对话框时，在"列"下的"排序依据"对话框中选择要按自定义序列排序的列；在"次序"对话框中选择"自定义序列"；在"自定义序列"对话框中选择所需的序列。

自定义排序的方法与多条件排序方法类似，用户只需按照自己的需求操作即可，此处不再赘述。

4.4.3 数据筛选

数据清单创建完成后，对它进行的操作通常是从中查找和分析具备特定条件的记录，而筛选就是一种用于查找数据清单中数据的快速方法。经过筛选后的数据清单只显示包含指定条件的数据行，以供用户浏览、分析。

数据筛选有 3 种方法：自动筛选、自定义筛选和高级筛选。高级筛选适用于条件比较复杂的筛选，根据数据清单中不同字段的数据类型，显示不同的筛选选项。若字段为文本型，则可以按文本筛选。

1）自动筛选

自动筛选为用户提供了在具有大量记录的数据清单中快速查找符合某种条件记录的功能，具体操作步骤如下：选中要筛选的区域，单击在"数据"选项卡，在"排序和筛选"组中单击"筛选"按钮，字段名称将变成一个下拉列表框的框名。此时可以根据需要进行筛选。

如图 4-66 所示，在 2019 级部分学生主修数据库的成绩单中筛选出计算机学院的学生，只需单击"学院"字段，在其中勾选"计算机学院"，即可自动筛选出计算机学院的学生名单。

	A	B	C	D
1	2019级部分学生主修数据库的成绩单			
2	学院	姓名	数据库成绩	辅修数学
3	计算机学院	孙一博	60	高等数学
4	计算机学院	唐宝	49	概率论
5	计算机学院	黄琼芳	89	高等数学
6	计算机学院	韩敏达	93	线性代数
7	计算机学院	樊涛	72	概率论
8	软件工程学	丁亚楠	80	高等数学
9	软件工程学	李璧影	94	线性代数
10	软件工程学	叶子宸	49	线性代数
11	软件工程学	傅洪鑫	70	概率论

图 4-66　自动筛选

2）自定义筛选

用 Excel 2019 自带的筛选条件，可以快速完成对数据清单的筛选操作。当自带的筛选条件无法满足需要时，也可以根据需要自定义筛选条件。

如想在名单中找出数据库成绩在 30—60 分之间的学员，显然自动筛选无法完成，需要进行自定义筛选，操作步骤如下。

①在自动筛选的基础上，单击"补考成绩"字段，在弹出的菜单中选择"数字筛选"，再选择"自定义筛选"。

②弹出"自定义自动筛选方式"对话框，按图 4-67 填入具体的要求，单击"确定"按钮。

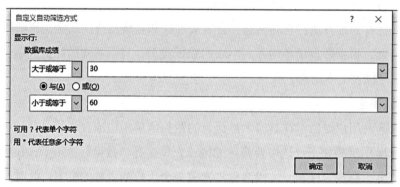

图 4-67　自定义筛选

图 4-68 即自定义筛选出的结果。若要求两个条件都必须为"True"，则选择"与"；若要求两个条件中的任意一个或者两个都可以为"True"，则选择"或"。

	A	B	C	D
1	2019级部分学生主修数据库的成绩单			
2	学院	姓名	数据库成	辅修数学
3	计算机学院	孙一博	60	高等数学
4	计算机学院	唐宝	49	概率论
10	软件工程学	叶子宸	49	线性代数
12				

图 4-68　筛选结果

3）高级筛选

利用 Excel 的高级筛选功能，不仅能同时筛选出两个或两个以上约束条件的数据，还可通过已经设置的条件来对工作表中的数据进行筛选。

使用高级筛选功能，必须先建立一个条件区域，用来指定筛选的数据所需满足的条件。条件区域的第一行是所有作为筛选条件的字段名，这些字段名与数据清单中的字段名必须完全一样。

筛选出计算机学院数据库成绩不及格并且辅修概率论的学生名单。

①在工作簿中建立约束条件，然后选中该单元格区域，如图 4-69 所示。

	A	B	C	D
1	2019级部分学生主修数据库的成绩单			
2	学院 ▼	姓名 ▼	数据库成 ▼	辅修数 ▼
3	计算机学院	孙一博	60	高等数学
4	计算机学院	唐宝	49	概率论
5	计算机学院	黄琼芳	89	高等数学
6	计算机学院	韩敏达	93	线性代数
7	计算机学院	樊涛	72	概率论
8	软件工程学	丁亚楠	80	高等数学
9	软件工程学	李璧影	94	线性代数
10	软件工程学	叶子宸	49	线性代数
11	软件工程学	傅洪鑫	70	概率论
12				
13				
14		学院	辅修数学	数据库成绩
15		计算机学院	概率论	<60

图 4-69　建立约束条件

②单击"排序和筛选"组中的"高级"按钮。

③弹出"高级筛选"对话框，在"列表区域"中设置为"A2:D11"，在"条件区域"设置为"B14:D15"，完成后单击"确定"按钮，如图 4-70 所示。

④返回工作表，可看见现在显示了按照条件筛选后的结果，如图 4-71 所示。

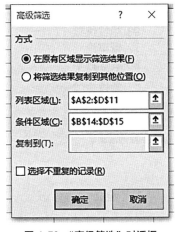

图 4-70　"高级筛选"对话框

图 4-71　筛选结果

4.4.4　分类汇总

分类汇总指根据指定的条件对数据进行分类，并计算各分类数据的分类汇总值。汇总包括两个部分：对一个复杂的数据库进行数据分类和对不同类型的数据进行汇总。使用 Excel 2019 提供的分类汇总功能,可以使用户更方便地对数据进行分类汇总。

分类汇总的前提是先将数据按分类字段进行排序,再进行分类汇总。

分类汇总的具体操作步骤如下。

①单击数据清单的任一单元格,将数据按分类字段进行排序。

②单击"数据"选项组总的"分级显示"选项卡中的"分类汇总"按钮,在"分类汇总"对话框中选择以下选项。

·分类字段:选排序所依据的字段。

·汇总方式:选用于分类汇总的函数方式。

·选定汇总项:选要进行汇总计算的字段。

③单击"确定"按钮。

仍以图 4-72 所示"2019 级部分学生主修数据库的成绩单"为例介绍分类汇总具体的操作方法。

图 4-72 2019 级部分学生主修数据库的成绩单

1)简单的分类汇总

选中数据区域中的任意单元格,单击"数据"选项组总的"分级显示"选项卡中的"分类汇总"按钮,在"分类汇总"对话框中勾选需要汇总的项,具体如图 4-73 所示,单击"确定"按钮。返回工作表,可以看到对数据进行分类汇总的结果,如图 4-74 所示。

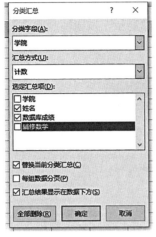

图 4-73 "分类汇总"

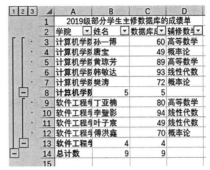

图 4-74 分类汇总的结果

2）多级分类汇总

分类汇总后的结果如果仍不能满足用户的需要，那么可以对汇总的结果进行再次分类汇总，从而满足用户的需求。一次分类汇总被称为简单分类汇总，再次分类汇总被称为多级分类汇总。

要想在前面的分类汇总的基础之上再次分类汇总，可以按如下步骤操作：在已经完成的简单分类汇总基础之上，选中数据区域中的任意单元格，单击"数据"选项组总的"分级显示"选项卡中的"分类汇总"按钮，在"分类汇总"对话框中勾选需要汇总的项，将汇总方式改为"最大值"，勾选"替换当前分类汇总"，其他项保持不变，单击"确定"按钮，即可看到分类汇总的结果发生了改变，如图 4-75 所示。

图 4-75 勾选最大值分类汇总结果

对数据进行分类汇总后，在工作表左侧将出现一个分级显示栏，通过分级显示栏中的分级显示符号可分级查看表格数据，如图 4-76 所示。单击分级显示栏中的分级显示数字 1、2 和 3，可显示分类汇总和总计的汇总；单击"显示"按钮或"隐藏"按钮，可显示或隐藏明细。

图 4-76　多级分类汇总

3）清除分类数据

若想清除分类数据，将其恢复到原来的状态，则需要删除分类数据。具体操作步骤如下：选中数据区域中的任意单元格，单击"数据"选项组中的"分级显示"选项卡，再单击"分类汇总"按钮，在"分类汇总"对话框的左下角单击"全部删除"按钮，最后单击"确定"按钮。

◎ 习题

一、选择题

1. 在 Excel 2019 中，若一个单元格中显示出错误信息 #VALUE，表示该单元格内的（　　）。

A. 公式引用了一个无效的单元格坐标

B. 公式中的参数或操作数出现类型错误

C. 公式的结果产生溢出

D. 公式中使用了无效的名字

2. 在 Excel 2019 工作表的单元格中计算一组数据后出现 ######，这是由于（　　）。

A. 单元格显示宽度不够　　　　　　B. 计算数据出错

C. 计算机公式出错　　　　　　　　D. 数据格式出错

3. 新建的 Excel 2019 工作簿中默认有（　　）张工作表。

A. 3　　　　　　　　B. 1　　　　　　　　C. 2　　　　　　　　D. 0

4. 在 Excel 2019 中，单元格地址是指（　　）。

A. 每个单元格　　　　　　　　　B. 每个单元格的大小

C. 单元格所在的工作表　　　　　D. 单元格在工作表中的位置

5. 在 Excel 2019 中，运算符 & 表示（　　）。

A. 逻辑值的与运算　　　　　　　B. 子字符串的比较运算

C. 数值型数据的无符号相加　　　D. 字符型数据的连接

6. 在 Excel 2019 中，若 A1 单元格内容为 "2000-3-1"，A2 单元格内容为 "5"，A3 单元格的内容为 "=A1+A2"，则 A3 单元格显示的数据为（　　）。

A. "2005-3-1"　　　　　　　　B. "2000-8-1"

C. "2000-3-6"　　　　　　　　D. "2000-3-15"

7. 在 Excel 2019 中选择多张不相邻的工作表，可先单击第一张工作表标签，然后按住（　　）键，再单击其他工作表标签。

A. Ctrl　　　　　　B. Alt　　　　　　C. Shift　　　　　　D. Enter

8. 在 Excel 2019 的单元格内输入日期时、月时，其分隔符可以是（　　）。

A. / 或 -　　　　　B. . 或 |　　　　　C. / 或 \　　　　　D. \ 或 -

9. 公式 =COUNT(C2:E3) 的含义是（　　）。

A. 计算区域 C2:E3 内数值的和　　　B. 计算区域 C2:E3 内数值的个数

C. 计算区域 C2:E3 内字符个数　　　D. 计算区域 C2:E3 内数值为 0 的个数

二、填空题

1. 在 Excel 2019 中输入数据时，如果输入的数据具有某种内在规律，则可以利用它的（　　）功能进行输入。

2. 当前工作表是指（　　）。

3. 在中文 Excel 2019 中，选中一个单元格后按 Delete 键，这是（　　）。

4. Excel 2019 的列号最大为（　　）。

5. 在 Excel 2019 中文版中输入 "19/3/20" 系统会认为是（　　）。

6. 要选取 A1 和 D4 之间的区域可以先单击 A1，再按住（　　）键，并单击 D4。

7. 在对数据进行分类汇总前，应该对数据进行（　　）操作。

8. 在 Excel 2019 中输入有规律的数据，可以使用（　　）操作。

三、简答题

1. 如何在同一单元格中换行？

2. 在 Excel 2019 中如何实现行列互换？

3. Excel 2019 中引用的方式有哪些？

4. Excel 2019 中有哪几种视图方式？

5. 如何进行筛选操作？

5 PowerPoint 2019 的基础及应用

PowerPoint 可以用来创建演示文稿，用户可以在投影仪或者计算机上进行演示。

5.1 ⬆ PowerPoint 2019 的基本知识

PowerPoint，简称 PPT，默认的后缀名是 ".pptx"，是微软公司设计的文稿演示软件，也是目前制作演示文稿最常用的工具软件，能够制作出集文字、图形、图像、声音、动画、视频等多媒体元素于一体的演示文稿，被广泛应用于课堂教学、学术报告、产品展示、教育讲座等各种信息传播的活动中。本章将介绍 PowerPoint 2019 的相关知识。PowerPoint 2019 做出来的文档叫演示文档或者演示文稿，用户不仅可以将它在投影仪或者计算机上进行演示，还可以将演示文稿打印出来，制作成胶片，以便应用到更广泛的领域中。利用 PowerPoint 2019 不仅可以创建演示文稿，还可以在互联网上召开面对面会议，或在远程会议或网上给观众展示。演示文稿中的每一页叫幻灯片，每张幻灯片都是演示文稿中既相互独立又相互联系的内容。

5.1.1 PowerPoint 2019 的启动与退出

1）启动 PowerPoint 2019

启动 PowerPoint 2019 有很多种方式，主要有以下 3 种。

方法 1：利用桌面快捷方式启动。双击桌面上 PowerPoint 2019 的快捷方式来启动 PowerPoint 2019。

方法 2：利用"开始"菜单启动。单击"开始"菜单，选中"Microsoft Office"文件夹，再选择"Microsoft PowerPoint 2019"就能打开。

方法3：直接双击已经存在的 PowerPoint 文档。双击打开已经存在的文档，同时系统会自动启动 PowerPoint 程序。

2）退出 PowerPoint 2019

PowerPoint 2019 的退出也有很多方法，具体方法如下。

方法1：单击"窗口控制按钮"栏的"关闭"按钮。

方法2：单击"文件"选项卡的"关闭"选项。

方法3：单击"程序控制"图标，在弹出的下拉菜单中选择"关闭"命令。

方法4：按 Alt+F4 组合键。

5.1.2　PowerPoint 2019 的窗口组成

要了解和使用 PowerPoint 2019，首先要了解 PowerPoint 2019 的工作界面，它由很多部分组成，包括快速访问工具栏、标题栏、大纲 / 幻灯片预览窗口、幻灯片编辑区、视图栏，以及状态栏等，如图 5-1 所示。

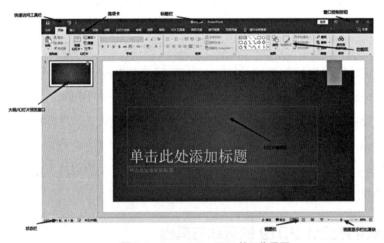

图 5-1　PowerPoint 2019 的工作界面

5.1.3　PowerPoint 2019 的视图方式

PowerPoint 2019 有 5 种视图模式，即普通视图、大纲视图、阅读视图、备注页视图、幻灯片浏览视图，用户可以根据需要在不同的视图环境下工作。默认情况下，PowerPoint 2019 处于普通视图工作环境下。通过点击视图菜单栏的演示文稿视图可以自由切换视图模式。

1）普通视图

普通视图是 PowerPoint 2019 的默认视图模式，共包含大纲窗格、幻灯片窗格和备注窗格 3 种窗格。这些窗格让用户可以在同一位置使用演示文稿的各种特征。拖动窗格边框可调整不同窗格的大小。其中，在大纲窗格中可以键入演示文稿中的所有文本，然后重新排列项目符号点、段落和幻灯片；在幻灯片窗格中可以查看每张幻灯片中的文本外观，还可以在单张幻灯片中添加图形、影片和声音，并创建超级链接，以及向其中添加动画；在备注窗格中，用户可以添加与观众共享的演说者备注或信息。普通视图状态如图 5-2 所示。

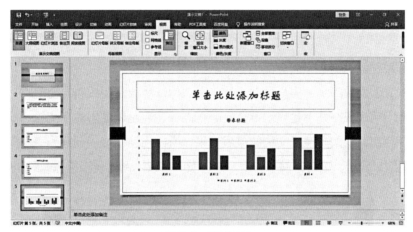

图 5-2　普通视图

2）大纲视图

大纲视图含有大纲窗格、幻灯片缩略图窗格和幻灯片备注页窗格。大纲窗格会显示演示文稿的文本内容和组织结构，不显示图形、图像、图表等对象。在大纲视图下编辑演示文稿，可以调整各幻灯片的前后顺序；在一张幻灯片内可以调整标题的层次级别和前后次序；可以将某幻灯片的文本复制或移动到其他幻灯片中。大纲视图状态如图 5-3 所示。

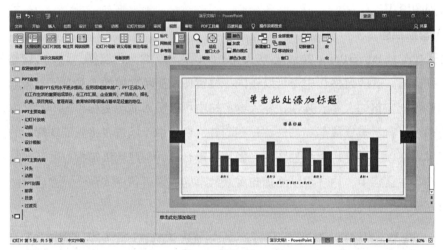

图 5-3　大纲视图

3）阅读视图

在创建演示文稿的时，用户可以通过单击"幻灯片放映"按钮启动幻灯片放映和预览演示文稿。阅读视图并不是显示单个的静止画面，而是以动态的形式显示演示文稿中各个幻灯片。阅读视图是演示文稿的最后效果，所以当演示文稿创建到一个段落时，可以利用该视图来检查，并对不满意的地方进行及时修改。阅读视图状态如图 5-4 所示。

图 5-4　阅读视图

4）备注页视图

备注页视图主要用于为演示文稿中的幻灯片添加备注内容或对备注内容进行编辑修改，在该视图模式下无法对幻灯片的内容进行编辑，如图 5-5 所示。切换到备注页视图后，页面上方显示当前幻灯片的内容缩览图，下方显示备注内容占位符。单击该占位符，向占位符中输入内容，即可为幻灯片添加备注内容。

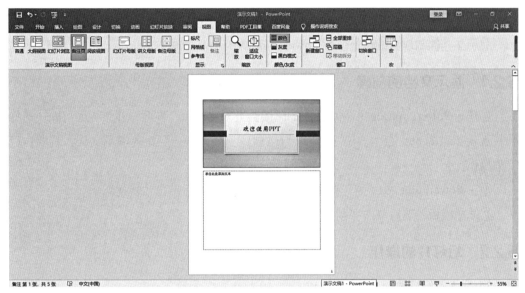

图 5-5　备注页视图

5）幻灯片浏览视图

在幻灯片浏览视图中，幻灯片以缩略图的方式呈现在同一个窗口中，便于用户浏览和编辑，用户可以方便地在该视图下添加、删除和移动幻灯片，但该视图下无法对单张幻灯片的内容进行编辑，如图 5-6 所示。

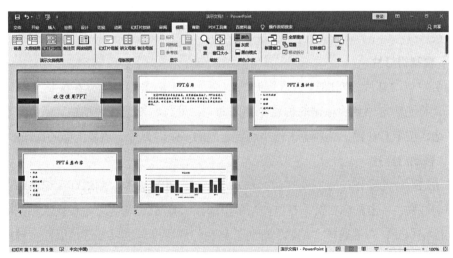

图 5-6　幻灯片浏览视图

5.2 演示文档的制作与编辑

演示文档的制作与编辑是使用 PowerPoint 2019 的基础操作。

5.2.1　演示文档的创建

当打开 PowerPoint 2019 应用程序的时候会进入"开始"界面，在该界面可以快速打开最近使用过的 ppt 文件。用户也可以自己创建一个文档，要新建演示文档，就要执行下列操作。

①在 PowerPoint 2019 中，单击"文件"选项卡，然后单击"新建"。

②选择模板，然后单击"创建"按钮。

5.2.2　幻灯片的操作

1）插入新幻灯片

默认情况下，启动 PowerPoint 2019 时，系统会新建一份空白演示文稿，并新建一张幻灯片。用户也可以通过下面 3 种方法，在当前演示文稿中添加新的幻灯片。

方法 1：按 Ctrl+M 组合键，即可快速添加一张空白幻灯片，也称快捷键法。

方法 2：在"普通视图"下，将鼠标定在左侧的窗格中，然后按下 Enter 键，同样可以快速插入一张新的空白幻灯片，也称回车键法。

方法 3：单击"开始"选项卡"新建幻灯片"按钮，可以新增一张空白幻灯片，也称命令法。

2）复制幻灯片

选中左侧幻灯片缩略图选中要复制的幻灯片，单击鼠标右键，在快捷菜单里选择"复制"，将光标定位到欲粘贴的位置页面间的空白处，右键选择"粘贴"即可。复制操作可多选，按下 Ctrl 键，然后单击选中想要复制的多张幻灯片，重复上面的操作即可。

3）移动幻灯片

移动幻灯片的操作与复制幻灯片操作基本类似，首先选中左侧幻灯片缩略图选中要移动的幻灯片，单击鼠标右键，在快捷菜单里选择"剪切"，将光标定位到欲粘贴的位置页面间的空白处，右键选择"粘贴"即可。移动幻灯片操作也可多选，鼠标左键按住要移动的幻灯片，拖动到目标位置松开鼠标左键完成移动。

4）删除幻灯片

在左侧幻灯片缩略图中选中要删除的幻灯片，单击右键，在快捷菜单里选择"删除幻灯片"或者按 Delete 键就能将幻灯片删除，删除幻灯片同样可以批量操作。

5.2.3 文本的编辑

空白幻灯片里无法直接插入文本，要在幻灯片里插入文本，首先要插入文本框，然后才能在文本框里插入文本，方便幻灯片排版和设置文本效果。

1）插入文本框

若要插入文本框，可以单击"插入"选项卡的"文本"组中的"文本框"命令，在下拉菜单里选择"横排文本框"或者"竖排文本框"。当鼠标指针会变成"↓"时，在幻灯片页面按住鼠标左键拖动，同时鼠标指针变成"＋"字形；当出现合适大小的矩形框后，释放鼠标完成插入。

2）添加文本

打开演示文稿，插入一张新幻灯片，单击"单击此处添加标题"占位符，可以添加标题，单击"单击此处添加文本"占位符，可以添加文本内容，如图 5-7 所示。在"单击此处添加文本"占位符的最中间有一些小图标，分别表示"表格""图表""SmartArt图形""图片""剪贴画""媒体剪辑"，单击它们可以添加相应的内容到该幻灯片中，使用起来非常方便。

图 5-7 添加文本

用户也可以自己在幻灯片上添加一个文本框，然后在里面输入文本。

3）设置文本格式

在添加完文本后，可以根据需要对其进行设置。设置方法与 Word 2019 的文本设置方法大同小异，下面简单介绍几种方法。

（1）通过选项卡功能设置

图 5-8 列出了"开始"选项卡"字体"组的常用选项，以及它们各自的功能，使用方法与 Word 2019 的"字体"组命令类似，可以通过它们设置字体、字号等。单击"**A˄**"可以增大字号，单击"**A˅**"可以减小字号，单击"**Aa▾**"可以更改大小写。

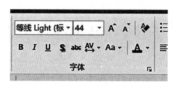

图 5-8 "开始"选项卡"字体"组

（2）通过浮动工具栏设置

当选中要设置格式的文本时，在所选区域右上角会看到一个隐隐约约的工具栏，如图 5-9 所示，将鼠标指向该工具栏，就可以选择所需要的字体、字形、字号、颜色等对文本的操作命令。

图 5-9 浮动工具栏

（3）使用"字体"对话框进行设置

单击"开始"选项卡"字体"组右下角的小箭头，在弹出的"字体"对话框里即可以完成所有对文本格式的操作。

5.2.4 添加图形图像

为了增强文稿的可视性，在演示文稿中添加图片是一项常用的操作。

1）插入图片

要插入图片，首先要将光标定位到要插入图片的位置，然后单击"插入"选项卡的"图像"组中的"图片"按钮，选择插入图片来自"此设备"，在"插入图片"对话框中，选择需要插入的图片，单击"插入"按钮，就可以插入该图片。

2）插入剪贴画

PowerPoint 2019 的剪贴画和以往版本不同，剪贴画被整合到了联机图片中。首先把插入点定位到要插入剪贴画的位置，然后选择"插入"选项卡，单击"图像"组中的"图片"按钮，选择插入图片来自"联机图片"，在"必应图像搜索"右侧的文本框中输入要搜索的图片关键字，单击"搜索"按钮，搜索完毕后显示出符合条件的图片，单击需要插入的图片即可完成插入。

3）编辑图片

单击添加的图片，会出现"图片工具"，可以对图片进行编辑。通过这些工具可以完成删除图片背景、调整图片色调、调整图片颜色饱和度、调整图片亮度和对比度等操作，具体操作方法与 Word 2019 的使用方法一样。

4）插入自选图形

PowerPoint 2019 提供插入自选图形和 SmartArt 图形的功能，可以方便地绘制流程图、结构图等示意图。通过点击"插入"选项卡中"插图"组中的相关按钮即可插入。

5.2.5 插入表格与图表

若要在演示文稿中添加有规律的数据，可以使用表格来完成。首先要做的就是插入表格，然后对表格进行美化和填充数据。根据表格内的数据，可以生成图表来更直观地表现表格内数据的关系。

1）插入表格

在"插入"选项卡"表格"组中单击"表格"命令，弹出"插入表格"列表，如图5-10所示。

图 5-10 "插入表格"列表

在 PowerPoint 2019 中添加表格有 4 种方式：用虚拟表格快速插入，利用"插入表格"对话框插入，利用"绘制表格"插入，用"Excel 电子表格"插入。

2）编辑表格

插入到幻灯片的表格不仅可以像文本框一样移动、调整大小及删除，为其添加底纹、设置边框样式等，还可以对单元格进行拆分、合并、添加行和列等，如图 5-11 所示。

图 5-11 "布局"工具

（1）更改行高、列宽

将鼠标移动到表格的左右边框线上，鼠标指针会变成左、右箭头，按下鼠标左键并左右拖动就能调整表格宽度；将鼠标移动到表格上下边框线上，鼠标指针会变成上、下箭头，按下鼠标左键并上下拖动就能调整表格高度。

（2）插入行、列

选中要插入行、列的表格，在"表格工具"中单击"布局"选项卡。在"行和列"组中选择合适的方式插入行或列，可以是"在上方插入""在下方插入""在左侧插入"或者"在右侧插入"中的一种。

（3）删除行、列

在"行和列"组中单击"删除"按钮，选择用户需要的操作即可删除行或列，包括"删除列""删除行"或"删除表格"。

（4）表格自动套用格式

选中表格后，在"表格工具"中选择"设计"选项卡，其中"表格样式"组列出了很多系统预先设定好的表格样式。可以从中选择一种作为当前表格的样式，鼠标停留在某个样式按钮上时，当前表格自动会生成该样式的预览图。如果对这个效果满意，直接单击鼠标就可以将当前表格设置为该样式。

3）插入图表

嵌入 PowerPoint 2019 文档中的图表可以通过 Excel 2019 进行编辑。在 PowerPoint 2019 中创建图表的具体操作步骤如下。

①打开 PowerPoint 2019 文档窗口，切换到"插入"选项卡。在"插图"组中单击"图表"按钮，弹出"插入图表"框。

②在"插入图表"框左侧的"图表类型"列表中选择需要创建的图表类型，在右侧图表子类型列表中选择合适的图表，并单击"确定"按钮。

③在并排自动打开的 PowerPoint 窗口和 Excel 窗口中，用户首先需要在 Excel 窗口中编辑图表数据，如图 5-12 所示。例如，修改系列名称和类别名称，并编辑具体数值。在编辑 Excel 表格数据的同时，PowerPoint 窗口中将同步显示图表结果。

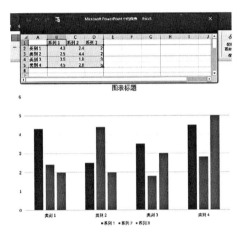

图 5-12　图表与 Excel 窗口

4）编辑图表

（1）更改现有图表中的数据

首先，单击要更改数据的图表中的任意位置，显示"图表工具"功能区，如图 5-13 所示，其中包含"设计"和"格式"选项卡。然后，单击"图表工具"功能区下"设计"选项卡的"数据"组中的"编辑数据"，将在一个新窗口打开 Excel，并显示用户要编辑的工作表。

图 5-13　图表工具

若要编辑单元格中的标题内容或数据，则在 Excel 工作表中单击包含更改的标题或数据的单元格，然后键入新信息，最后关闭 Excel 窗口即可。

（2）在图表中添加或删除标题

单击"图表工具"选项卡，在"设计"选项卡中单击"图表布局"组，然后依次单击"添加图表元素"→"图表标题"→"居中覆盖"或"图表上方"，最后在图表中显示的"图表标题"文本框中键入所需的文本作为图表的标题。

要删除标题只要选中上述文本框，点击鼠标右键选择"删除"命令，或者按Delete键。

（3）在图表中添加、更改或删除趋势线

趋势线用于描述现有数据的趋势或对未来数据的预测，趋势线始终与某数据系列关联，但趋势线不表示该数据系列的数据。例如，图 5-14 使用了简单的线性趋势线（黑色直线），它预测了未来两个季度的走势，从而清楚地显示收入的增长趋势。

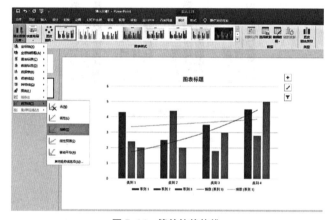

图 5-14　简单的趋势线

若要添加趋势线，可在图表中单击要添加趋势线的数据系列，然后按照"图表工具"→"设计"→"图表布局"→"添加图表元素"→"趋势线"选项依次单击，在弹出的趋势线右侧菜单中选择需要的趋势线形式即可在该图表中添加相应的趋势线。

（4）调整图表大小和位置

单击选中的图表，将鼠标移动到图表的框线上，拉动鼠标就可调整图表的位置，拖动控制点即可调整图表的大小。

5.2.6　插入艺术字与多媒体

艺术字可以使幻灯片上的文字更加生动，能使幻灯片更吸引人的注意。多媒体是指除文字以外的图片、声音、影片等元素。

1）插入艺术字

在 Word 2019 中已经介绍过艺术字的插入方法了，下面介绍在 PowerPoint 2019 里插入艺术字的方法。

方法 1：打开 PowerPoint 2019 文档窗口，将插入点光标移动到准备插入艺术字的位置。单击"插入"选项卡，在"文本"组中单击"艺术字"按钮，并在打开的艺术字预设样式面板中选择合适的艺术字样式。

方法 2：打开艺术字文字编辑框，直接输入艺术字文本即可。用户可以对输入的艺术字分别设置字体和字号。

2）插入声音

单击"插入"选项卡，在"媒体"组中点击"音频"按钮，弹出图 5-15 所示的下拉菜单。选择"PC 上的音频"选项可以在幻灯片里插入来自电脑上的音频文件；选择"录制音频"选项可以自己录制一段声音放到幻灯片内。

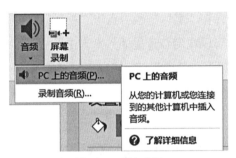

图 5-15　插入音频

在幻灯片中插入音频剪辑时，会出现一个表示音频文件的图标。在进行演讲时，用户可以将音频剪辑设置为在显示幻灯片时自动开始播放，在单击鼠标时开始播放或播放演示文稿中的所有幻灯片，甚至可以循环连续播放媒体直至停止播放。

3）更改音频文件图标样式

用户可以根据实际需要更改默认的音频图标，让音频图标与幻灯片内容结合得更加完美。更改图标的具体操作步骤如下。

①右击幻灯片中的声音图标，在弹出的快捷菜单中单击"更改图标"命令。

②弹出"插入图片"对话框，选择需要的图片文件，单击"插入"按钮。

4）设置音频的开始播放方式

①选中声音图标，会显示"音频工具"区，如图 5-16 所示。

图 5-16 "音频工具"功能区

②单击"音频工具"功能区中的"播放"选项卡,在"音频选项"组的"开始"下拉列表右侧下有一个三角按钮,会跳出包含"自动""单击时""跨幻灯片播放"的下拉菜单。

③如果选择"自动",当播放到该幻灯片时音频会自动播放;如果选择"单击时",当在该幻灯片上单击鼠标时才会播放音频;如果选择"跨幻灯片播放",不管如何切换幻灯片音乐都不会停,直到整个音频播放完或者幻灯片放映退出为止。

5)插入视频

单击"插入"选项卡,在"媒体"组中点击"视频"按钮,在弹出的下拉菜单中选择"文件中的视频"选项可以在幻灯片里插入来自电脑上的视频文件;在下拉菜单中选择"联机视频"选项,可以插入网络视频,可以影响演示文稿的大小,并不会丢失文件。

6)设置视频的开始播放方式

①单击幻灯片上的视频,会出现"视频工具"区,如图 5-17 所示。

图 5-17 "视频工具"功能区

②单击"视频工具"的"播放"选项卡,在"视频选项"组的"开始"下拉列表右侧下有一个三角按钮,会跳出包含"自动""单击时"的下拉菜单。

③如果选择"自动",当播放到该幻灯片时视频会自动播放;如果选择"单击时",当在该幻灯片上单击鼠标时才会播放视频。

7)循环播放视频

若要在演示期间持续重复播放视频,可以使用循环播放功能。单击"视频工具"功能区中的"播放"选项卡,在"视频选项"组中选中"循环播放,直到停止"复选框就能达到这个目的。

5.2.7 幻灯片的动画效果

幻灯片的动画效果主要包括两个方面，分别是幻灯片的切换效果和对象的自定义动画。

1）幻灯片切换效果

幻灯片切换效果是在演示期间从一张幻灯片切换到另一张幻灯片时在"幻灯片放映"视图中出现的动画效果。用户可以控制切换效果的速度，添加声音，甚至还可以对切换效果的属性进行自定义。设置幻灯片切换效果的具体操作步骤如下。

①选择要应用切换效果的幻灯片，在"切换"选项卡的"切换到此幻灯片"组中单击要应用于该幻灯片的幻灯片切换效果，如图5-18所示。若要查看更多切换效果，则单击下拉按钮 。

图5-18 "切换"选项卡的"切换到此幻灯片"组

如果要对演示文稿中的所有幻灯片应用相同的幻灯片切换效果，那么执行以上步骤后单击"切换"选项卡，在"计时"组中选中"应用到全部"选项即可，如图5-19所示。

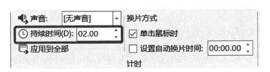

图5-19 "切换"选项卡中的"计时"

2）设置切换效果的计时

若要设置上一张幻灯片与当前幻灯片之间的切换效果的持续时间，可以执行下列一项或多项操作。

·在"切换"选项卡上"计时"组中的"持续时间"框中，键入或选择所需的时间，以控制切换的速度。

·若要在单击鼠标时切换幻灯片，可以在"切换"选项卡的"计时"组中选中"单击鼠标时"复选框。

·若要在经过指定时间后切换幻灯片，则单击"切换"选项卡，在"计时"组中的"设置自动换片时间"前的复选框打钩，然后在后面的框中键入所需的时间。

3）向幻灯片切换效果添加声音

选择要向其添加声音的幻灯片缩略图。在"切换"选项卡的"计时"组中，单击"声音"旁的箭头，如图 5-20 所示。

图 5-20 "声音"旁的箭头

若要添加列表中的声音，则选择所需的声音。若要添加列表中没有的声音，则选择"其他声音"，在下拉列表中找到要添加的声音文件，然后单击"确定"按钮。

4）设置自定义动画

动画效果为幻灯片上的文本、图片和其他内容赋予动作。除添加动作外，它们还帮助演示操作者吸引观众的注意力、突出重点、在幻灯片间切换，以及通过将内容移入和移出来最大化幻灯片空间。如果使用得当，动画效果将带来典雅、趣味和惊奇的视觉体验。下面介绍设置的具体步骤。

①选择要设置动画效果的对象，可以是文本框、图片等。

②在"动画"选项卡的"动画"组中选择需要的动画效果，如果这些效果无法满足需求，可以单击"其他"按钮，然后在下拉列表中选择所需的新动画。

5）对动画对象应用声音效果

通过应用声音效果，用户可以额外强调动画文本或对象。要对动画文本或对象添加声音效果，可执行以下操作。

①在"动画"选项卡的"高级动画"组中，单击"动画窗格"按钮。"动画窗格"在工作区窗格的右侧打开，显示应用到幻灯片中的文本或对象的动画效果的顺序、类型和持续时间，如图 5-21 所示。

图 5-21 "动画窗格"按钮

②找到要添加声音效果的元件，单击它，在"动画窗格"中会显示该元件的动画效果，单击该效果右侧的向下箭头，然后在下拉列表中单击"效果选项"，跳出图5-22所示的"出现"对话框。

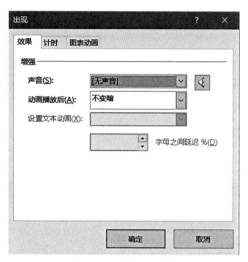

图5-22　"出现"对话框

③在"效果"选项卡"增强"下的"声音"选项中，单击箭头以打开列表，再单击列表中的一个声音，然后单击"确定"按钮。

④若要从文件添加声音，则单击列表中的"其他声音"，找到要使用的声音文件，然后单击"打开"按钮。

⑤若要预览应用到幻灯片的所有动画和声音，则在"动画"窗格中单击"播放"按钮。

6）动画刷的使用

动画刷的使用方法与格式刷类似，只不过格式刷能复制文字的格式，而动画刷则能复制对象的动画效果。其操作步骤如下。

①选中已经设置好动画效果的对象，即源对象。

②单击"动画"选项卡，在"高级动画"组中单击"动画刷"按钮，如图5-23所示。

③再单击要设置动画效果的对象，即目标对象。此时，目标对象具有了与源对象一样的动画效果。

图5-23　动画刷

5.2.8 超链接的使用

在幻灯片中还可以使用超链接和动作按钮为对象添加一些交互动作。在 PowerPoint 2019 中，超链接可以是从一张幻灯片到同一演示文稿中另一张幻灯片的链接，也可以是从一张幻灯片到不同演示文稿中的另一张幻灯片，甚至电子邮件地址、网页或文件的链接。

1）到同一演示文稿中的幻灯片的超链接

选择要用作超链接的文本或对象。在"插入"选项卡上的"链接"组中，单击"超链接"，打开"插入超链接"框，然后单击"本文档中的位置"，如图 5-24 所示，从"请选择文档中的位置"框里选择要连接到的幻灯片，最后单击"确定"按钮。

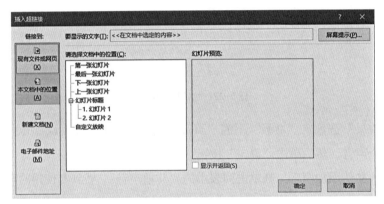

图 5-24 "插入超链接"对话框

2）到现有文件或网页的超链接

选择要用作超链接的文本或对象。单击"插入"选项卡，在"链接"组中单击"超链接"，打开"插入超链接"框，然后单击"现有文件或网页"，最后选择想要链接到的电脑文件或者自己在"地址"栏里输入链接网址。

3）其他超链接

"插入超链接"框的"链接到"列表还有两个选项，分别是"新建文档"和"电子邮件地址"，可以将对象链接到一个电子邮件地址或者创建一个新文档。

4）"动作按钮"的使用

"动作按钮"是一个现成的按钮，可将其插入演示文稿中，也可以为其定义超链接。"动作"按钮包含形状（如右箭头和左箭头），以及通常被理解为用于转到下一张、上一张、第一张、最后一张幻灯片和用于播放影片或声音的符号。

在"插入"选项卡的"插图"组中单击"形状"按钮，在下拉列表中有个"动作按钮"组，每个按钮都有一个预设的动作，单击要添加的按钮，如图5-25所示。

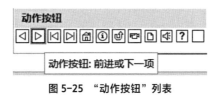

图5-25 "动作按钮"列表

单击幻灯片上要添加动作按钮的位置，然后通过拖动为该按钮绘制形状，放开鼠标后，会自动弹出一个"操作设置"对话框，如图5-26所示。

图5-26 "操作设置"对话框

要设置动作按钮在被单击时的行为，可以选择"单击鼠标"下的"单击鼠标时的动作"选项卡；要设置鼠标移过时动作按钮的行为，可以选择"鼠标悬停"下的"鼠标移过时的动作"选项卡。然后，再在下面的选项里选择合适的操作。图5-26的设置是在鼠标单击时链接到下一张幻灯片，如果不想进行任何操作，则单击"无动作"。

5.3 演示文档的修饰与演示

修饰演示文档，可以使制作的演示文档更显专业与优雅。

5.3.1 母版的使用

幻灯片母版是模板的一部分，它存储的信息包括文本和对象在幻灯片上的放置位置、文本和对象占位符的大小、文本样式、背景、颜色主题、效果和动画。幻灯片母版的作用是在母版状态下做一次操作就能把这些效果应用到所有的幻灯片中，省去了很多重复操作的步骤，给幻灯片的编辑工作带来方便。

如果将一个或多个幻灯片母版另存为单个模板文件（.pptx），将生成一个可用于创建新演示文稿的模板。每个幻灯片母版都包含一个或多个标准或自定义的版式集。

有了幻灯片母版，就无须在多张幻灯片上键入相同的信息。由于幻灯片母版影响整个演示文稿的外观，因此在创建和编辑幻灯片母版或相应版式时，可以在"幻灯片母版"视图下操作。

1）创建幻灯片母版

打开一个空演示文稿，然后在"视图"选项卡的"母版视图"组中，单击"幻灯片母版"，从而进入"幻灯片母版视图"。

当打开"幻灯片母版"视图时，会显示一个具有默认相关版式的空幻灯片母版。在幻灯片缩略图窗格中，幻灯片母版是张较大的幻灯片图像，并且相关版式位于幻灯片母版下方。

幻灯片母版视图能设置很多东西，比如幻灯片的配色方案、背景、幻灯片方向等，可根据需要进行设置。

全部设置完成后，在"文件"选项卡上，单击"另存为"，在"文件名"框中键入文件名。在"保存类型"列表中单击"PowerPoint 模板"，然后单击"保存"。

在"幻灯片母版"选项卡上的"关闭"组中，单击"关闭母版视图"以退出对母版的编辑。

2）设置母版背景

单击"幻灯片母版"选项卡，在"背景"组中点击"背景样式"命令，然后在列出的很多背景样式中选择一种，幻灯片就会自动应用该样式，如图 5-27 所示。

图 5-27　"幻灯片母版"选项卡

3）设置母版主题

"幻灯片母版"选项卡中的"编辑主题"组列出了很多主题效果。单击"主题"命令，会列出很多系统主题。如果没合适的，可以联机从网上下载主题。其他选择还有"颜色""文字""效果"，可根据需要进行调整。

5.3.2　配色方案及背景设置

1）什么是配色方案

配色方案由幻灯片设计中使用的 8 种颜色组成。演示文稿的配色方案由应用的设计模板确定。可以通过单击"设计"选项卡，再在"主题"组中单击"颜色"命令来查看当前的配色方案和可供选择的配色方案。

2）新建配色方案

首先，单击"设计"选项卡，再在"主题"组中单击"颜色"命令。然后，选择"新建主题颜色"选项，弹出"新建主题颜色"框，选择自己想要的主题颜色后，可以在"名称"框里给该方案定名。如果不重新命名，系统会自动为该主题生成一个名字，按照"自定义 1""自定义 2"的顺序依次命名。最后，单击"保存"按钮完成操作。

3）使用图片作为幻灯片背景

首先，单击"幻灯片母版"选项卡，在"背景"组中选择"背景样式"选项。然后，单击"设置背景格式"。在右侧设置栏中单击"填充"。最后，单击"图片或纹理填充"，如图 5-28 所示。

图 5-28 "设置背景格式"对话框

若要插入来自文件的图片，则单击"文件"选项卡，然后找到并双击要插入的图片。若要粘贴复制的图片，则单击"剪贴板"。

若要使用剪贴画作为背景图片，则单击"剪贴画"，然后在"搜索文字"框中键入描述需要剪辑的字词或短语，或者键入剪辑的全部或部分文件名。

若要使用图片作为所选幻灯片的背景，则单击"关闭"；若要使用图片作为所有幻灯片的背景，则单击"全部应用"。

4）使用颜色作为幻灯片背景

单击"设计"选项卡，再在"背景"组中单击"背景样式"，然后单击"设置背景格式"，具体设置内容如下。

·单击"填充"，然后单击"纯色填充"。

·单击"颜色"按钮，然后单击所需的颜色。若没有需要的颜色，则单击"其他颜色"，然后在"标准"选项卡上单击所需的颜色，或在"自定义"选项卡上混合自己所需的颜色。

·若要更改背景的透明度，则移动"透明度"滑块。透明度百分比可以从 0（完全不透明，默认设置）变化到 100（完全透明）。

·若要对所选幻灯片应用颜色，则单击"关闭"；若要对所有幻灯片应用颜色，则单击"全部应用"。

5.3.3　版式与模板

1）什么是幻灯片版式

幻灯片版式包含要在幻灯片上显示的全部内容的格式设置、位置和占位符。占位符是版式中的容器，可容纳如文本、表格、图表、SmartArt 图形、影片、声音、图片及剪贴画等内容。而版式也包含幻灯片的主题、字体、效果。PowerPoint 2019 包含 9 种内置幻灯片版式，用户也可以创建满足特定需求的自定义版式，并与使用 PowerPoint 2019 创建演示文稿的其他人共享。

2）对幻灯片应用版式

选中要应用版式的幻灯片，单击"开始"选项卡，再在"幻灯片"组中单击"版式"按钮，如图 5-29 所示，然后在打开的界面中选择所需的版式。

图 5-29　幻灯片"版式"按钮

3）自定义版式

如果系统提供的版式不能满足需求，用户可以自己定义一个版式，自定义版式可重复使用，并且可指定占位符的数目、大小和位置，背景内容，主题颜色，字体及效果，等等。自定义版式的具体操作步骤是：单击"视图"选项卡，再在"母版视图"组中单击"幻灯片母版"。在包含幻灯片母版和版式的窗格中，找到并单击与需要的自定义版式最接近的版式，如果任何版式都不符合需要，就选择"空白版式"，然后根据需要对幻灯片内的对象做任意的改动，完成后，关闭母版视图。添加并自定义的版式将出现在普通视图的标准内置版式的列表中。

4）什么是模板

模板是创建演示文稿的模式。由于模板提供了一些预配置的设置，例如文本和幻灯片设计，因此相对于从头开始创建演示文稿，模板可以帮助用户更快速地创建演示文稿。

PowerPoint 2019 提供了各种模板，例如相册、日历、计划和用于制作演示文稿的各种资源。用户可以使用这些模板来快速创建美观的演示文稿。

5）使用模板

PowerPoint 2019 中预安装了一些模板，此外用户还可以从 Office.com 网站上下载更多模板。应用模板的步骤如下。

①单击"文件"选项卡，然后单击"新建"，在页面右侧将显示模板列表。

②可以选择上半部分显示的系统自带的模板，也可以选择下半部分从"Office.com 模板"选择所需的类别，如图 5-30 所示。

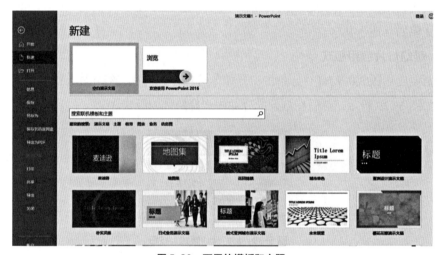

图 5-30　可用的模板和主题

③单击模板，将在右侧显示预览结果。如果使用 Office.com 网站上的模板，首先需要下载，然后才能使用。

④已从网上下载的模板将会保存在用户的计算机上。要再次使用同一模板，可以从"我的模板"中打开它。

5.3.4　演示文档的放映

幻灯片的放映有两种形式，一种是直接启动幻灯片放映，放映整个演示文稿；另一种是自定义幻灯片放映，控制部分幻灯片放映，隐藏不需要观众浏览的信息。

1）从头开始放映幻灯片

从头开始播放幻灯片就是从演示文稿的第一张幻灯片开始放映。操作很简单，主要有3种方法。

方法1：单击"幻灯片放映"选项卡，再在"开始放映幻灯片"组中选择"幻灯片放映"按钮，最后单击"从头开始"按钮即可。

方法2：按键盘功能区中的F5键。

方法3：单击"幻灯片视图"栏的"幻灯片放映"按钮。

2）从当前幻灯片开始放映幻灯片

从当前幻灯片放映就是从当前选中的幻灯片开始放映。操作方法与从头开始播放类似，主要有两种方法。

方法1：在"幻灯片放映"选项卡界面中单击"从当前幻灯片开始"按钮，如图5-31所示。

方法2：按Shift+F5组合键。

图5-31　"幻灯片放映"选项卡

3）自定义放映幻灯片

自定义放映是最灵活的一种放映方式，适合于有不同权限、不同分工或不同工作性质的人群使用。自定义幻灯片放映就是对同一个演示文稿进行多种不同的放映。具体操作步骤如下。

①单击"幻灯片放映"选项卡，再在"开始放映幻灯片"组中单击"自定义幻灯片放映"按钮，选择"自定义放映"，弹出"自定义放映"对话框，单击"新建"按钮，跳出"定义自定义放映"对话框，可以在"幻灯片放映名称"框中输入一个贴切的名称来为该自定义放映命名。

②从左侧的幻灯片列表中选择想要放映的第一张幻灯片，单击"添加"按钮，该幻灯片就会出现在右边的"在自定义放映中的幻灯片"列表中，重复以上步骤，可以定义幻灯片的播放顺序。如果想调整播放顺序，可以选中要调整的幻灯片后单击"⬆"或者

"⊞"来提前或者推后该幻灯片的播放，如图 5-32 所示。

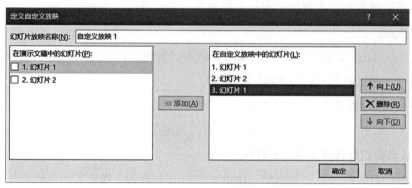

图 5-32 "定义自定义放映"对话框

③确定顺序后，单击"确定"按钮，完成自定义放映任务。

4）在窗口模式下播放

并非所有幻灯片都需要在全屏模式下播放，有时候用户需要在窗口模式下放映幻灯片，这时只需要在按住 Alt 键不放的情况下依次按 D 键和 V 键即可。

5）快速定位到指定幻灯片

很多时候，幻灯片放映不是按照顺序进行的，需要直接跳转到某张幻灯片进行播放，这就要用到快速定位到指定幻灯片了，主要有 3 种方法。

方法 1：在播放过程中键入数字，比如"6"，然后按 Enter 键，即会快速定位到第 6 张幻灯片进行播放。这种方法简单，但也有缺点，就是用户必须知道自己想要跳转到的幻灯片是第几张，如果不知道就没法使用该方法。

方法 2：按 Ctrl + S 组合键弹出幻灯片标题总览窗口，用鼠标选择对应页面即可。

方法 3：在播放过程中单击右键，点击"查看所有幻灯片"，显示所有幻灯片的缩略图，鼠标点击相应页面即可。

6）放映时进到下一张幻灯片

放映时进到下一张幻灯片的方法有很多，具体操作方法如下。

方法 1：单击鼠标左键。

方法 2：按键盘的 N 键。

方法 3：按 Enter 键。

方法 4：按 Page Down 键。

方法 5：按向右箭头（→）。

方法6：按向下箭头（↓）。

方法7：按空格键。

7）放映时退到上一张幻灯片

放映时退到上一张幻灯片的方法也很多，具体操作方法如下。

方法1：按键盘的P键。

方法2：按Page Up键。

方法3：按向左箭头（←）。

方法4：按向上箭头（↑）。

8）放映时鼠标指针的隐藏与显现

在放映幻灯片时，有时候需要显示鼠标指针，有时候需要隐藏鼠标指针，要达到这样的效果，有两种方法可以做到。

方法1：鼠标静止一段时间，系统会自动隐藏鼠标；要再次显现鼠标，只要移动鼠标即可。

方法2：要隐藏鼠标指针可以按Ctrl+H组合键；要显示鼠标指针可以按Ctrl+A组合键。

9）在播放时使用画笔标记

在文稿演示过程中，用户有时需要用画笔来给演示的内容做些标记以辅助讲演。PowerPoint 2019提供了画笔功能：在幻灯片上单击右键，跳出图5-33所示的快捷菜单，选择"指针选项"，在下级子菜单里有"笔"和"荧光笔"可选。前者的墨迹会覆盖幻灯片的内容，而后者的墨迹为半透明状态。此外，也可以按Ctrl+P组合键调用"笔"。画笔还有"墨迹颜色"可选，用户可根据需要选择颜色，默认情况下"笔"的墨迹颜色为红色，"荧光笔"墨迹颜色为黄色。

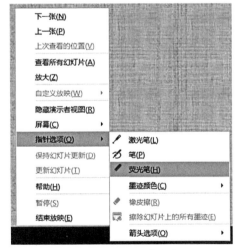

图5-33　幻灯片的"指针选项"

当退出播放时，系统会弹出询问是否保留墨迹对话框，若选择"保留"，则会在下次播放时显示之前的墨迹；若选择"放弃"，则会擦除所有墨迹，下次播放时只会显示幻灯片内容。

10）退出放映

幻灯片播放完后，会自动退出放映。如果要强制退出放映，可以按键盘左上角的 Esc 键或者在幻灯片上单击鼠标右键，在弹出的快捷菜单里选择"结束放映"。

5.3.5　演示文档的打印和打包

演示文档跟其他文档一样，也可以打印出来。用户可以每页打印 1 张、2 张、3 张、4 张、6 张或 9 张幻灯片，这样可以在进行演示时参考相应的演示文稿，或者留作以后参考。

1）幻灯片页面设置

在"设计"选项卡的"自定义"组中，单击"幻灯片大小"的下拉框中的"自定义幻灯片大小"，弹出图 5-34 所示的"幻灯片大小"对话框。

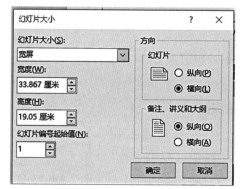

图 5-34　"幻灯片大小"对话框

在"幻灯片大小"列表中，可以设定幻灯片的大小、编号、方向等设置。

2）打印幻灯片

设置好演示文稿后，可以单击"文件"选项卡，再选择"打印"，进入打印界面。在该界面还可以进行进一步的设置。

·单击此界面中的"整页幻灯片"按钮，在弹出的界面中可以设置打印的版式和每页纸上打印的幻灯片张数。

·单击"颜色"按钮可以设置打印的幻灯片的颜色效果。

·如果要打印多份同一个文档，可以在"份数"输入框中输入要打印的份数。默认情况下是逐份打印，就是打印完第一份后开始打印第二份，以此类推。但用户可以在设置中把"打印当前幻灯片"调整为逐页打印，比如要打印 5 份文档，就会先打印 5 张第一页，再打印 5 张第二页，以此类推。

3）演示文档的打包

已经完成的演示文档，如果要在尚未安装 PowerPoint 2019（或安装了不同版本的
PowerPoint）的计算机中演示，就要将演示文档及其他一些演示所需的元素一并打包输
出，即使在没有安装 PowerPoint 2019 的计算机上也能完美地展示演示文档。具体操作步
骤如下。

①打开要复制的演示文稿。

②在 CD 驱动器中插入 CD。

③单击"文件"选项卡，再单击"导出"列表中的"将演示文稿打包成 CD"，然后
在右窗格中单击"将演示文稿打包成 CD"，之后会跳出"打包成 CD"的对话框。若要
添加演示文稿，就在"打包成 CD"对话框中单击"添加"按钮，在"添加文件"对话框
中选择要添加的演示文稿，最后单击"添加"。对需要添加的每个演示文稿重复此步骤。
如果要添加其他相关的非 PowerPoint 文件，也可以重复此步骤。

④单击"打包成 CD"对话框的"选项"按钮，跳出"选项"对话框，为了确保包括
与演示文稿相链接的文件，请选中在"包含这些文件"下的"链接的文件"复选框，如
图 5-35 所示。若要求其他用户在打开或编辑复制的任何演示文稿之前先提供密码，则在
"选项"对话框的"增强安全性和隐私保护"下键入要求用户在打开和 / 或编辑演示文稿
时提供的密码。

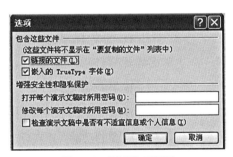

图 5-35　"选项"对话框

⑤单击"复制到 CD"按钮，系统会自动将选择的文件刻录到 CD 里面。如果要将演
示文稿复制到网络或计算机上的本地磁盘驱动器，可以单击"打包成 CD"对话框的"复
制到文件夹"按钮，输入文件夹名称和位置，然后单击"确定"。这样，系统会将这些演
示需要的文件放到指定的位置，要在没安装 PowerPoint 的计算机上演示这些文稿，只要

将这个文件夹拷贝到该计算机上就可以了。

5）打包文件的播放

在没有安装 PowerPoint 2019 的计算机中，可以在打包文件夹中双击运行 PowerPoint 播放器 "pptview.exe"，通过这个播放器可以播放任何演示文稿，效果跟在 PowerPoint 中播放是一样的。

◎ 习题

一、选择题

1. 不可以为 PowerPoint 2019 中的动作按钮设置（　　）动作。

A. 链接到下一张幻灯片　　　　　　B. 改变当前放映类型

C. 结束放映　　　　　　　　　　　D. 运行计算机程序 Calc.exe

2. PowerPoint 2019 提供了多种（　　），它包含了相应的配色方案、母版和字体样式等，可供用户快速生成风格统一的演示文稿。

A. 版式　　　　　B. 模板　　　　　C. 样式　　　　　D. 幻灯片

3. 幻灯片中占位符的作用是（　　）。

A. 表示文本长度　　　　　　　　　B. 限制插入对象的数量

C. 表示图形大小　　　　　　　　　D. 为文本、图形预留位置

4. 幻灯片上可以插入（　　）等多媒体信息。

A. 声音、音乐和图片　　　　　　　B. 声音和影片

C. 声音和动画　　　　　　　　　　D. 剪贴画、图片、声音和影片

5. 以下哪种视图下不能使用幻灯片缩略图的功能（　　）。

A. 幻灯片视图　　B. 大纲视图　　　C. 幻灯片浏览视图　　D. 备注页视图

二、填空题

1. PowerPoint 2019 演示文稿的扩展名是（　　）。

2. 如要终止幻灯片的放映，可直接按（　　）键。

3. 在不退出当前放映的情况下让屏幕黑屏，只需要在放映幻灯片的时候按

（　　）键。

4. 要在 PowerPoint 2019 中插入图表，首先要切换到（　　　）选项卡，再在（　　　）组中单击"图表"按钮，弹出"插入图表"框。

三、简答题

1. 简述 Power Point 2019 有哪些视图方式，分别说明这些视图的特点。

2. 试述退出 Power Point 2019 的 4 种方式。

3. 试述从当前幻灯片开始放映幻灯片的 2 种方式。

6 计算机网络与安全

网络与信息安全是当今通信与计算机领域的热门课题，涉及网络安全技术基础、网络安全体系结构、密码技术基础、计算机病毒、安全协议和防火墙等多个领域。

6.1 计算机网络基础

本节主要介绍计算机网络的产生与发展、概念与作用、分类，以及局域网技术和网络体系结构。

6.1.1 计算机网络的产生与发展

计算机网络的发展经历了一个从简单到复杂、从单一到互联的过程。随着计算机技术和通信技术的不断融合，计算机网络在当今社会中越来越起到不可替代的作用。从某种意义上讲，计算机网络的发展水平代表了一个国家的计算机科学与通信技术水平。合理地利用并发展好计算机网络，能够对社会进步和学科建设做出突出贡献。

从 20 世纪 60 年代至今，计算机网络的发展可以分为以下 4 个阶段。

第一，诞生阶段。

20 世纪 60 年代，美国国防部领导的远景研究规划局（Advanced Research Projects Agency，ARPA）为了抵御苏联的核攻击威胁，研制出了一种使用分组交换的新型计算机网络。这种网络的特点是一台主机，多台终端。在当时的环境下，主机一般体积庞大且价格昂贵，相对而言，通信设备的制作成本则显得更加低廉。为了共享主机的强大资源并尽可能地提高网络的生存性和数据传输效率，ARPA 将多台具有通信能力的终端设备通过子网与主机直接相连,形成计算机—终端系统,如图 6-1 所示。其中,终端是一台计算机的外部设备,主要包括显示器、键盘等,终端一般不具备 CPU 和独立内存。

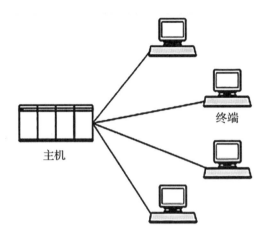

图 6-1 计算机—终端系统

计算机—终端系统是计算机与通信结合的前驱,用于解决远程信息的收集、计算和处理等,同时具备一定的网络安全防御能力。计算机—终端系统虽然还称不上计算机网络,但它提供了计算机通信的许多基本技术,为以后通信系统的发展提供了网络雏形。

第二,形成阶段。

1969 年,美国国防部高级研究计划局采用崭新的"存储转发—分组交换"原理来实现多个计算机之间的通信。将分布在不同地点的计算机通过通信线路相互连接起来,形成计算机—计算机网络。联网用户可以通过本地计算机共享其他计算机的软件、硬件和数据资源。一个典型的代表是高级研究计划局网络(Advanced Research Project Agency,ARPANET)。

ARPANET 将整个计算机网络分成通信子网和资源子网两部分,如图 6-2 所示。通信子网是计算机网络中实现网络通信功能及其设备和软件的集合,主要负责网络信息的传输。资源子网是计算机网络中实现资源共享功能及其设备和软件的集合,主机和终端都属于资源子网。

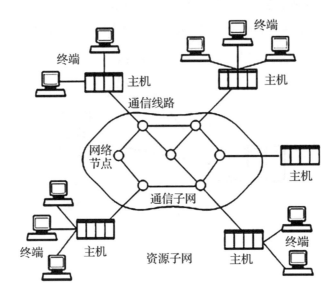

图 6-2　通信子网与资源子网

　　ARPANET 标志着计算机网络的兴起，里面提到的一些概念和术语至今仍被引用，其中，传输控制协议（Transmission Control Protocol/Internet Protocol，TCP/IP）已成为事实上的国际标准，为今后计算机网络的发展奠定了基础。

　　第三，互联互通阶段。

　　20 世纪 70 年代末至 90 年代诞生了第三代计算机网络，该网络是具有统一的网络体系结构并遵守国际标准的开放式和标准化的网络。ARPANET 兴起后，人们对于组网技术、方法、理论的研究日趋成熟。为了促进网络的发展和产品的开发，各大计算机公司相继推出自己的网络体系结构及实现这些结构的软硬件产品。1974 年，IBM 推出了系统网络结构（System Network Architecture），为用户提供能够互联的成套通信产品；1975 年，DEC 公司宣布了自己的数字网络体系结构（Digital Network Architecture，DNA）；1976 年，UNIVAC 宣布了自己的分布式通信体系结构（Distributed Communication Architecture）。这些网络技术标准共同的特点是：只在一个公司范围内有效，且均属于同一公司生产的，遵从某种标准，能够互联的网络通信产品。

　　当时由于没有统一的标准，不同厂商的产品之间互联很困难，人们迫切需要一种开放性的标准化实用网络环境，两种国际通用的最重要的体系结构应运而生，即 TCP/IP 体系结构和国际标准化组织的开放式系统互联（Open System Interconnection，OSI）体系结构。它们大大地简化了网络通信原理，为局域网的普及奠定了基础。

第四，高速网络技术阶段。

20世纪90年代至今是以Internet为代表的第四代计算机网络，其发展特点为互联、高速、智能和更为广泛的应用。由于局域网技术发展成熟，出现了光纤及高速网络技术，整个网络就像一个对用户透明的巨大计算机系统。此时的计算机网络也被定义为"将多个具有独立工作能力的计算机系统通过通信设备和线路由功能完善的网络软件实现资源共享和数据通信的系统"。

6.1.2 计算机网络的概念与作用

1）计算机网络的概念

计算机网络是指将地理位置不同的具有独立功能的多台计算机及其外部设备，通过通信线路连接起来，在网络操作系统、网络管理软件及网络通信协议的管理和协调下，实现资源共享和信息传递的计算机系统。其中，计算机本质上是一个工作节点，可以是终端机、打印机、个人计算机、工作站或大型计算机主机等。它们之间通过网卡，利用各种不同材质的网络线作为传输媒介，采用不同的拓扑结构连接而成，并根据不同的通信协议标准、数据封装格式、分组交换等过程完成数据在网络上的传输。

从功能角度看，计算机网络是以传输信息为基础目的，用通信线路将多个计算机连接起来的计算机系统的集合。从用户角度看，计算机网络可以定义为一个能为用户自动管理的网络操作系统。由它调用完成用户所调用的资源，而整个网络像一个大的计算机系统一样，对用户是透明的。

计算机网络具有以下特征。

①计算机网络能够将分布在不同地理位置的计算机相互连接起来，将大型、复杂的综合性问题实行分布式处理。

②网络系统中的计算机是独立、自治的。每台计算机都可以独立工作，组网后在网络协议的控制下协同工作。

③网络系统的互联要通过通信设施来实现。通信设施一般都由通信线路、相关的传输和交换设备等组成。

④网络系统中各相连的计算机能够执行信息交换、资源共享、互操作和协同处理，实现各种应用要求，具有实时性、高效性和便捷性。

2）计算机网络的作用

计算机网络的作用主要有以下几点。

（1）数据通信

数据通信是计算机网络最基本的功能，可以实现不同地理位置的计算机与终端、计算机与计算机之间的数据传输。

（2）资源共享

资源共享主要指计算机网络中软件、硬件和数据资源的共享。凡是入网用户均能享受网络中各个计算机系统的全部或部分软件、硬件和数据资源。

（3）提高性能

当网络中某台计算机出现故障时，它的任务可以由其他的计算机代为完成，从而避免单机故障而引起整个系统瘫痪的现象，提高系统的可靠性。当某台计算机负担过重时，网络又可以将新的任务交给较空闲的计算机完成，实现均衡负载，提高系统的可用性。

（4）分布处理

计算机网络能够通过算法将大型的综合性问题交给不同的计算机进行协同处理，从而提高系统的处理能力。用户也可以根据需要合理选择网络资源，就近快速地进行处理。

6.1.3　计算机网络的分类

1）按照地域范围划分

根据计算机系统之间互联距离和网络分布地域范围进行分类，可以将计算机网络分为 3 类。

局域网（Local Area Network，LAN）：规模限定在较小的区域内，一般小于 10 km 的范围，如实验室、工厂、校园等。局域网的网络速度快且稳定，并且组建简单、灵活，使用方便。

城域网（Metropolitan Area Network，MAN）：规模限定在一座城市的范围内，大致在 10—100 km 的区域，如杭州市城域网。城域网是用来满足几十千米范围内的大量企业、机关、公司的多个局域网互联的需求，以实现大量用户之间的数据、语音、图形与视频等多种信息的传输功能。

广域网（Wide Area Network，WAN）：网络跨越城市、国界、洲界，甚至全球范围，一个典型代表是因特网。广域网内部含有通信子网，可以利用公用分组交换网、卫星通信网和无线分组交换网，将分布在不同地区的计算机系统相互连接起来，达到资源共享的目的。

2）按照传输介质划分

传输介质是指用于网络连接的通信线路，目前常用的传输介质主要分为有线传输介质和无线传输介质。

有线传输介质：在两个通信设备之间实现连接的物理部分，它能将信号从一方传输到另一方。有线传输介质主要有双绞线、同轴电缆和光纤。双绞线和同轴电缆传输电信号，光纤传输光信号。

无线传输介质：我们周围的自由空间。利用无线电波在自由空间的传播可以实现多种无线通信。在自由空间传输的电磁波根据频谱可分为无线电波、微波等，信息被加载在电磁波上进行传输。

3）按照网络拓扑结构划分

计算机网络的拓扑结构是将网络中的计算机和通信设备抽象为一个点，把传输介质抽象为一条线，由点和线组成的几何图形。按照网络拓扑结构的不同，可以将计算机网络分为 5 类：星型网络、环型网络、总线型网络、树型网络、网状网络。

星型网络：外表呈现为星形，以一个节点为主，向外放射排列。各个节点间不能直接通信，而是经过中央结点控制进行通信。这种结构一般适用于局域网。优点是结构简单、容易实现、费用低，便于维护和管理；缺点是共享能力较差，通信线路利用率不高，中央结点负担过重。

环型网络：各个节点像链子一样呈环形排列。环路上任何节点均可以发送信息，信息会穿越环中所有环路接口，直到信息流中的目的地址与环上某结点的地址相符。这种结构特别适用于实时控制的局域网系统。优点是安装容易、费用较低，电缆故障容易查找和排除；缺点是节点过多时传输效率低，扩充不方便。

总线型网络：各个节点像直线一样，按照一条主线，依次排列下去，所有节点均连接到此主线上。这种结构是一种共享通路的物理结构，其中总线具有信息的双向传输功能，普遍用于局域网的连接。优点是安装容易，扩充或删除节点时不需要停止网络的正常工作，节点的故障不会殃及系统。缺点是总线可供连接的节点数量有限制，总线自身的故障可以导致系统崩溃。

树型网络：各个节点像树枝一样由根部一直往叶部发展，一层一层犹如阶梯状。这种结构的网络一般采用同轴电缆，用于军事单位、政府部门等上、下界限相当严格和层次分明的部门。优点是容易扩展，故障也容易分离处理，具有一定容错能力；缺点是整个网络对根的依赖性很大，一旦网络的根发生故障，整个系统都不能正常工作。

网状网络：各个节点像蜘蛛网一样互相连接，也可以是上面几种结构的综合体。比如在一个子网中，集线器、中继器将多个设备连接起来，而桥接器、路由器及网关则将子网连接起来。优点是系统可靠性高，容易扩展；缺点是网络的结构比较复杂，必须采用路由算法和流量控制算法。

各种网络拓扑结构的示意图如图6-3所示。其中，比较常见的拓扑结构有总线型、环型和星型。

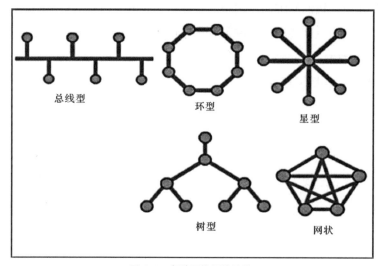

图 6-3　各种网络拓扑结构

4）按照网络连接方式划分

按照通信子网的结构，可以将计算机网络分为点对点通信和广播通信。

点对点通信的特点是一条线路连接一对主机。两台主机常常要经过几个节点相连接，信息的传输采用存储转发方式。这种信道组成的通信子网常见的拓扑结构有星型、树型、回路型、相交回路型、全连接型和不规则形式等。

广播通信的特点是只有一条可供所有节点共享的信道。任一节点所发出的数据都可以被所有其他节点所接收。信道还需要有一定的访问控制机制。由这种信道构成的通信子网的拓扑结构可以有以下几种形式：总线型、环型、卫星或无线广播通信方式。

6.1.4　局域网技术

1）局域网的概念及特点

局域网的全称为局部区域网络，是由局部地区形成的一个私有网络。局域网能够在较小地理范围内，利用通信线路把数据设备连接起来，实现彼此之间的数据传输和资源共享。它是目前应用最广泛的一类网络，特点是分布地区范围有限，可大可小，一般在一座建筑物内或建筑物附近，比如家庭、办公室或工厂。局域网自身相对其他网络传输速度更快，性能更稳定，框架简易，并且具有封闭性，因此可广泛应用于各种专用网、办公自动化、工业控制及数据处理等。

局域网的主要特点如下。

①网络覆盖的地理范围较小。在一个相对独立的局部范围内，通常不超过几十千米，比如一幢建筑或一个房间。

②信息传输速率较高，使用专门铺设的传输介质进行联网，速率从 10 Mbps 到 1000 Mbps 不等。

③通信时延和误码率较小，误码率一般在 10—8 到 10—10 之间。

④支持多种传输介质，既可用通信线路（如电话线），又可用专线（如同轴电缆、光纤、双绞线等），还可以用无线介质（如微波、激光、红外线）等。

2）局域网的组成

局域网的基本组成为硬件系统和软件系统。

（1）硬件系统

局域网的硬件主要包括服务器、工作站、网络适配器、中继器和必要的传输介质等。

①服务器。

服务器是网络的核心控制计算机，主要功能是管理网络资源和协助处理其他设备提交的任务。服务器一般由性能较高的电脑担任，其处理能力、内存、外存等配置较高，且供电系统较好，可以保持长时间不间断运行。服务器还具有高速的 CPU 运算能力、长时间的可靠运行、强大的 I/O 外部数据吞吐能力，以及更好的扩展性，具备承担响应服务请求、承担服务、保障服务的能力。

根据外形的不同，服务器可以分为机架式服务器（如图 6-4 所示）、刀片式服务器（如图 6-5 所示）、塔式服务器（如图 6-6 所示）、机柜式服务器（如图 6-7 所示）。机架式服务器是一个外形酷似交换机的服务器，有 1 U（1 U=1.75 英寸）、2 U、4 U 等规格，通常用于信息服务企业，是使用大型专用机房统一部署和管理大量的服务器资源。这种服务器的优点是占用空间小，便于统一管理，但是由于内部空间限制，扩充性较受限制。

图 6-4　机架式服务器

图 6-5　刀片式服务器

图 6-6　塔式服务器

图 6-7　机柜式服务器

刀片式服务器是指在标准高度的机架式机箱内可插装多个卡式的服务器单元，是专门为特殊应用行业和高密度计算机环境设计的。主要结构为一大型主体机箱，内部可插上许多"刀片"，其中每一块"刀片"实际上就是一块系统主板。这种服务器的优点是功耗低，空间小，能够节省宝贵空间和占地费用，但是其散热问题比较突出，而且机柜与刀片价格都非常昂贵。

塔式服务器是我们生活中最常见的一类服务器，它的外形及结构都跟立式 PC 机差不多，由于服务器的主板扩展性较强、插槽较多，因此个头要比普通主板大一些。这种服务器尤其适合常见的入门级和工作组级服务器应用，而且成本比较低，性能能满足大部分中小企业用户的要求，拥有较大的市场需求空间，但是在大型企业中存在不少局限性。

机柜式服务器通常由机架式、刀片式服务器再加上其他设备组合而成。这种服务器常见于一些高档企业，其内部结构复杂，设备较多，因此将许多不同的设备单元或几个服务器统一放在一个机柜中。机柜式服务器能够很好地保证系统的高效性和可用性。

为了提供各种不同的服务，通常需要在服务器上安装各种软件，用来实现各种不同的用途。根据服务器功能的不同，可以分为邮件服务器、文件服务器、数据库服务器、域名服务（Domain Name System，DNS）服务器等。邮件服务器主要用于提供邮件功能，需要安装的软件有 Sendmail、Postfix、Qmail 等；文件服务器是以文件数据共享为目标，特点是将供多台计算机共享的文件存放于一台计算机中，如 Windows Server 2003 文件服务器；数据库服务器安装了不同的数据库软件，能够提供不同的数据库服务，如 Oracle、MySQL、SQL Server 等；DNS 服务器主要用于提供域名服务，实现域名服务的查询、应答。

②工作站。

工作站是网络用户的工作终端，是由计算机和相应的外部设备以及成套的应用软件包所组成的信息处理系统。工作站通常配有高分辨率的大屏、多屏显示器及容量很大的内存储器和外部存储器，并且具有极强的信息和高性能的图形、图像处理功能的计算机。

不同任务的工作站有不同的硬件和软件配置，常见的如计算机辅助设计（Computer Aided Design，CAD）工作站、办公自动化（Office Automation，OA）工作站、人工智能工作站等。

根据体积和便携性的不同，工作站还可分为台式工作站和移动工作站，如图 6-8 所示。台式工作站类似于普通台式电脑，体积较大，没有便携性可言，但性能强劲，适合专业用户使用。移动工作站相当于一台高性能的笔记本电脑，具备较强的硬件配置和整体性能。

台式工作站

移动工作站

图 6-8　工作站示意图

③网络适配器。

网络适配器也称为网卡。为了将网络中各个节点连入网络中，需要用网络接口设备在通信介质和数据处理设备之间进行物理连接，这个网络接口设备就是网卡。每一个新生产出来的网卡都有一个被称为 MAC 地址的独一无二的 48 位串行号，它是由网卡销售商负责写到卡的 ROM 中的。网卡和局域网之间的通信是通过电缆或双绞线以串行传输方式进行的。

目前常见的网卡类型有集成网卡和独立网卡，集成网卡是直接焊接在电脑主板上的，而独立网卡是插在主板的扩展插槽里的，可以随意拆卸，如图 6-9 所示。其中，由于集成网卡价格低廉且以太网标准普遍存在，大部分新的计算机都在主板上安装了网络接口，即已具备以太网的功能。

　　　　　　　　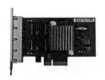

集成网卡 2　　　　　　　　　　　　独立网卡

图 6-9　网卡分类

按照支持的网络带宽不同，网卡又可以分为 10 Mbps 网卡、100 Mbps 网卡、10 Mbps/100 Mbps 自适应网卡和 1000 Mbps 网卡。10 Mbps 网卡和 100 Mbps 网卡仅支持 10 Mbps 和 100 Mbps 的传输速率，在使用非屏蔽双绞线（Unshielded Twisted Pair, UTP）作为传输介质时，通常 10 Mbps 网卡与 3 类 UTP 配合使用，而 100 Mbps 网卡与 5 类 UTP 相连接。10/100 Mbps 自适应网卡是由网卡自动检测网络的传输速率，保证网络中两种不同传输速率的兼容性。随着局域网传输速率的不断提高，1000 Mbps 网卡大多被应用于高速的服务器中。

网卡的功能非常重要，其主要功能有信息包的封装和拆封、网络传输信号生成、地址识别、网络访问控制、数据校验。

网卡还有许多作用，例如数据转换、数据缓存、网线连接固定等。常见的网卡有无线网卡、USB 有线网卡、USB 无线网卡等，如图 6-10 所示。

无线网卡　　　　　　　USB 无线网卡　　　　　USB 有线网卡

图 6-10　常见网卡实物图

④中继器。

中继器的主要作用是对信号进行加强和整形，如图 6-11 所示。信号在传输一段距离后会衰减失真，因此必须使用中继器来增强和整形信号，使信号的传输距离得以延伸并被接收方正确地接收。

图 6-11　中继器实物图

中继器工作在 OSI 体系结构的物理层，它接收并识别网络信号，然后再生信号并将其发送到网络的其他分支上。要保证中继器能够正确工作，首先要保证每一个分支中的数据包和逻辑链路协议是相同的。中继器是扩展网络的最廉价的方法。当扩展网络的目的是突破距离和结点的限制，并且连接的网络分支都不会产生太多的数据流量，成本又不能太高时，就可以考虑选择中继器。然而，中继器没有隔离和过滤功能，它不能阻挡含有异常的数据包从一个分支传到另一个分支。这意味着，一个分支出现故障就可能影响到其他网络分支。

⑤集线器。

集线器是用来综合网络系统的一个设备，它比较适合于在网络设备集中的地方使用，如图 6-12 所示。集线器的主要功能是对接收到的信号进行再生整形放大，以扩大网络的传输距离，同时把所有节点集中在以它为中心的节点上。集线器与网卡、网线等传输介质一样，属于局域网中的基础设备。由于在功能上的限制，集线器在现在的组网中基本上已经不使用了。

图 6-12　集线器实物图

⑥网桥。

网桥也称桥接器，是连接两个局域网的一种存储 / 转发设备，如图 6-13 所示。它能将一个大的 LAN 分割为多个网段，或将两个以上的 LAN 互联为一个逻辑 LAN，使 LAN 上的所有用户都可访问服务器。网桥包含了中继器的功能和特性，不仅可以连接多种介质，还能连接不同的物理分支，如以太网和令牌网。

图 6-13　网桥实物图

网桥工作于 OSI 体系的数据链路层，典型应用是将局域网分段成子网，从而降低数据传输的瓶颈，这样的网桥叫"本地"桥，而用于广域网上的网桥叫"远地"桥。两种类型的桥执行同样的功能，只是所用的网络接口不同。

⑦路由器。

路由器是网络互联的关键设备，它可以完成从信息发出机器到信息接收机器之间的最佳信息传输路径的计算和确定工作，如图 6-14 所示。路由器中运行着不同的路由软件和路由协议，能够为经过路由器的每个数据包寻找一条最佳传输路径，并将数据包有效地传送到目的站点。

图 6-14　路由器实物图

　　路由器工作在 OSI 体系结构中的网络层。比起网桥，路由器不但能过滤和分隔网络信息流，连接网络分支，还能访问数据包中更多的信息，并且用来提高数据包的传输效率。路由器的处理速度是网络通信的主要瓶颈之一，它的可靠性则直接影响着网络互联的质量。

　　⑧网关。

　　网关的功能基本上和路由器类似，但比路由器的功能更强大，主要用于连接两个不同体系的网络，如图 6-15 所示。网关最主要的功能是协议转换，从一个环境中读取数据，剥去数据的老协议，然后用目标网络的协议进行重新包装。网关的一个较为常见的用途是在局域网的微机和小型机或大型机之间做翻译。

图 6-15　网关实物图

　　⑨交换机。

　　交换机是一种基于网卡硬件地址（MAC 地址）识别，能完成封装转发数据包功能的网络设备，如图 6-16 所示。在计算机网络系统中，"交换"概念的提出改进了共享工作模式。交换机在同一时刻可以进行多个端口之间的数据传输。每一个端口都可视为独立的网段，连接在其上的网络设备独自享有全部的带宽，无须同其他设备竞争使用。

图 6-16　交换机实物图

交换机的主要功能包括物理编址、网络拓扑结构、错误校验、帧序列及流控。目前交换机还具备了一些新的功能，如对虚拟局域网（Vtrtual Local Area Network，VLAN）的支持，对链路汇聚的支持，甚至还具有防火墙的功能。

⑩传输介质。

传输介质是指用于网络连接的通信线路。网络传输介质总体上可以分为有线和无线两种。

有线传输介质是指在两个通信设备之间实现连接的物理部分，它能将信号从一方传输到另一方，有线传输介质主要有双绞线、同轴电缆和光纤。双绞线和同轴电缆传输电信号，光纤传输光信号。

双绞线是由两根各自封装在彩色塑料皮内的铜线互相扭绕而成的。扭绕的目的是将它们之间的干扰减少到最小。多对双绞线外面有一层保护套，构成双绞线电缆，通过相邻线对之间变换的扭绕，可使同一电缆内各线对之间的干扰减少到最小。双绞线可用于传输模拟信号，也可用于传输数字信号。电话线是双绞线的一种。双绞线的带宽取决于铜线的粗细和传输距离。

双绞线分屏蔽型和非屏蔽型两种类型，如图 6-17、图 6-18 所示。屏蔽双绞线在双绞线与外层绝缘封套之间有一个金属屏蔽层，用来提高其抗电磁干扰能力。屏蔽层可减少辐射，防止信息被窃听，也可阻止外部电磁干扰的进入。屏蔽双绞线抗干扰能力较好，具有更高的传输速度，但价格相对较贵。

图 6-17 屏蔽双绞线

图 6-18 非屏蔽双绞线

非屏蔽双绞线是一种无屏蔽层的数据传输线，广泛用于以太网路和电话线中。非屏蔽双绞线价格便宜，但是传输速度偏低，抗干扰能力较差。在实际施工时，除非有特殊需要，通常在综合布线系统中只采用非屏蔽双绞线。

同轴电缆是一种应用非常广泛的传输介质。它由内导体、绝缘层、屏蔽层及护套组成。其特性由内外导体和绝缘层的电参数、机械尺寸等决定，具有抗干扰能力强、连接简单等特点，信息传输速度可达每秒几百兆位。

按直径的不同，同轴电缆可分为粗缆和细缆两种，如图 6-19 所示。粗缆传输距离长，性能好但成本高，网络安装、维护困难，一般用于大型局域网的干线。细缆一般与网卡相连，安装较容易，造价较低，但日常维护不方便，一旦一个用户出故障，便会影响其他用户的正常工作。

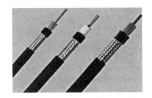

图 6-19 同轴电缆示意图

光纤又称为光缆或光导纤维，由光导纤维纤芯、玻璃网层和能吸收光线的外壳组成，是用来传播光束的细小而柔韧的传输介质。应用光学原理，由光发送机产生光束，将电信号变为光信号，再把光信号导入光纤，在另一端由光接收机接收光纤上传来的光信号，并把它变为电信号，经解码后再处理，如图 6-20 所示。与其他传输介质比较，光纤的电磁绝缘性能好、频带宽、传输速度快、传输距离大，主要用于要求传输距离较长、布线条件特殊的主干网连接。

单模光纤　　　　　　　　　　　　多模光纤

图 6-20　光导纤维传输过程

光纤分为多模和单模两类。多模光纤允许一束光沿纤芯反射传播；单模光纤只允许单一波长的光沿纤芯直线传播，在其中不产生反射。单模光纤直径小、价格高，多模光纤直径大、价格便宜，但单模光纤性能优于多模光纤。光纤具有频带宽、损耗小、数据传输速率高、误码率低、安全保密性好等特点，因此是一种最有发展前途的有线传输介质。

无线电波是指在自由空间（包括空气和真空）传播的射频频段的电磁波。无线电技术的原理在于，导体中电流强弱的改变会产生无线电波，利用这一现象，通过调制可将信息加载于无线电波之上，如图 6-21 所示。当电波通过空间传播到达收信端，电波引起的电磁场变化又会在导体中产生电流，通过解调将信息从电流变化中提取出来，就达到了信息传递的目的。

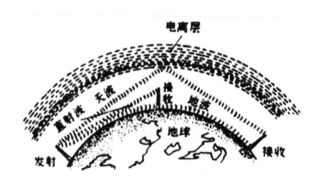

图 6-21　无线电波的传播途径

微波是指频率为 300 MHz—300 GHz 的电磁波，是无线电波中一个有限频带的简称，即波长在 1 m—1 mm 的电磁波，是分米波、厘米波、毫米波和亚毫米波的统称。微波频率比一般的无线电波频率高，通常也被称为"超高频电磁波"。

由于微波的频带宽、数据传输速率高，对于不同建筑物之间的局域网互联特别适用。目前，微波传输已在无线局域网技术中得到了广泛的应用。微波的特点是直线传播，由于地球的表面是曲面，微波在地面进行远距离传输时，必须通过中继接力来实现。卫星通信也是利用了微波频带。卫星通信具有通信距离远、费用与通信距离无关、覆盖面积大、不受地理条件的限制、通信带宽大等优点，是国际干线通信的主要手段。

（2）软件系统

局域网的软件系统主要包括网络协议软件、通信软件和网络操作系统等。网络协议软件主要用于实现物理层及数据链路层的某些功能；通信软件用于管理各个工作站之间的信息传输；网络操作系统是指网络环境上的资源管理程序，主要包括文件服务程序和网络接口程序。文件服务程序用于管理共享资源，网络接口程序用于管理工作站的应用程序对不同资源的访问。局域网的操作系统主要有：UNIX 操作系统、Novell Netware 操作系统、Microsoft Windows 操作系统等。

①局域网的标准及原理。

IEEE 802 模型是电气和电子工程学会（Institute of Electrical and Electronics Engineers，IEEE）为了使局域网标准化而创建的。该模型是在遵循 ISO/OSI 参考模型的基础上，对最低两层即物理层和数据链路层制定的规程。早在 1980 年 2 月，该学会就设立了专门的局域网课题研究组，简称 IEEE 802 委员会。

IEEE 将 OSI 模型的数据链路层分割为两个子层：逻辑链路控制子层（Logical Link Control，LLC）和媒体访问控制子层（Medium Access Control，MAC），如图 6-22 所示。MAC 子层通常进行 MAC 帧的组装和拆卸工作、实现，以及维护各种 MAC 协议、比特差错检测、寻址等。IEEE 关于以太网和令牌环技术的规范应用于数据链路层的MAC 子层。

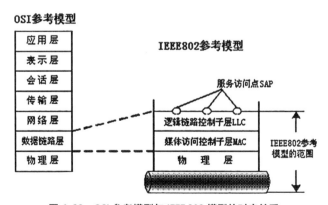

图 6-22　OSI 参考模型与 IEEE 802 模型的对应关系

②典型的局域网技术。

典型的局域网技术有以太网、令牌环网、无线局域网等，在我国使用最广泛的是以太网。

以太网是目前应用最广泛的一类基带总线局域网，是当今现有局域网采用的最通用的通信协议标准。以太网有两类：经典以太网和交换式以太网。经典以太网是以太网的原始形式，运行速度可达 3—10 Mbps；而交换式以太网正是广泛应用的以太网，可运行速度可达 100 Mbps、1000 Mbps 和 10000 Mbps，分别以快速以太网、千兆以太网和万兆以太网的形式呈现。

令牌环网（Token Ring）是一种以环形网络拓扑结构为基础发展起来的局域网。令牌环上传输的小的数据（3 个字节的一种特殊帧）叫令牌，谁有令牌谁就有传输权限。如果环上的某个工作站收到令牌并且有信息发送，它只要改变令牌中的一位（该操作将令牌变成一个帧开始序列），添加想传输的信息，然后就将整个信息发往环中的下一工作站。

③无线局域网。

无线局域网（Wireless Local Area Network，WLAN）指应用无线通信技术将计算机设备相互连接起来，构成可以互相通信和实现资源共享的网络体系。无线局域网本质的特点是不再使用通信电缆将计算机与网络连接起来，而是通过无线的方式连接，网络的构建和终端的移动更加灵活。

6.1.5　网络体系结构

结构化是指将一个复杂的系统设计问题分解成一个个容易处理的子问题，然后加以解决。层次结构是指将一个复杂的系统设计问题分成层次分明的一组组容易处理的子问题，各层执行自己所承担的任务。计算机网络也采用了层次结构的方法，每一层都完成某些特定的功能。每一层的功能都是向它的上一层提供一定的服务，并把这种服务是如何实现的细节对上层屏蔽起来。

一般将网络中的各层和协议的集合称为网络体系结构。该结构的优点是具有很高的灵活性、层与层之间具有独立性。

1）OSI/RM 体系结构

国际标准化组织 ISO 的开放系统互连参考模型（Open System Interconnection/Reference Model，OSI/RM）可以看作网络协议的标准，它以层次观念为主，将网络体系结构分为 7 个层次，从下至上依次为物理层（Physical Layer）、数据链路层（Date Link Layer）、网络层（Network Layer）、传输层（Transport Layer）、会话层（Session

Layer）、表示层（Presentation Layer）、应用层（Aplication Layer），如图 6-23 所示。

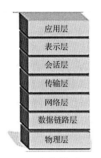

图 6-23　OSI 参考模型 7 层结构

（1）物理层

物理层提供相邻设备间的比特流传输。它是利用物理通信介质，为上一层（数据链路层）提供一个物理连接，通过物理连接透明地传输比特流。所谓透明传输是指不管所传数据是什么样的比特组合，都应当能够在链路上进行传送，物理层并不需要知道比特的含义。物理层要考虑的是如何发送比特数据，以及接收端如何识别数据。

（2）数据链路层

数据链路层负责在两个相邻的节点之间的线路上进行无差错地传送以帧为单位的数据，每一帧包括一定的数据和必要的控制信息，当接收点接收到的数据出错时，要通知发送方重发，直到这一帧数据准确无误地到达接收节点为止。数据链路层就是把有可能出错的实际链路变成让网络层看起来是一条不出错的链路。

（3）网络层

网络层以分组为单位将数据从源节点传输到目的节点。处于不同网络中的两个计算机要进行通信，可能要经过许多个节点和链路，以及几个通信子网。网络层的任务就是要选择合适的路由，使发送站的传输层发下来的分组能够正确无误地按照地址找到目的站，并交付给目的站的传输层，这就是网络层的寻址功能。

（4）传输层

传输层的任务是根据通信子网的特性最佳地利用网络资源，并以可靠和经济的方式为两个端系统（主机）的会话层之间，建立一条传输连接带，透明地传输报文。传输层向上一层提供一个可靠的端到端的服务，使会话层不知道传输层以下的数据通信的细节。传输层只存在于端系统中，传输层以上的层就不再管信息传输的问题了。

（5）会话层

会话层虽然不参与具体的数据传输，但它对数据进行管理，它向互相合作的表示层进程之间提供一套会话设施，组织和同步它们的会话活动，管理它们的数据交换过程。这里的"会话"是指两个应用进程之间为交换信息而按一定规则建立起来的一个暂时联系。

（6）表示层

表示层提供端到端的信息传输，处理的是 OSI/RM 系统之间用户信息的表示问题。主要的工作为数据格式转换、数据加密（Data Encryption）/ 解密（Data Decryption）、数据压缩 / 解压。

（7）应用层

应用层是 OSI/RM 的最高层，提供访问网络的各种接口和应用层协议，为应用程序提供环境，执行和管理应用程序。也可以说，应用层不仅要提供应用进程所需要的信息交换和远程操作，而且还要作为互相作用的应用进程的用户代理，来完成一些为进行信息交换所必需的功能。

同一网络中，任意两个端系统必须具有相同的层次，每层使用其下层提供的服务，并向上层提供服务。对等层之间进行间接的、逻辑的、虚拟的通信，非对等层之间不能直接通信，如图 6-24 所示。

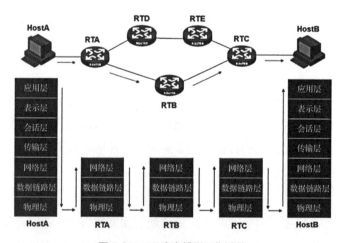

图 6-24　OSI 参考模型工作过程

2）TCP/IP 体系结构

TCP/IP 是使计算机能互相通信的一组协议，是网络互联协议的一种标准。TCP/IP 是许多协议的总称，主要包括网际协议（Internet Protocol，IP）、传输控制协议

（Transmission Control Protocol，TCP）、地址解析协议（Address Resolution Protocol，ARP）、互联网组管理协议（Internet Group Management Protocol，IGMP）、互联网控制报文协议（Internet Control Message Protocol，ICMP）、用户数据报协议（User Datagram Protocol，UDP）、路由信息协议（Routing Information Protocol，RIP）、文件传输协议（File Transfer Protocol，FTP）、超文本传送协议（HyperText Transfer Protocol，HTTP）等。TCP/IP 模型共分为 4 层：网络接口层（Network Interface Layer）、网际层、传输层和应用层，如图 6-25 所示。

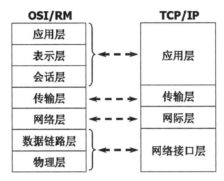

图 6-25   TCP/IP 参考模型

（1）网络接口层

网络接口层与 OSI 参考模型中的物理层和数据链路层相对应，它负责监视数据在主机和网络之间的交换。

（2）网际层

网际层对应 OSI 参考模型中的网络层，主要解决主机到主机的通信问题。网际层是整个体系结构的关键部分，其功能是使主机可以把分组发往任何网络，并使分组独立地传向目标。该层使用 3 个主要协议：网际协议、互联网组管理协议和互联网控制报文协议。

（3）传输层

传输层对应 OSI 参考模型中的传输层，为应用层实体提供端到端的通信功能，保证了数据包的顺序传送及数据的完整性。该层定义了两个主要的协议：传输控制协议和用户数据报协议。TCP 是面向连接的协议，它提供可靠的报文传输和对上层应用的连接服务。UDP 是面向无连接的不可靠传输的协议，主要用于不需要 TCP 的排序和流量控制等功能的应用程序。

（4）应用层

应用层对应 OSI 参考模型中的高层，为用户提供所需要的各种服务，例如：文件传输协议、虚拟终端协议（TELecommunications NETwork，TELNET）、电子邮件传输协议（Simple Mail Transfer Protocol，SMTP）、域名服务（Domain Name Service，DNS）、网上新闻传输协议（Network News Transfer Protocol，NNTP）和超文本传送协议等。

6.2 Internet 技术

Internet 以相互交流信息资源为目的，基于一些共同的协议，并通过许多路由器和公共互联网而成，它是一个信息资源和资源共享的集合。

6.2.1 Internet 的产生与发展

Internet 是一个巨大的、全球化的计算机网络，它是借助于现代通信技术和计算机技术实现全球信息传递的一种快捷、有效的工具。如果说计算机网络是传播信息的载体，那么 Internet 就是一个信息资源和资源共享的集合。其优越性和实用性体现在全球网络互联，人们可以很方便地从互联网上找到所需要的信息。

Internet 的起源和发展可以归纳为 3 个阶段。

（1）雏形阶段

1969 年，美国国防部高级研究计划局（Defense Advanced Research Projects Agency，DARPA）出于军用目的，组建了 Internet 的前身 ARPANET 网，并连接了一些大学和研究所。ARPANET 通过通信线路实现了计算机和计算机的相互连接，其基本宗旨就是实现资源共享。

（2）发展阶段

20 世纪 80 年代，由于世界各地已经建立了一些小型的局域网，ARPANET 的目的之一便是将这些局域网连接起来。然而，这些局域网往往采用不同的网络结构和数据传输规则（协议），如果要将它们连接起来，就必须要有一个统一的协议来实现数据通信。因此，1982 年美国国防部（Department of Defense，DoD）制定了 TCP/IP，即传输控制协议和网络互联协议，并将它作为 ARPANET 通信协议。TCP/IP 具有开放、简单和易于使用的特点。在 TCP/IP 的支撑下，网络的规模迅速扩大，最终形成世界上最大的计算机互联网络——Internet。

（3）商业化阶段

20 世纪 90 年代初，商业机构开始进入 Internet，使 Internet 开始了商业化的新进程，也成为 Internet 不断发展的强大推动力。

如今，Internet 发展势头迅猛，已成为一种不可抗拒的潮流。Internet 还为人们提供了各类服务，如电子邮件、远程登录、文件传输等。人们还可以通过 Internet 进行网络购物、网络视频、网络聊天等。

Internet 得以迅猛发展，主要归功于以下几点。

第一，它是一个全球计算机互联网络。

第二，它拥有丰富的信息资料库。

第三，它拥有庞大的使用成员。

6.2.2 IP 地址

1）IP 地址的基本概念

IP 地址指互联网协议地址（Internet Protocol Address），又被译为网际协议地址，是 IP Address 的缩写。一台计算机要上网必须具备两大条件：网卡和 IP 地址。如果把整个 Internet 作为一个单一的网络，IP 地址就是给每个连到 Internet 的主机分配一个全世界范围内唯一的标示符。

IP 地址 = 网络号 + 主机号

网络号用来标识网络，主机号则用于标识网络中的主机。IP 地址用来确定 Internet 中每台计算机的位置，路由器根据接收方的 IP 地址来进行路径选择。

在 IPv4 标准中，IP 地址由 32 位二进制数组成，为了方便记忆，用"."来做分隔，将 32 位二进制数分成 4 段，每一段包含 8 个二进制位。例如：

11000000 . 10101000 . 00000001 . 00000010

平时一般用点分十进制来表示 IP 地址，即把 IP 地址每 8 位组以十进制数的形式表示出来，每段取值在 0—255 范围内，所以上述 IP 地址用点分十进制表示，则为：

192 . 168 . 1 . 2

IP 地址唯一标识了一台主机。一般情况下，IP 地址是唯一的，两台主机不应该有相同的 IP 地址。但可能存在这样的情况，一台主机同时连入了多个网络。这时，这台主机就可能有多个 IP 地址。理论上计算，IPv4 标准可以允许有 232（超过 40 亿）个地址空间。

因此，几乎可以为地球上 2/3 的人提供一个地址。但事实上，随着 Internet 的发展，连入网络的设备越来越多，尤其当移动电话、掌上电脑、智能电器也逐渐成为 Internet 终端时，很快就会产生 IP 地址不足的问题。IPv6 的出现就是为了解决 IPv4 中存在的 IP 地址制约问题。其重要的改进之一就体现在扩展地址空间上，IPv6 将 IP 地址扩大到 128 位，为将来网络的发展提供了巨大的地址资源。

2）IP 地址的分类

Internet 由各个网络互联而成，而网络由主机互联而成。因此，一个 IP 地址由网络号和主机号构成。IP 地址的网络号用来标识网络，主机号则用于标识网络中的主机。网络号的长度决定整个 Internet 中能包含多少个这样的网络，主机号的长度决定每个网络能容纳多少台主机。

Internet 管理委员会定义了 A、B、C、D、E 等 5 类 IP 地址，以容纳不同大小的网络，如图 6-26 所示。不同的分类地址定义了哪些用于表示网络 ID，哪些用于表示主机 ID，同时也定义了可能的网络数目及每个网络中的最大主机数量。

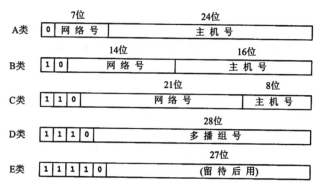

图 6-26　IP 地址分类

（1）A 类地址

A 类地址的网络标识占 8 位，网络标识中的第一位二进制数值为 0，取值范围为 00000001—01111111，换算成十进制就是 1—127。其中，127 留作保留地址。网络中的主机标识占 24 位，理论上可以标识 1677216（224）台主机。其中，全 0 地址为网络地址，全 1 地址为广播地址，这两个地址一般不分配给主机，因此每个 A 类网络实际上可以容纳 1677214 台主机。

（2）B 类地址

B 类地址的网络标识占 16 位，网络标识中的前两位二进制数取值为 10，取值范围为

10000000—10111111，换算成十进制就是 128—191。B 类地址允许有 16384（214）个网段。网络中的主机标识占 16 位，每个网络理论上允许有 65536（216）台主机，由于主机号不能为全 0 或全 1，因此每个 B 类网络实际上可以容纳 65534 台主机。

（3）C 类地址

C 类地址的网络标识占 24 位，网络标识中的前三位二进制数取值为 110，取值范围为 11000000—11011111，换算成十进制就是 192—223。C 类地址允许有 2097152（221）个网段。网络中的主机标识占 8 位，每个网络允许有 256（28）台主机，由于主机号不能为全 0 或全 1，因此每个 C 类网络实际上可以容纳 254 台主机。

（4）D 类地址

D 类地址用于组播，网络标识中的前四位二进制数取值为 1110，取值范围为 224—239。在组播操作中，没有区分网络或主机位。每个地址对应一个组，发往某一组地址的数据将被该组中的所有成员接收。注意，只有注册了组播地址的主机才能接收到数据包。

（5）E 类地址

E 类地址的网络标识中的前五位二进制数取值为 11110，它保留作为以后使用，取值范围为 240—247。

在这 5 类地址中，A 类、B 类、C 类是基本的类别。一个 IP 地址属于哪一类可以通过起始的一些标志位来识别，对应于 A 类、B 类、C 类这 3 类地址的起始位分别为 0，10 和 110。在划分某个类的 IP 地址时，同一个网络中连接的计算机将具有相同的网络 ID 部分，而它们的主机 ID 部分则是不同的。

3）特殊 IP 地址

（1）私有地址

Internet 管理委员会规定私有地址可以专门用于组建局部网段，但不能在 Internet 网上使用。Internet 没有这些地址的路由，有这些地址的计算机要上网必须转换成为合法的 IP 地址，即公网地址。

以下分别是 A 类、B 类、C 类网络中的私有地址段：

10.0.0.0 —10.255.255.255

172.16.0.0 —172.131.255.255

192.168.0.0 —192.168.255.255

（2）回环地址

A 类网络地址中的 127 是一个回环地址（Loopback Address），用于网络软件测试以及本地机进程间通信。无论什么程序，一旦使用回环地址发送数据，协议软件将立即返回，不进行任何网络传输，所以含网络号 127 的分组不能出现在任何网络上。

（3）广播地址

TCP/IP 规定，主机号各位全为"1"的 IP 地址用于广播，也被称为广播地址。所谓广播，指同时向同一子网内的所有主机发送报文。

（4）网络地址

TCP/IP 规定，各位全为"0"的主机号被解释成当前网络。该网络地址一般不能用作一台主机的有效地址。

4）IP 地址和 MAC 地址

MAC 地址也称物理地址或硬件地址。MAC 地址是由网络设备制造商在生产时写在硬件内部的地址，与网络结构无关，一般不能更改。也就是说，具有 MAC 地址的硬件，如网卡、集线器、路由器等，不管接入何处网络，它的 MAC 地址始终不变。

既然每个硬件设备在出厂时都有一个 MAC 地址，那为什么还需要为每台主机再分配一个 IP 地址呢？这是因为物理地址有两个特点：不一致性和不唯一性。不一致性是指不同的物理网络技术采用不同的编址方式；不唯一性是指在不同的物理网络中节点的物理地址可能重复。因此，Internet 在网络层完成地址的统一工作，将不同物理网络的地址统一到具有全球唯一性的 IP 地址上。

IP 地址虽然实现了底层网络物理地址的统一，但在 TCP/IP 中，并没有改变或取消底层的物理网络。最终数据还是要在物理网络上传输，而在物理网络上传输时使用的仍然是物理地址。因此，在底层环境中，如在网络接口层（数据链路层）中，需要根据 IP 地址查找相应的 MAC 地址并进行数据传送。TCP/IP 提供了两个协议实现 IP 地址与物理地址之间的映射。其中，ARP 用于从 IP 地址到物理地址的映射，RARP 用于从物理地址到 IP 地址的映射。

5）IP 地址和域名

Internet 中可以用各种方式来命名计算机，为了避免重名，Internet 管理机构采取了在主机名后加上后缀名的方法来标识主机的区域位置，这个后缀名也被称为域名（Domain）。

相对于 IP 地址来说，通过域名来辨别 Internet 上的一台主机，显得更加方便、快捷且容易记忆。在实际工作过程中，需要通过 DNS 服务器将域名解析为实际的 IP 地址，才能实现最终的访问。

6.2.3 Internet 的接入方式

Internet 是世界上最大的国际性互联网，通过接入网络，用户可以非常迅速地了解和掌握身边的信息。计算机接入 Internet 的方式有很多，主要可以分为有线网络的接入和无线网络的接入。

1）有线网络的接入

每个接入网络的计算机都要有一个属于自己的 IP 地址，IP 地址分为动态 IP（自动获得 IP）和静态 IP（固定 IP）。动态 IP 是指计算机开机后自动从服务器获取的 IP，每次的 IP 地址可能不一样；静态 IP 是指为计算机设定的一个固定的 IP，其地址不会发生改变。无论是动态 IP 还是静态 IP，均需要在计算机中进行相应的配置，如图 6-27 所示。

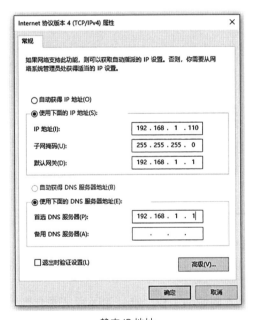
静态 IP 地址
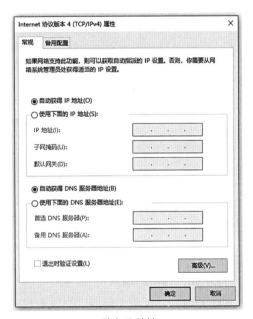
动态 IP 地址

图 6-27 IP 地址配置方法

（1）专线连接

专线连接是指用光缆、电缆，或者通过卫星、微波等无线通信方式，或租用电话专线、VPN 专线将网络连通。专线连接要求用户具备一个局域网 LAN 或一台主机，入网专线和支持 TCP/IP 的路由器，并为网上设备申请到的唯一的 IP 地址和域名。专线连接适合业务量大的单位和机构等团体用户使用。

（2）局域网连接

局域网的覆盖范围一般是方圆几千米之内，其具备的安装便捷、成本节约、扩展方便等特点使其在各类办公室内运用广泛。局域网可以实现文件管理、应用软件共享、打印机共享等功能，在使用过程当中，通过维护局域网网络安全，能够有效地保护资料安全，保证局域网网络能够正常稳定地运行。

（3）拨号连接

电话拨号上网是通过电话线路和上网专用设备（如调制解调器等）与电脑配合实现接通国际互联网络的一种最常用、最普遍的上网方式，如图 6-28 所示。在进行拨号上网时，需要一个硬件设备：Modem，就是俗称的"猫"。该设备一般由互联网服务提供商（Internet Service Provider，ISP）提供，用一根双绞线将 Modem 和计算机相连，用另一根数据线将 Modem 和 ISP 提供的网络接口连接即可。

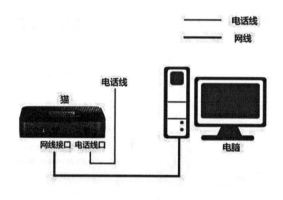

图 6-28　拨号连接方式

2）无线网络的接入

以无线的方式接入局域网与以有线的方式接入局域网类似，唯一的区别是网卡类型发生了改变。在以无线方式接入之前，要确保计算机上已安装好无线网卡和无线网卡驱动，具体操作步骤如下。

①将无线网卡接到主机上，并安装好网卡驱动。

②设置主机 IP 地址。

③检查是否已经接入局域网络。

无线上网方式分两种：一种是利用无线路由器上网，另一种是利用无线上网卡上网。前者需要计算机随时处于无线路由器的信号覆盖范围内；后者需要购买一张无线上网卡，无线上网卡直接与基站进行通信，只要有信号的地方均可以直接连入网，真正地实现了随时随地上网。

（1）无线网络

无线上网卡是目前无线广域通信网络应用中广泛使用的上网介质，利用它的好处是可以真正实现随时随地上网，只要有信号覆盖的地方均可以上网。第五代移动通信技术，简称 5G 或 5G 技术，是最新一代蜂窝移动通信技术，也是 4G（LTE-A、WiMax）、3G（UMTS、LTE）和 2G（GSM）系统的延伸。

5G 网络是数字蜂窝网络，在这种网络中，供应商覆盖的服务区域被划分为许多被称为蜂窝的小地理区域。表示声音和图像的模拟信号在手机中被数字化，由模数转换器转换并作为比特流传输。蜂窝中的所有 5G 无线设备通过无线电波与蜂窝中的本地天线阵和低功率自动收发器（发射机和接收机）进行通信。收发器从公共频率池分配频道，这些频道在地理上分离的蜂窝中可以重复使用。本地天线通过高带宽光纤或无线回程连接与电话网络和互联网连接。与现有的手机一样，当用户从一个蜂窝穿越到另一个蜂窝时，他们的移动设备将自动"切换"到新蜂窝中的天线。

5G 网络主要拥有以下特点。

①峰值速率达到 Gbit/s 的标准。

②空中接口时延水平在 1 ms 左右。

③超大网络容量，提供千亿设备的连接能力。

④频谱效率比 LTE 提升 10 倍以上。

⑤连续广域覆盖和高移动性下，用户体验速率达到 100 Mbit/s。

（2）Wi-Fi 网络

Wi-Fi 俗称无线宽带，英文全称为 Wireless Fidelity，在无线局域网的范畴是指"无线相容性认证"，是一种无线联网的技术。以前通过有线的方式连接计算机，而现在则是通过无线电波来联网。常见的就是无线路由器，在无线路由器的电波覆盖的有效范围内都可以采用 Wi-Fi 连接方式进行联网。如果无线路由器连接了一条非对称数字用户线路（Asymmetric Digital Subscriber Line，ADSL）或者别的上网线路，那么又被称为"热点"，被"热点"覆盖的区域称"热区"。热区无线网络是为了支持诸如机场、酒店大堂、茶馆和咖啡厅等公共环境下的便携机、手机和 iPad 等数据设备上网而出现的，通信公司往往会提供无线上网的环境，例如 ChinaNet。

无线网络的组建一般采用无线路由器，以及宽带运营商提供的调制解调器和账号密码。硬件及软件的设置方法如下。

①连接设备。

将电话线与调制解调器相连，调制解调器通过网线与无线路由器的 WAN 口相连，无线路由器的 LAN 口通过网线与计算机相连，然后启动无线路由器。线路连好后，路由器的 WAN 口和有线连接电脑的 LAN 口对应的指示灯都会常亮或闪烁，如图 6-29 所示。

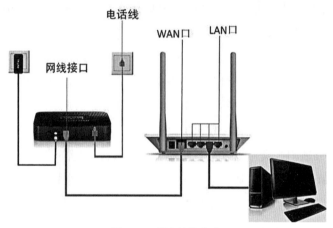

图 6-29　设备连接方式

②登录路由器后台。

打开网页浏览器，在地址栏输入 http://192.168.1.1，打开路由器的管理界面，在弹出的登录框中输入路由器的管理账号和密码。一般在路由器的底部会有默认的管理界面访问地址，以及管理账号，如图 6-30 所示。登录成功后，选择"设置向导"，点击"下一步"。

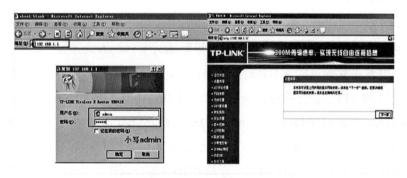

图 6-30　路由器管理界面

③选择上网方式。

常见上网方式有基于以太网的点对点协议（Point-to-Point Protocol over Ethernet，PPPoE）、动态 IP 地址、静态 IP 地址 3 种。

PPPoE：拨号上网，单机使用 Windows 系统自带的宽带连接来拨号，运营商给了一个用户名和密码。这是目前最常见的上网方式，ADSL 线路一般都是该上网方式，如图 6-31 所示。

图 6-31 PPPOE 上网方式

静态 IP 地址：前端运营商给提供了一个固定的 IP 地址、网关、DNS 等参数，在一些光纤线路上有应用，如图 6-32 所示。

图 6-32 静态 IP 上网方式

动态 IP：没用路由器之前，电脑只要连接好线路，不用拨号，也不用设置 IP 地址等就能上网的，在小区宽带、校园网等环境中会有应用，如图 6-33 所示。

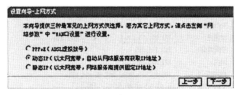

图 6-33 动态 IP 上网方式

④配置无线名称和密码。

服务集标识（Service Set Identifier，SSID）即路由器的无线网络名称，用户可以自行设定，建议使用字母和数字组合的 SSID。无线密码是连接无线网络时的身份凭证，设置后能保护路由器的无线安全，防止别人蹭网，如图 6-34 所示。

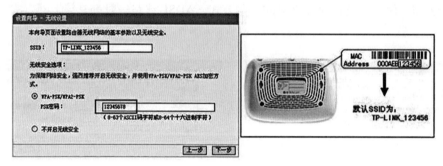

图 6-34　配置无线名称和密码

⑤检查是否配置完成。

重启路由器，如图 6-35 所示，重启完成后进入管理界面（http://192.168.1.1），打开运行状态，等待 1—2 分钟，正常情况下此时可以看到 WAN 口状态的 IP 地址后有了具体的参数而不是 0.0.0.0，说明此时路由器已经连上互联网了，如图 6-36 所示。

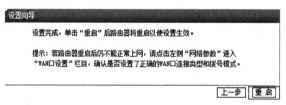

图 6-35　重启路由器

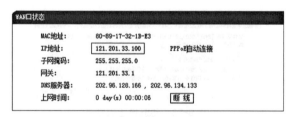

图 6-36　查看网络信息

6.2.4　Internet 的应用

IE 的全称为 Internet Explorer，是美国微软公司推出的一款网页浏览器。所有 Windows 电脑基本都自带 IE 浏览器。通过 IE 浏览器，我们可以很轻松地访问网络资源。

IE 浏览器的主界面如图 6-37 所示，主要包括 3 个部分。最上方为地址栏，显示了当前正在浏览的网页地址。用户还可以在该地址栏中输入不同的网页地址，然后通过 Enter 键访问。地址栏的左边有两个切换页面的按钮，用户可以通过这两个按钮前进或者后退页面。地址栏的右边有一个搜索框，用户可以通过该搜索框快速搜索相关内容。浏览器的右上方是菜单栏，菜单栏中显示了最常用的几个按钮，包括主页、工具、查看收藏夹、源和历史记录等。用户可以不用打开详细菜单，而是单击相应的按钮来快捷地执行命令。浏览器的正中间是浏览窗口，显示了当前正在访问的网页内容。

图 6-37　IE 浏览器界面

用户点击菜单栏中的"主页"按钮，浏览器会自动跳转到指定网址，该网址信息可以在浏览器的"Internet 选项"中设置，如图 6-38 所示。

图 6-38　浏览器主页信息

　　用户点击菜单栏中的"查看收藏夹、源和历史记录"按钮,会显示以前加入收藏夹中的网站,通过点击它可以直接到达喜欢的网站。例如,单击"收藏夹"中的"新浪"网,浏览器就可以打开新浪网页面,不必手动输入新浪网的网址。

　　如果想把经常登录的网站添加到收藏夹中,比如想把"网易"的"电脑频道"添加到收藏夹中,操作步骤如下:打开"网易"的"电脑频道",单击工具栏中的"添加到收藏夹"按钮,在弹出的下拉菜单中单击"添加到收藏夹栏"项,就会弹出"添加收藏"对话框,在该对话框里设置好想要的名称和保存位置后,点击"添加"按钮,该网址就被保存在收藏夹里了,下一次想浏览该网址时,只需打开收藏夹,单击该网址名称即可。

6.3　计算机安全技术

　　计算机安全主要包括操作系统安全、数据库安全和网络安全 3 个部分。

6.3.1　计算机安全概述

1)计算机安全基础知识

（1）计算机安全的定义

　　国际标准化委员会对计算机安全的定义是:为数据处理系统和采取的技术性和管理性的安全保护,保护计算机硬件、软件、数据不因偶然的或恶意的情况而遭到破坏、更改、显露。计算机安全主要研究计算机单机的安全,包括计算机所处的环境安全、计算机硬件设备安全和计算机中数据保护等。

①环境安全。

计算机在使用过程中，对外部环境有一定的要求，即计算机周围的环境应尽量保持清洁，温度和湿度应该合适，电压稳定，以保证计算机硬件可靠的运行。计算机安全的另外一项技术就是加固技术，经过加固技术生产的计算机防震、防水、防化学腐蚀，可以使计算机在野外全天候运行。

②设备安全。

从系统安全的角度来看，计算机的芯片和硬件设备也会对系统安全构成威胁。比如CPU，电脑 CPU 内部集成有运行系统的指令集，这些指令代码是都是保密的，用户并不知道它的安全性如何。据有关资料透漏，有些不法分子可以利用无线代码激活 CPU 内部指令，从而造成内部信息外泄、计算机系统灾难性崩溃。

③数据安全。

计算机安全中最重要的是存储数据的安全，即保证数据的完整性、可用性和保密性。

数据完整性（Data Integrity），即保证计算机系统上的数据和信息处于一种完整的、未受损害的状态。如数据被篡改、删除等将影响数据的完整性。

数据可用性（Data Availability），即数据的可利用程度，系统不管处在怎样的危险环境中，都能确保数据是可以使用的。一般通过冗余数据存储等技术来实现。

数据保密性（Data Confidentiality），即保证只有授权用户可以访问数据，而且限制他人对数据的访问。数据的保密性分为网络传输保密性和数据存储保密性。通常，通过数据加密来保证网络传输保密性，通过访向控制和数据加密来确保数据存储保密性。

（2）计算机安全基本特征

一个安全的计算机网络应当包含网络的物理安全、访问控制安全、系统安全、用户安全、信息加密安全、传输安全和管理安全等，一般具有以下特征。

保密性：信息不泄露给非授权用户使用的特性。

完整性：数据未经授权不能被改变的特性，即信息在存储或传输过程中不被修改、破坏、丢失。

可用性：可被授权用户访问并按需求使用的特性，即当需要时可以存取所需的信息，例如，网络环境下拒绝服务、破坏网络和有关系统的正常运行等都属于对可用性的攻击。

可控性：对信息的传播及内容具有控制的能力。

可审查性：出现安全问题时能提供的依据和手段。

2）计算机安全威胁

计算机安全的潜在威胁形形色色，通常可以分为人为威胁和非人为威胁。人为威胁是指由入侵者或入侵程序利用系统资源的脆弱环节进行入侵而产生的，一般有以下几种。

（1）计算机病毒

计算机病毒种类繁多，并且具备繁殖和传染能力，会严重破坏数据资源，影响计算机使用性能。

（2）网络黑客

黑客一旦非法入侵资源共享广泛的政治、军事、经济和科学等领域，盗用、暴露和窜改大量在网络中存储和传输的数据，会造成无法估量的损失。

（3）其他非法操作

比如内部用户非法授权、开后门、种木马等恶意操作。

安全威胁还包括一些非人为威胁因素，比如火灾、地震、水灾、龙卷风、战争等因素造成网络中断、数据丢失、数据损毁等。

3）计算机安全防范

为了保证计算机的安全，通常可以采用以下防范措施。

（1）提高计算机安全防护能力

为电脑安装杀毒软件，并定期升级所安装的杀毒软件。在计算机上安装个人防火墙以抵御黑客的袭击，最大限度地阻止网络中的黑客来访问计算机，防止重要信息被更改、拷贝和毁坏。

（2）养成良好的计算机使用习惯

选择信誉较好的下载网站下载软件，将下载的软件及程序集中放在非引导分区的某个目录中，在使用前最好用杀毒软件查杀病毒。不要打开来历不明的电子邮件及其附件，以免遭受病毒邮件的侵害。安装共享软件时，应该仔细阅读各个步骤出现的协议条款，特别留意那些有关安装其他软件行为的语句。

（3）定期备份数据

定期备份重要数据，最好不要将所有数据存储在同一个环境中。如果遭到致命的攻击，可以通过日常的备份来进行数据的恢复。

6.3.2　计算机安全服务的主要技术

1）数据加密技术

数据加密技术是计算机网络安全中使用最普遍的技术之一，如图 6-39 所示。当某台主机想要往网络另一端的主机发送一些重要数据时，往往会将数据进行打包，然后由网络传送到指定主机的位置。在这个过程中，数据一般是以明码的形式传输的，这会导致数据非常容易被窃取。由于大多数局域网都是总线结构，从理论上来说，任何一台连接到总线的计算机都可以截取到在总线上传输的数据。这会导致网络中的数据缺乏安全保护，很容易被有心者乘虚而入。因此，为了保证数据的保密性，对数据进行提前加密就显得非常重要。

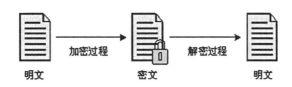

图 6-39　数据加密技术

数据加密是指将一段明文经过某种加密算法，以及加密钥匙，变成一段看上去毫无意义的密文，从而达到隐藏明文内容的目的。其中，明文是指未经加密的消息，密文是指已被加密的消息，将明文转变为密文的过程就是加密。那么，数据解密就是加密的逆过程，即将密文转变为明文的过程。加密和解密的过程还需要一对控制密钥参与，分别称为加密密钥和解密密钥，通常由字符串组成。

根据不同的加密和解密原理，数据加密技术主要可以分为对称加密算法、非对称加密算法。

（1）对称加密算法

对称加密算法是应用较早的加密算法，技术成熟。在对称加密算法中，数据发信方将明文和加密密钥一起经过特殊加密算法处理后，使其变成复杂的加密密文发送出去。收信方收到密文后，若想解读原文，则需要使用加密用过的密钥及相同算法的逆算法对密文进行解密，才能使其恢复成可读明文。在对称加密算法中，使用的密钥只有一个，发收信双方都使用这个密钥对数据进行加密和解密，这就要求解密方事先必须知道加密密钥。

对称加密算法的优点在于加密/解密的高速度和使用长密钥时的难破解性。但是存在的明显不足是，交易双方都使用同一个密钥，安全性得不到保证。假设某个企业统一采用对称加密算法，那么企业内的所有员工都将持有一个相同的密钥。企业必须加强对密钥的管理，否则密钥的安全性将得不到保障。一旦企业内部因密钥泄漏发生了严重的事故，那么将无法追究到个人，并造成巨大损失。

（2）非对称加密算法

非对称加密算法又称公钥加密算法，需要使用两个不同的密钥，分别为公开密钥（简称公钥）和私有密钥（简称私钥）。公钥与私钥是一对，如果用公钥对数据进行加密，只有用对应的私钥才能解密。该算法的基本原理是：发送方要想往接收方发送数据，首先需要知道接收方的公钥，然后利用该公钥对原文进行加密；接收方接收到发送过来的加密数据后，可以使用自己的私钥对密文进行解密。可见，接收方必须提前将自己的公钥告知发送方，私钥则保留不公开。

非对称加密算法的特点是算法强度复杂、安全性相对较高。这是因为对称密码体制中只有一种密钥，并且是非公开的，如果要解密就得让对方知道密钥，而非对称加密算法拥有两种密钥，其中一个是公开的，这样可以不需要像对称密码那样传输对方的密钥，安全性就大了很多。但是由于其算法复杂，会使得加密/解密的速度远远慢于对称加密算法，并产生额外的开支。

非对称加密算法中一个非常典型的应用是数字签名。数字签名是只有信息的发送者才能产生的别人无法伪造的一段数字串，这段数字串同时也是对信息的发送者发送信息真实性的一个有效证明。

简单地说，所谓数字签名就是附加在数据单元上的一些数据，或是对数据单元所做的密码变换。这种数据或变换允许数据单元的接收者用以确认数据单元的来源和数据单元的完整性并保护数据，防止被人（例如接收者）伪造。数据签名主要具有以下特点：身份鉴权、数据完整性、行为不可抵赖性。

数字签名可以在网络环境中代替传统的手工签字与印章，解决信息伪造、抵赖、冒充和篡改问题，是保障网络信息安全的手段，如图6-40所示。数字签名算法依靠公钥加密技术来实现，主要实施过程如下。

①发送方首先对原消息采用哈希算法，得到一个固定长度的消息摘要。

②发送方用自己的私钥对消息摘要进行签名，并附在原消息的后面。

③将原消息和数字签名一起发送给接收方。

④接收方使用发送方的公钥对数字签名进行解密，得到发送方的数字摘要。

⑤接收方使用相同的哈希算法对原文进行哈希计算，得到新的消息摘要。

⑥接收方将新的消息摘要与收到的消息摘要进行比较，若两者相等，则说明消息来源是可信的，消息在传输过程中并没有被篡改；否则说明消息来源有误，直接丢弃消息。

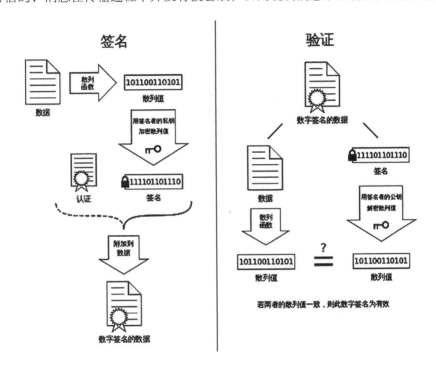

图 6-40 数字签名技术

2）访问控制技术

访问控制技术，指防止对任何资源进行未授权的访问，从而使计算机系统在合法的范围内使用。访问控制决定了谁能够访问系统、能访问系统的何种资源以及如何使用这些资源，如服务器、目录、文件等网络资源等。适当的访问控制能够阻止未经允许的用户有意或无意地获取数据。

访问控制包括两个处理过程：识别和认证。通过对用户的识别和认证，可以确定该用户对某类资源的访问权限，从而有针对性地开放资源。访问控制主要含有以下形式。

（1）入网访问控制

入网访问控制为网络访问提供了第一层访问控制。它控制哪些用户能够登录服务器并获取网络资源，控制准许用户入网的时间和准许他们在哪台工作站入网。用户的入网访问控制可分为 3 个步骤：用户名的识别与验证、用户口令的识别与验证、用户账号的默认限制检查。只要任何一项没有通过，该用户便不能进入该网络。

（2）权限控制

网络的权限控制是针对网络非法操作所提出的一种安全保护措施。用户和用户组被赋予了一定的权限。网络控制用户和用户组可以访问哪些目录、子目录、文件和其他资源，可以指定用户对这些文件、目录、设备能够执行哪些操作。例如，可以根据访问权限将用户分为系统管理员、普通用户、审计用户等，对不同的用户分配不同的资源访问权限。

（3）目录级安全控制

网络应允许合法用户对目录、文件、设备的访问。用户在目录级指定的权限对所有文件和子目录有效，用户还可进一步指定对目录下的子目录和文件的权限。访问权限一般有 8 种：系统管理员权限、读权限、写权限、创建权限、删除权限、修改权限、文件查找权限、访问控制权限。网络管理员应当为用户指定适当的访问权限，这些访问权限控制着用户的访问与操作，8 种访问权限的有效组合可以让用户有效地完成工作，同时又能有效地控制用户对服务器资源的访问，从而加强网络和服务器的安全性。

（4）属性安全控制

当使用文件、目录和网络设备等资源时，系统管理员应给文件、目录等指定访问属性。属性安全是在权限安全的基础上提供进一步的安全性。网络上的资源都应预先标出一组安全属性，用户对网络资源的访问权限对应一张访问控制表，用以表明用户对网络资源的访问能力，例如修改文件、拷贝文件、删除目录或文件、查看目录或文件、执行文件、隐藏文件、共享文件等。

（5）服务器安全控制

网络允许在服务器控制台上执行一系列操作。用户使用控制台可以装载和卸载模块，可以安装和删除软件等。网络服务器的安全控制包括设置口令锁定服务器控制台，以防止非法用户修改、删除重要信息或破坏数据；设定服务器登录时间限制、非法访问者检测和关闭的时间间隔。

3）防火墙技术

防火墙是一种由软件和计算机硬件设备组合而成的一个或一组系统，用于增强内部网络和外部网络之间、专用网与公共网之间的访问控制，如图 6-41 所示。防火墙系统决定了哪些内部服务可以被外界访问、外界的哪些人可以访问内部的那些可访问的服务、内部人员可以访问哪些外部服务等。设立防火墙后，所有来自和去向外界的信息都必须经过防火墙，接受防火墙的检查。因此，防火墙是网络之间的一种特殊的访问控制，是一种保护屏障，从而保护内部网免受非法用户的侵入。

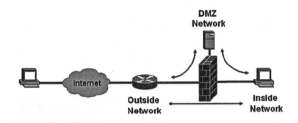

图 6-41　防火墙示意图

防火墙主要具有以下功能。

①保护那些易受攻击的服务。防火墙只允许被允许的服务通过，禁止在安全上比较脆弱的服务进出网络。这样就降低了受到非法攻击的风险，大大提高了网络的安全性。

②控制对站点的访问。防火墙能控制对站点的访问。在网络中有些主机不需要被外部网络访问，需要被防火墙保护起来，防止不必要的访问。

③集中化的安全管理。当不使用防火墙时，内部网络的每个节点都是暴露的，系统的安全性由系统内每一台主机的安全性决定。使用了防火墙后就可以将所有修改过的软件和附加的安全都放在防火墙上，以减轻内部网络其他主机的负担。

④对网络的存取访问进行记录、统计，监视网络的安全性，并会发出警告。所有对内部网络的访问和流向外部网络的信息都经过防火墙，防火墙记录下这些访问并能提供网络用户和网络使用情况的统计数据。当发生可疑动作时，防火墙能进行适当的警告，并提供网络是否受到监测和攻击的详细信息。

根据防范的方式和侧重点的不同，防火墙可以分为两大类：基于包过滤的防火墙、基于代理服务的防火墙。基于包过滤的防火墙可以直接转发报文，对用户完全透明，因此速度较快；基于代理服务的防火墙需要通过代理服务器建立连接，因此有更强的身份验证和日志功能。

防火墙虽然具有一定的安全防御能力，但是在实际应用中还是存在不少的局限性，主要表现在不能防范恶意的知情者，不能防范不通过它的连接，不能防备全部的威胁，不能防范病毒。

4）入侵检测

入侵检测是对入侵行为的检测。它通过收集和分析网络行为、安全日志、审计、数据、其他网络上可以获得的信息以及计算机系统中若干关键点的信息，检查网络或系统中是否存在违反安全策略的行为和被攻击的迹象。入侵检测作为一种积极主动的安全防护技术，提供了对内部攻击、外部攻击和误操作的实时保护，在网络系统受到危害之前拦截和响应入侵，因此被认为是防火墙之后的第二道安全闸门，在不影响网络性能的情况下能对网络进行监测。

入侵检测含有两个重要步骤：信息收集和信息分析。首先收集计算机网络系统中的所有历史行径，内容包括系统、网络、数据及用户活动的状态和行为。然后对收集到的可疑信息进行鉴定分析，一般通过3种技术手段：模式匹配、统计分析和完整性分析。其中前两种方法用于实时的入侵检测，而完整性分析则用于事后分析。

入侵检测的执行特点主要有以下几点：

①监视、分析用户及系统活动；

②系统构造和弱点的审计；

③识别反映已知进攻的活动模式并向相关人士报警；

④异常行为模式的统计分析；

⑤评估重要系统和数据文件的完整性；

⑥操作系统的审计跟踪管理；

⑦识别用户违反安全策略的行为。

6.3.3　计算机病毒与木马

计算机病毒是人为制造的，具有破坏性、有传染性和潜伏性，对计算机信息或系统起破坏作用的程序。它隐蔽在其他可执行的程序之中，计算机中病毒后，轻则影响机器运行速度，重则死机，系统被破坏。

1）计算机病毒

（1）计算机病毒的概念

计算机病毒是编制或者在计算机程序中插入的破坏计算机功能或者破坏数据，影响计算机使用并且能自我复制的一组计算机指令或者程序代码。计算机病毒一旦侵入系统，就会对系统及应用程序产生程度不同的影响。轻者会降低计算机工作效率，占用系统资源，重者可导致数据丢失、系统崩溃。

计算机病毒被公认为数据安全的头号大敌，1987 年电脑病毒就在世界范围内受到普遍重视，我国也于 1989 年首次发现电脑病毒。目前，新型病毒正向更具破坏性、更加隐秘、感染率更高、传播速度更快等方向发展。因此，我们必须深入学习电脑病毒的基本常识，加强对电脑病毒的防范。

（2）计算机病毒的分类

按依附的媒体类型不同，计算机病毒可以分为引导型病毒、文件型病毒和混合型病毒 3 种。

①引导性病毒是一种主攻感染驱动扇区和硬盘系统引导扇区的病毒。该病毒可以把引导扇区信息转移，使得系统无法发现。如果有一个新的磁盘插入计算机系统，那么驻留在内存的病毒就会把自己复制到新的磁盘上。这种病毒的隐蔽性和兼容性都很强，但是其传染速度慢、杀毒容易。

②文件型病毒是一种主攻计算机内文件的病毒。该病毒的宿主是可执行程序，当操作系统执行文件时取得控制权并把自己依附在 EXE 和 COM 这样的可执行文件上，然后利用这些指令来调用附在文件中某处的病毒代码。当文件执行时，病毒会调出自己的代码来执行，接着又返回到正常的执行系列。

③混合型病毒是一种复杂、多样的复合病毒。该病毒会同时感染引导记录和程序文件，并且被感染的记录和程序较难修复。若清除了引导区而未清除文件，则引导区会再次被感染；若只清除受感染的文件，则不能完全清除该病毒。

（3）计算机病毒的特征

计算机病毒可以理解为一段可执行程序，但是与普通的正常程序不同，它通常具有以下特点。

①隐蔽性。计算机病毒具有较强的隐蔽性，通常会依附在正常程序之中或磁盘引导扇区中，或者磁盘上标记为坏簇的扇区中。病毒想方设法隐藏自身，就是为了防止用户察觉，使得在普通的病毒查杀中，难以实现及时有效的查杀。

②破坏性。计算机病毒一旦侵入系统，会对操作系统的运行造成不同程度的影响。即使不直接产生破坏作用的病毒程序也要占用系统资源，如占用内存空间，占用磁盘存储空间及增加系统运行时间，等等。还有一些病毒程序会删除文件、加密磁盘中的数据，甚至摧毁整个系统和数据，使之无法恢复，造成无可挽回的损失。

③传染性。传染性是计算机病毒最重要的特征，是判断程序代码是否为计算机病毒的依据。病毒程序一旦侵入计算机系统，往往可以实现病毒的自我复制和扩散，感染其

他计算机，进而造成大面积系统瘫痪等事故。

④潜伏性。计算机病毒具有依附于其他媒介而寄生的能力。在入侵计算机系统后，病毒可以不立即发作，而是在后台隐藏起来，然后在用户没有察觉的情况下进行传染。待时机成熟后，病毒会大规模爆发，造成不可逆转的伤害。

⑤可执行性。计算机病毒与其他合法程序一样，是一段可执行程序，它具有正常程序的一切特性。病毒一般隐藏在合法的程序或数据中，当用户运行正常程序时，病毒会伺机窃取系统的控制权，得以抢先运行。

（4）常见的计算机病毒

计算机病毒本身各具特性，病毒形式多种多样。常见的计算机病毒有以下几种形式。

①系统病毒。系统病毒可以感染操作系统的文件，并通过这些文件进行传播，如CIH病毒。

②邮件病毒。邮件病毒可以通过电子邮件系统传播。一旦在邮件里打开这个程序，病毒就会自动执行一些非法操作，如爱虫病毒、Happy 99蠕虫等。

③蠕虫病毒。蠕虫病毒是一种可以自我复制的代码，并且通过网络传播，通常无须人为干预就能传播，如网络蠕虫、邮件蠕虫等。

④脚本病毒。脚本病毒的公有特性是使用脚本语言编写，并通过网页进行传播，如红色代码（Script.Redlof）、欢乐时光（VBS.Happytime）等。

⑤木马病毒、黑客病毒。木马病毒的公有特性是通过网络或者系统漏洞进入用户的系统并隐藏，然后向外界泄露用户的信息；而黑客病毒则有一个可视的界面，能对用户的电脑进行远程控制。木马、黑客病毒往往是成对出现的，即木马病毒负责侵入用户的电脑，而黑客病毒则会通过该木马病毒来进行控制。

⑥后门病毒。后门病毒的公有特性是通过网络传播，给系统开后门，给用户电脑带来安全隐患，如IRC后门Backdoor.IRCBot。

（5）计算机病毒的检测与防治

当一台计算机感染上病毒后，通常会表现出一些异常的特征，比如系统运行速度变慢，系统启动时间变长或无法启动，系统时间被更改，文件夹中多出一些不明文件，系统内文件的丢失，文件格式被篡改，系统频繁地重启，等等。在出现这类现象后，一般需要对计算机进行病毒的检测，检测方法通常分为手工检测和自动检测。

①手工检测。通过一些软件工具，如DEBUG.COM、PCTOOLS.EXE、NU.COM、SYSINFO.EXE等，可以对易遭到病毒攻击和修改的内存及磁盘的有关部分进行检查，通

过和正常情况下的状态进行对比分析，来判断是否被病毒感染。这种方法检测病毒，费时费力，但可以剖析新病毒，检测识别未知病毒。

②自动检测。通过一些诊断软件来判读一个系统或一个软盘是否有毒。该方法比较简单，可方便地检测计算机病毒，适用于大多数用户，但是需要较好的诊断软件。自动检测工具只能识别已知的病毒，而且自动检测工具的发展总是滞后于病毒的发展，所以检测工具不能识别相对数量的未知病毒。

计算机病毒无时无刻不在关注着电脑，时时刻刻准备发出攻击，但计算机病毒也不是不可控制的，可以通过下面几个方面来进行预防。

①安装最新的杀毒软件。每天升级杀毒软件病毒库，定时对计算机进行病毒查杀，上网时要开启杀毒软件的全部监控。

②培养良好的上网习惯。例如，对不明邮件及附件做到慎重打开或者不打开，尽量不上可能带有病毒的网站，尽可能使用较为复杂的密码，不执行从网络下载后未经杀毒处理的软件，不随便浏览或登录陌生的网站。

③培养自觉的信息安全意识。在使用移动存储设备时，尽可能不要共享这些设备。因为移动存储也是计算机进行传播的主要途径，也是计算机病毒攻击的主要目标，在对信息安全要求比较高的场所，应将电脑上面的 USB 接口封闭，同时，有条件的情况下应该做到专机专用。

④经常升级安全补丁。同时将应用软件升级到最新版本。将受到病毒侵害的计算机进行尽快隔离，在使用计算机的过程，若发现电脑上存在有病毒或者是计算机异常，应该及时中断网络；若发现计算机网络一直中断或者网络异常，应该立即切断网络，以免病毒在网络中传播。

2）木马

（1）木马定义

木马是"特洛伊木马"的简称，木马一词源于古希腊特洛伊战争中著名的"木马计"。木马程序由两部分组成，分别是服务端和客户端。木马与计算机网络中常常用到的远程控制软件有些相似，其通过一段特定的程序来控制另一台计算机，从而窃取用户资料，破坏用户的计算机系统，等等。

木马程序与一般的病毒不同，它不会自我繁殖，也并不会刻意去感染其他文件，而是通过伪装自身吸引用户下载、执行，向施种木马者提供打开被种者计算机的门户，使施种者可以任意毁坏、窃取被种者的文件，甚至远程操控被种者的计算机。

（2）常见的木马类型

①网游木马。网游木马是一种在网络游戏中出现的木马。网游木马通常采用记录用户键盘输入、Hook 游戏进程 API 函数等方法获取用户的密码和账号，并将窃取到的信息通过发送电子邮件或向远程脚本程序提交的方式发送给木马作者。

②网银木马。网银木马是针对网上交易系统编写的木马病毒，其目的是盗取用户的卡号、密码，甚至安全证书。

③下载类木马。下载类木马程序的体积一般很小，其功能是从网络上下载其他病毒程序或安装广告软件。

④代理类木马。代理类木马会在本机开启 HTTP、SOCKS 等代理服务功能。黑客把受感染计算机作为跳板，以被感染用户的身份进行黑客活动，达到隐藏自己的目的。

⑤FTP 木马。FTP 型木马会打开被控制计算机的 21 号端口，使每一个人都可以用一个 FTP 客户端程序来不用密码就连接到受控制端计算机，并且可以进行最高权限的上传和下载，窃取受害者的机密文件。

⑥通信软件类木马。通信软件类木马一般利用即时通信软件实施盗取用户账号密码、窃取聊天记录、推销广告等活动。

（3）木马的特征

木马通常具有以下特点。

①隐蔽性。木马病毒将自己伪装成合法应用程序，使得用户难以识别。与其他病毒一样，这种隐蔽的期限往往是比较长的。经常采用的方法是寄生在合法程序之中，修改成合法程序名或图标，不产生任何图标，不在进程中显示出来或伪装成系统进程，以及与其他合法文件关联起来，等等。

②欺骗性。木马病毒经常使用伪装的手段将自己合法化。例如，使用合法的文件类型后缀名，然后保存在其他文件目录中，使得用户无法轻易察觉。

③顽固性。木马病毒为了保障自己可以不断蔓延，往往像毒瘤一样驻留在被感染的计算机中，有多份备份文件存在，一旦主文件被删除，便可以马上恢复。尤其是采用文件的关联技术，只要被关联的程序被执行，木马病毒便被执行，并生产新的木马程序，甚至变种。

④危害性。木马病毒对计算机会造成巨大危害。只要计算机被木马病毒感染，别有用心的黑客便可以任意操作计算机，就像在本地使用计算机一样，实施一系列的破坏操作。

（4）木马的防御

木马的防御就是预先采取一定的措施来预防木马进入系统，主要有 3 种途径防止木马的植入。

①防止通过电子邮件植入木马。电子邮件目前已非常普及，电子邮件有正文和附件，正文中一般无法隐藏木马，大量木马会作为电子邮件的附件来入侵用户的计算机。

②防止在下载文件时植入木马。计算机网络最大的作用就是资源共享，包括数据和软件。目前，很多用户习惯从网络上下载各种软件。很多木马通过软件的下载植入用户的计算机中，一般建议对从网上下载的软件、资料等都先用木马查杀软件进行检查。

③防止在浏览网页时植入木马。由于浏览器本身存在着缺陷而使得很多木马在用户浏览网页时入侵计算机。一般建议使用最新版本的浏览器，并且及时安装补丁等。

6.3.4 移动端安全技术

1）移动端的概念

移动端的全称是移动互联网终端，是通过无线网络技术上网接入互联网的终端设备，主要功能是移动上网，因此其十分依赖各种网络。在移动互联网时代，终端成为移动互联网发展的重点之一。其优点是足够用、性价比高，能够为用户提供全方位的服务和体验。

2）移动端的分类

如今市场上广泛使用的移动端设备主要有以下 3 种。

①上网本。上网本可以理解为一台随身携带的笔记本电脑，具备上网、收发邮件及即时信息等功能，并具备流畅播放流媒体和音乐功能。上网本多用于商务人士、出差人员等。

②智能手机。智能手机是指像个人电脑一样，具有独立的操作系统，独立的运行空间，可以由用户自行安装软件、游戏、导航等第三方服务商提供的程序，并可以通过移动通信网络来实现无线网络接入的手机类型的总称。

③智能导航仪。智能导航仪多用于汽车上，用于定位、导航和娱乐，能满足车主的大多数需求，现已成为车上的基本装备。

3）移动端的特点

近年来，移动端发展迅速，移动设备随处可见。究其根本原因，就是它能够满足人们对便携和随时上网的需求，以及其超高的性价比。总结来说，移动端特点如下。

（1）便携性

相比于台式电脑，移动设备一般体积小、重量轻。对外出旅行、出差的商务人士来说，移动设备更便携，可以随身携带，而不觉得有负重感，是商务人士必不可少的工具。

（2）扩展性

移动终端一般都具备操作系统，而基于这些开放的操作系统平台开发的个性化应用软件层出不穷，如通信簿、日程表、记事本、计算器，以及各类游戏等，极大地满足了个性化用户的需求。

（3）设备功能

移动设备具有普通计算机的大多数功能，如上网聊天、语音通话、查询资料等。在功能使用上，移动终端非常注重人性化和多功能化。

（4）用户体验

移动终端具备输入和输出等部件，诸如键盘、鼠标、触摸屏和摄像头等。部件的设计和加工均以用户需求为出发点。在设备使用过程中，也可以根据个人需求调整设置，非常个性化。

4）移动端安全

安全问题在互联网、软件领域从来都是不可忽视的，而随着移动互联网的发展，移动端不管是在设备持有量上，还是在用户数量上，都已经超越传统 PC 端，成为第一大入口端。因此，提高对移动安全领域的关注度，加强移动端的安全等级，是很有必要的。

（1）移动终端的安全威胁

移动终端的安全威胁主要来自移动终端使用的操作系统和第三方开发的应用程序，恶意攻击者会利用移动终端的"安全漏洞"获取用户的数据和隐私，以谋取非法利益。

（2）移动终端中的应用程序

移动终端中的应用程序，因其攻击水平需求低，往往成为恶意攻击者的首选目标。例如，移动间谍程序会在使用者可视范围内隐藏自身，加载到用户的设备上，窃取使用者的短信、网站浏览记录、通话记录、位置信息等，并保持对用户进行监听和监视；一些银行恶意软件会以木马的方式潜入设备终端，并以网络钓鱼类似的方式，伺机窃取使用者敏感的银行类信息。

（3）移动终端的操作系统

移动终端中的应用程序不具备调用硬件层面上的能力，应用程序均需要使用操作系统提供的使用终端物理资源的应用程序编程接口（Application Programming Interface,

API）。如果一些敏感的 API（如相机、位置等）被开发者恶意利用，就会带来隐私窃取、远程控制等安全问题。

常见的安卓操作系统基于其代码开源性，使得一些潜在的安全漏洞能够被及时、主动地发现，但其开放的应用程序分发模式，允许用户安装来自官方应用市场以外的应用源的应用。相比于安卓操作系统，iOS 不仅需要开发人员签名，还需要苹果服务器的签名，而得到苹果官方的签名，就必须有两个月的审核期限，AppStore 还会限制每周上新的应用程序的数量。因此，iOS 提供给用户的应用程序都是经过严格审查的，相较于安卓的机制，iOS 更加有秩序和安全。

（4）移动终端的安全措施

移动终端凭借着多用途、便捷等优势，已经离不开人们日常的使用范围，而保证其自身的安全问题是人们放心使用的前提。针对移动终端安全威胁，可以采取以下应对措施。

①总是使用可信的数据网络。对于移动终端来说，可信的网络包括无线服务提供商的数据网络，以及公司、居家和可信地点提供的 Wi-Fi 连接。使用这些网络数据就可以确保用于进行数据传输的网络没有安全威胁，也无法被攻击者用来获取所传输的敏感数据。实现设置和管理假冒的 Wi-Fi 连接点比实现假冒的蜂窝数据连接容易很多。因此，使用由无线服务提供商提供的蜂窝数据连接能够有效降低遭受攻击的风险。

②使用可靠方式获取应用程序。对于我们使用的移动终端，终端的操作系统都会带有系统自身的应用商店，如苹果系操作系统平台会带有 AppStore；安卓操作系统平台一般会配有 GooglePlay，或一些设备提供厂商自己开发的应用商店，华为的华为应用市场就是典型的例子。使用设备提供厂商自带的应用商店下载应用程序，会大大增强应用程序的源安全性。

③赋予应用程序最少的访问权限。当从应用市场中下载和安装应用程序时，确保只给予应用程序运行所需的最少权限。如果一个应用的权限要求过度，用户可以选择不安装该应用或者将该应用标记为可疑，不要轻易确认应用程序提及的访问权限。

◎ 习题

一、选择题

1. 地址栏中输入的 "http://zjhk.school.com" 中，"zjhk.school.com" 是一个（   ）。

A. 域名　　　　　B. 文件　　　　　C. 邮箱　　　　　D. 国家

2. 计算机网络最突出的特点是（   ）。

A. 资源共享　　　B. 运算精度高　　C. 运算速度快　　D. 内存容量大

3. 网址 "www.pku.edu.cn" 中的 "cn" 表示（   ）。

A. 英国　　　　　B. 美国　　　　　C. 日本　　　　　D. 中国

4. 在因特网上专门用于传输文件的协议是（   ）。

A. FTP　　　　　B. HTTP　　　　　C. NEWS　　　　　D. Word

5. 下列 4 项中主要用于在 Internet 上交流信息的是（   ）。

A. BBS　　　　　B. DOS　　　　　C. Word　　　　　D. Excel

6. 地址 "ftp://218.0.0.123" 中的 "ftp" 是指（   ）。

A. 协议　　　　　B. 网址　　　　　C. 新闻组　　　　D. 邮件信箱

7. 下列属于计算机网络通信设备的是（   ）。

A. 显卡　　　　　B. 网线　　　　　C. 音箱　　　　　D. 声卡

8. 区分局域网和广域网的依据是（   ）。

A. 网络用户　　　B. 传输协议　　　C. 联网设备　　　D. 联网范围

9. 关于 Internet，以下说法正确的是（   ）。

A. Internet 属于美国　　　　　　　B. Internet 属于联合国

C. Internet 属于国际红十字会　　　D. Internet 不属于某个国家或组织

10. 学校的校园网络属于（   ）。

A. 局域网　　　　B. 广域网　　　　C. 城域网　　　　D. 电话网

11. 对于连接到 Internet 的计算机来说，必须安装的协议是（   ）。

A. 双边协议　　　B. TCP/IP　　　　C. NetBEUI　　　　D. SPSS

12. Internet 起源于（   ）。

A. 美国　　　　　B. 英国　　　　　C. 德国　　　　　D. 澳大利亚

13. 下列 IP 地址中书写正确的是（　　　）。

A. 168.192.0.　　　　B. 325.255.231.0　　C. 192.168.1　　　　D. 255.255.255.0

14. 计算机网络的主要目标是（　　　）。

A. 分布处理　　　　　　　　　　B. 将多台计算机连接起来

C. 提高计算机可靠性　　　　　　D. 共享软件、硬件和数据资源

15. IP 地址 126.168.0.1 属于（　　　）IP 地址。

A. D 类　　　　　B. C 类　　　　　C. B 类　　　　　D. A 类

16. 以下哪一个设置不是连接互联网所必须具备的（　　　）。

A. IP 地址　　　　B. 工作组　　　　C. 子网掩码　　　　D. 网关

17. 以下关于网络的说法错误的是（　　　）。

A. 将两台电脑用网线连在一起就是一个网络

B. 网络按覆盖范围可以分为 LAN 和 WAN

C. 计算机网络有数据通信、资源共享和分布处理等功能

D. 上网时我们享受的服务不只是眼前的工作站提供的

18. OSI 模型和 TCP/IP 体系分别分成几层（　　　）。

A. 7 和 7　　　　　B. 4 和 7　　　　　C. 7 和 4　　　　　D. 4 和 4

19. 当你在网上下载软件时，你享受的网络服务类型是（　　　）。

A. 文件传输　　　　B. 远程登录　　　　C. 信息浏览　　　　D. 即时短信

20. 下面关于域名的说法正确的是（　　　）。

A. 域名专指一个服务器的名字

B. 域名就是网址

C. 域名可以自己任意取

D. 域名系统按地理域或机构域分层采用层次结构

21. 目前使用的 IPv4 地址由（　　　）个字节组成。

A. 2　　　　　B. 4　　　　　C. 8　　　　　D. 16

22. 路由器是用于连接逻辑上分开的（　　　）网络。

A. 1 个　　　　　B. 2 个　　　　　C. 多个　　　　　D. 无数个

23. 电子邮件地址 "stu@zjschool.com" 中的 "zjschool.com" 代表（　　　）。

A. 用户名　　　　B. 学校名　　　　C. 学生姓名　　　　D. 邮件服务器名称

24. IE 浏览器的"收藏夹"的主要作用是收藏（　　　）。

A. 图片　　　　　　B. 邮件　　　　　　C. 网址　　　　　　D. 文档

25. 计算机网络中，分层和协议的集合称为计算机网络的（　　　）。

A. 体系结构　　　B. 组成结构　　　C. TCP/IP 参考模型　　D. ISO/OSI 网

26. 因特网中完成域名地址和 IP 地址转换的系统是（　　　）。

A. POP　　　　　　B. DNS　　　　　　C. SLIP　　　　　　D. Usenet

27. 世界上第一个网络是在（　　　）年诞生的。

A. 1946　　　　　　B. 1969　　　　　　C. 1977　　　　　　D. 1973

28. TCP 协议工作在（　　　）。

A. 物理层　　　　　B. 链路层　　　　　C. 传输层　　　　　D. 应用层

29. TCP/IP 层的网络接口层对应 OSI 的（　　　）。

A. 物理层　　　　　B. 链路层　　　　　C. 网络层　　　　　D. 物理层和链路层

30. 我们将 IP 地址分为 A 类、B 类、C 类，其中 B 类的 IP 地址第一字节取值范围是（　　　）。

A. 127—191　　　B. 128—191　　　C. 129—191　　　D. 126—191

31. 一个主机域名为"smt.scut.edu.cn"，其中（　　　）表示主机名。

A. cn　　　　　　B. edu　　　　　　C. scut　　　　　　D. smt

32. Internet 的前身是（　　　）。

A. Intranet　　　B. Ethernet　　　C. Cernet　　　　D. Arpanet

33. 在网络互联中，中继器一般工作在（　　　）。

A. 链路层　　　　　B. 运输层　　　　　C. 网络层　　　　　D. 物理层

34. 在顶级域名中，表示商业机构的是（　　　）。

A. com　　　　　　B. org　　　　　　C. net　　　　　　D. edu

35. 用 5 类双绞线实现的 100M 以太网中，单根网线的最大长度为（　　　）。

A. 200 m　　　　　B. 185 m　　　　　C. 100 m　　　　　D. 500 m

36. 在给主机分配 IP 地址时，下面哪一个是错误的（　　　）。

A. 129.9.255.18　　B. 125.21.19.109　　C. 195.5.91.254　　D. 220.258.2.56

37. 检查网络连通性的命令是（　　　）。

A. ipconfig　　　　B. route　　　　　C. telnet　　　　　D. ping

38. 判断下面哪一句话是正确的（　　　）。

A. Internet 中的一台主机只能有一个 IP 地址

B. 一个合法的 IP 地址在一个时刻只能分配给一台主机

C. Internet 中的一台主机只能有一个主机名

D. IP 地址与主机名是一一对应的

二、填空题

1. 按地理分布范围来分类，计算机网络可以分为（　　　）、（　　　）和（　　　）三种。

2. 计算机网络由负责信息传递的（　　　）和负责信息处理的（　　　）组成。

3. 在下列每一个 OSI 层的名称前面标上一个正确的字母，使得每一个选项与你认为最恰当的描述相匹配。

（　　　）应用层　　　（　　　）表示层　　　（　　　）会话层　　　（　　　）传输层

（　　　）网络层　　　（　　　）数据链路层　　　（　　　）物理层

a. 指定在网络上沿着网络链路在相邻结点之间移动数据的技术

b. 在通信应用进程之间组织和构造交互作用

c. 提供分布式处理和访问

d. 在由许多开放系统构成的环境中，允许在网络实体之间进行通信

e. 将系统连接到物理通信介质

f. 协调数据和数据格式之间的转换，以满足应用程序的需要

g. 在端点系统之间传送数据，并且有错误恢复和流控功能

4. 通常我们可将网络传输介质分为（　　　）和（　　　）两大类。

5. 开放系统互联参考模型 OSI 采用了（　　　）层次结构的构造技术。

6. TCP/IP 的层次分为（　　　）、网际层、传输层和应用层，其中（　　　）对应 OSI 的物理层及数据链路层，而（　　　）对应 OSI 的会话层、表示层和应用层。

三、简答题

1. 计算机网络的发展可划分为几个阶段？每个阶段各有何特点？

2. 计算机网络可从哪几个方面进行分类？

3. 局域网、城域网与广域网的主要特征是什么？

4. 简述计算机网络的拓扑结构,哪些拓扑结构比较常见。

5. ISO / OSI 参考模型为几层?请由低到高顺序写出所有层次。

6. 简述星形网络的结构及其优缺点。

7. 邮件服务器使用的基本协议有哪几个?

8. 对于子网掩码为 255.255.252.0 的 B 类网络地址,能够创建多少个子网?

7 新技术专辑

当前计算机应用正朝着更广、更深的方向发展，物联网、大数据、云计算、人工智能、区块链已成为计算机技术应用的前沿。

7.1 物联网技术

本节主要介绍物联网的定义、起源与发展、基本特征及架构、应用前景、关键技术。

7.1.1 定义

物联网（Internet of Things，IoT）即"万物相连的互联网"，是在互联网基础上的延伸和扩展的网络，其将各种信息传感设备与互联网结合起来而形成一个巨大网络，实现在任何时间、地点上的人、机、物的互联互通，如图7-1所示。

图 7-1 物联网

物联网是新一代信息技术的重要组成部分，IT 行业又称泛互联，意指物物相连，万物万联。由此，物联网就是物物相连的互联网。这里有两层意思：第一，物联网的核心和基础仍然是互联网，是在互联网基础上的延伸和扩展的网络；第二，其用户端延伸和扩展到了任何物品与物品之间，进行信息交换和通信。因此，物联网的定义是一种通过射频识别（Radio Frequency Identification，RFID）、红外感应器、全球定位系统、激光扫描器等信息传感设备，按约定的协议，把任何物品与互联网相连接，进行信息交换和通信，以实现对物品的智能化识别、定位、跟踪、监控和管理的网络。

7.1.2 起源与发展

提到物联网的起源，就不得不提到比尔·盖茨（Bill Gates）这位在计算机领域有着举足轻重地位的人物，他是微软帝国的缔造者，他对软件的贡献，就像爱迪生之于灯泡。但他从不满足，时刻保持着对未来的展望。1995 年，比尔·盖茨将自己对未来的展望编写成了一本名为《未来之路》的书，而就是在这本书中，比尔·盖茨首次提出了未来的发展方向，正是 Internet of Things——物联网。

比尔·盖茨在书中提道："虽然现在看来我的这些预测不太可能实现，甚至有些荒唐，但是我保证这是一本严肃的书籍，而绝不是戏言，10 年后我的观点将被证实。"这个新奇的观点和理念在当时并未引起很大的关注。

1998 年，美国麻省理工学院创造性地提出了在当时被称作产品电子代码（Electronic Product Code，EPC）系统的"物联网"的构想。1999 年，美国麻省理工学院的自动识别中心提出了以射频识别技术和无线传感网络作为支撑的"物联网"；中国科学研究院也启动了对传感网的研究并取得了一定的科研成果；同年举办的移动计算和网络国际会议还提出了"传感网是下一个世纪人类面临的又一个发展机遇"的观点。

而在比尔·盖茨写下《未来之路》10 年后的 2005 年，国际电信联盟（International Telecommunication Union，ITU）发布了《ITU 因特网报告 2005：物联网》，正式提出了物联网概念。报告指出，无所不在的物联网通信时代即将来临，世界上所有的物体，从轮胎到牙刷，从房屋到纸巾都可以通过因特网主动进行交换。

到了 2020 年，物联网自正式提出后又经历了 15 年的发展。此时，物联网已经将电子、通信、计算机三大领域的技术融合起来，在互联网的基础上实现物物相连，成为万物互联的基础，也即将成为未来智慧工厂、智慧城市、智慧社区、智慧家庭等应用场景实现的基础。中国著名军事理论家、军事战略学博士研究生导师张召忠在 2020 年 2 月

19 日题为《第四次工业革命来了》的演讲中表示："这次疫情过后，有些行业会快速兴起普及和升级，物联网和智能物流就属于这种。所有物件都要拥有自己的身份认证，然后通过 5G 与物联网连接。互联网时代是人机互联解决社交的问题，服务业有很大发展。物联网则解决物品之间物理互联的问题，5G 助飞物联网将从根本上改变我们的认知，改善我们的生活，改变整个世界。"

7.1.3　基本特征及架构

1）基本特征

从通信对象和过程来看，物联网主要有 3 个基本特征：全面感知、可靠传输与智能处理。这 3 个特征反映了物联网的核心就是物与物、人与物之间的信息交互。

全面感知，指利用 RFID、传感器、定位器和二维码等手段随时随地对物体进行信息采集和获取。

可靠传输，指通过各种电信网络和因特网融合，对接收到的感知信息进行实时远程传送，实现信息的交互和共享，并进行各种有效的处理。

智能处理，指利用云计算、模糊识别等各种智能计算技术，对随时接收的跨地域、跨行业、跨部门的海量数据和信息进行分析处理，提升对物理世界、经济社会各种活动和变化的洞察力，实现智能化的决策和控制。

全面感知体现了物联网获取信息的能力，主要包括信息的感知和识别，通过感知获取事物属性状态的变化，通过识别把感知到的事物状态以特定的方式表现出来。可靠传输体现了物联网传送信息的能力，也就是所谓的通信过程，主要包括信息的发送、传输及接收等环节，最终将感知到的事物的状态信息及其变化的方式在时间或空间上实现传送。智能处理则体现了物联网处理和施效信息的能力，处理信息是信息加工的过程，利用已有的信息或感知的信息产生新的信息，施效信息通过调节对象事物的状态及其变换方式，使对象始终处于预先设计的状态，处理和施效信息是制定决策并使信息最终发挥效用的过程。

2）基本架构

物联网的基本架构由 3 层组成，分别是感知层、网络层和应用层。

感知层是物联网的核心，是信息采集的关键部分，位于物联网 3 层架构的最底层，其功能为感知，即通过传感网络获取环境信息。感知层由物体的传感器及其他控制、执行设备间联网组成，是物联网的"五官"和"皮肤"。感知层的传感器的种类有许多，包括 RFID 标签和读写器、红外线感应器、激光扫描仪、摄像头、全球定位系统（Global Positioning System，GPS）等。在感知层中需要用到的关键技术有检测技术、短距离无线通信技术等。

网络层在物联网中的作用，相当于神经中枢之于人体，解决的是感知层所获得的数据在一定范围内（通常是长距离）的传输问题，主要实现了接入和传输功能，是进行信息交换与传递的数据通路，其接入和传输功能分别对应接入网和传输网。在三网融合后，物联网中的数据在原来通过国际互联网、移动通信网、企业内部网及各类小型局域网传播的基础上，还可以依托有线电视网，加快了物联网的推进。网络层所需要的关键技术包括长距离有线和无线通信技术、网络技术等。

应用层是物联网进行信息处理和人机交互的平台，利用经过分析处理的感知数据，为用户提供丰富的特定服务。应用层是物联网和用户的接口，包括数据智能处理子层、应用支撑子层及各种具体的物联网应用。支撑子层为物联网应用提供通用支撑服务和能力调用接口。数据智能处理子层是实现以数据为中心的物联网开发技术核心技术，包括数据汇聚、存储、查询、分析、挖掘、理解，以及基于感知数据决策和行为的理论和技术。数据汇聚将实时、非实时的物联网业务数据汇总后存放到数据库中，方便后续数据挖掘、专家分析、决策支持和智能处理。

7.1.4　应用前景

物联网发展的根本目标是提供丰富的应用，将物联网技术与个人、家庭和行业信息化需求相结合，实现广泛智能化应用的解决方案，最终实现任何物体在任何时间、任何地点的连接，帮助人类对物理世界有"全面的感知能力、透彻的认知能力和智慧的处理能力"。物联网无疑具有广阔的应用前景。

物联网的应用领域十分广泛，可以涵盖国民社会和经济的每一领域，包括电力、医疗、金融、交通、物流、工农业、城市管理、家居生活等，也可涉及政府、企业、家庭、个人，这是物联网作为深度信息化的重要体现，如图 7-2 所示。下面将分别介绍物联网在我国和国际社会的发展及应用前景。

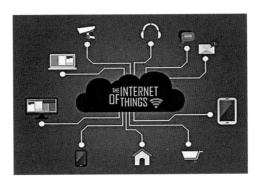

图 7-2　物联网应用

1）我国应用前景

物联网技术在我国的应用基本分成典型的传感网技术应用、RFID 技术的应用。其所牵涉的行业已经囊括了生活中的许多方面，如现代交通运输业、现代装备制造业、现代金融业、现代农业及现代服务业等。

在生活方面，物联网技术为物流行业带来了新的机遇，物流业是物联网很早就实实在在落地的行业之一，很多先进的现代物流系统已经具备了信息化、网络化、智能化等先进技术特征。传统的物流时常会出现受人抨击的丢包现象，无法满足快速发展的需求，而先进的物流业应用了产品可追溯网络系统、可视化智能管理网络系统、智能化物流配送中心、智慧供应链等技术，实现了物流的顺利运行，改善了城市交通和市民生活。

在社会治理方面，物联网的迅速发展在环保监控上体现了优势。近年来，我国的环保政策被提升到了一个新的高度，而环境监控作为一种重要的环保手段，在物联网高科技效应的帮助下可以更好地配合我国新的环保政策。人们可以通过物联网高科技技术跟踪各类环保问题，直接参与监督诸如企业超标排污、生态环境恶化等现象。

在金融方面，物联网能与金融深度结合，改善金融体系在安全防护方面的运作。一方面，物联网技术可以对来访人员进行智能管理，对来访人员可以进行实时跟踪和智能分类，监控来访人员的活动区域。当不符合身份的人员进入不应该进入的区域时，物联网系统启动自动警告系统，发出警示，从而有效降低犯罪率，节约人工成本。另一方面，物联网技术能提高金融系统的支付业务的效率和安全性。

目前，我国物联网技术仍然处在起步阶段，虽然已经取得了一定的成绩和突破，但是在标准制定及研发技术方面还与欧美发达国家有着一定的差距。总体来说，我国在物联网的发展，可以用"前景广阔、道路曲折"来形容。

2）国际社会应用前景

近年来，随着射频识别技术、传感器技术、无线网络技术、云计算技术等关键技术的快速发展，物联网技术也日益成熟。物联网作为推动信息产业升级、社会进步的发动机，受到全球各国的普遍重视，其中以美国、日本及欧盟等发达国家和地区为代表，其相关软硬件的开发应用均处于领先地位，对物联网的研究工作走在世界前列。

美国十分重视物联网的战略地位，将物联网列为对美国利益潜在影响的 6 种关键技术之一，将物联网确定为国家发展的关键战略。美国在物联网研究方面具有一定的优势，很多高校和科研院在无线传感网方面展开了大量研究工作。自 20 世纪 90 年代以来，美国在物联网技术开发和应用方面一直居世界领先地位。如今，美国已成为物联网应用最广泛的国家，在军事、电力、工业、农业等众多领域均开展物联网应用。

相比美国杰出的 RFID 技术和无线传感网络技术，欧盟的数据算法模型（Machine to Machine，M2M）技术比较成熟，移动定位系统、移动网络、网关服务、数据安全保障技术和短信平台等技术较为发达，借助这些技术，欧洲主流运营商已经实现了安全监测、自动售货机、公共交通系统、城市信息化等诸多领域的物联网应用。

日本凭借着在网络信息技术和电子制造业等方面的优势，也在物联网技术和应用的研究中表现出色。由于日本常受自然灾害影响，所以日本从安全应对角度更加重视汽车物联网，力求借助物联网提升汽车的安全性及交通系统在遭遇地震等灾害时的应对能力。此外，为应对自然灾害导致的电力供应问题，日本政府加快了智能电网的研究和推广工作，进一步加速了日本物联网技术的发展进程。

总体来看，当前世界范围内物联网正处于快速发展阶段，多项关键技术日益成熟，世界各国都投入了大量人力物力，争取紧抓这个发展契机。

7.1.5　关键技术

物联网的构建和发展，是建立在许多关键技术的基础上的，而射频识别技术、传感器技术、无线网络技术和云计算技术可谓是 4 块最重要的基石，本节将分别对这 4 种技术进行简单的介绍。

1）射频识别技术

射频识别是自动识别技术的一种，其原理为通过无线射频的方式在阅读器与标签之间进行非接触式的数据通信，利用无线射频的方式对记录媒体进行读写，从而达到识别目标的目的。它被认为是 21 世纪最具发展潜力的信息技术之一。

无线射频识别技术的实现并不复杂，通过调成无线电频率的电磁场，把数据从附着在物品上的标签上传送出去，以自动辨识与追踪该物品。某些标签在识别时从识别器发出的电磁场中就可以得到能量，并不需要电池；也有标签本身拥有电源，并可以主动发出无线电波（调成无线电频率的电磁场）。标签包含了电子储存的信息，数米之内都可以识别。与条形码不同的是，射频标签不需要处在识别器视线之内，可以嵌入被追踪物体之内。

一套完整的射频识别系统，是由阅读器、电子标签（也就是所谓的应答器）和应用软件系统所组成的。电子标签附着在要辨识的物体上，阅读器是一种双向无线电波收发器，可以向标签发出信号并解读其应答，而阅读器接收到的信息一般会被传输到载有射频识别应用软件的电脑系统上。

射频标签的种类繁多，根据标签内部供电的有无，大体上可以分为被动式、半被动式、主动式 3 类。被动式标签没有内部供电电源，其内部集成电路通过接收到的电磁波进行驱动，这些电磁波是由 RFID 读取器发出的。当标签接收到足够强度的信号时，可以向读取器发出数据。半被动式的规格类似于被动式，只不过它多了一枚小型电池，电力恰好可以驱动标签内的集成电路，若标签内的集成电路仅收到读取器所发出的微弱信号，则标签还是有足够的电力将标签内的内存资料回传到读取器的。主动式标签与被动式和半被动式不同，它本身具有内部电源供应器，用以供应内部集成电路所需电源以产生对外的信号。由于被动式标签具有价格低廉、体积小巧、无须电源等优点，目前市场所运用的 RFID 标签多以被动式为主。

相比条形码之类的手动系统，RFID 标签即便标签被他物遮盖或者不可见，也可以被靠近或经过的读取器读取，并且读取机可以一次读取上百个射频标签，而条形码只能一次一读。因此 RFID 可应用的场景十分广泛。生活中经常接触到的具体应用有钞票防伪技术、身份证、公交卡、电子病历、物流管理、行李分类、门禁系统等，未来甚至能移植入人体内，让使用者不必携带标签就可以被识别。

2）传感器技术

传感器技术作为信息获取的重要手段和现代科技的前沿技术，与通信技术、计算机技术同被认为是现代信息技术的三大支柱，是国内外公认的最具有发展前途的高技术产业，也是物联网获取信息的关键技术。在国内，有自动化方面的专家指出，传感器技术直接关系到我国自动化产业的发展形势，认为"传感器技术强，则自动化产业强"。由此可见，传感器技术对自动化产业乃至整个国家工业建设的重要性。

传感器技术历经了多年的发展，其技术的发展大体可分为三代：第一代是结构型传感器，它利用结构参量变化来感受和转化信号；第二代是 20 世纪 70 年代发展起来的固体型传感器，这种传感器由半导体、电介质、磁性材料等固体元件构成，是利用材料某些特性制成的，如利用热电效应、霍尔效应、光敏效应分别制成热电偶传感器、霍尔传感器、光敏传感器；第三代则是刚刚发展起来的智能型传感器，是微型计算机技术与检测技术相结合的产物，使传感器具有一定的人工智能，如自诊断功能、记忆功能、联网通信功能等。

传感器技术的核心自然是传感器，传感器是用于侦测环境中所生事件或变化，并将此消息发至其他电子设备的一种设备，通常由传感组件和转换组件组成。传感器的种类繁多，原理也各式各样，但一般由敏感元件、转换元件、变换电路、辅助电源构成。按工作原理可以分为电阻式传感器、电容式传感器、压电传感器、热点传感器等；按应用又可以分为压力传感器、温度传感器、气体传感器、液体传感器等。

传感器的特点包括微型化、数字化、智能化、集成化、多功能化，这也是传感器一直以来的发展趋势。微型化指的是在不影响传感器测量精度的前提下，缩小传感器的体积来降低传感器的生产成本和使用空间成本。数字化则是将传感器所创出的信号通过一定的方式转化为一目了然的信息，降低使用者的学习成本。一般情况下，由于传感器设置的场所并不理想，在温度、湿度、压力等效应的综合影响下，可引起传感器零点漂移和灵敏度的变化，这已成为使用中的严重问题，而智能化则希望传感器能自动修正零点漂移和灵敏度来保证读数的精准。集成化和多功能化则是将多种功用不一样的传感元件集成在一起，除可一起进行多种参数的丈量外，还可对这些参数的丈量成果进行归纳处理和评估，可反映出被测体系的全体状况。

随着科学技术的迅猛发展以及相关条件的日趋成熟，传感器技术的研究与发展已经开始受到各界的高度重视，新型传感器技术的发展，甚至将成为推动国家乃至世界信息化产业进步的重要动力。

3）无线网络技术

无线网络指的是任何形式的无线电电脑网络，是有线网络的一种补充，普遍和电信网络结合在一起，不需电缆即可在节点之间相互连接。无线电信网络一般被应用在使用电磁波的遥控信息传输系统，如将无线电波作为载波和物理层的网络，Wi-Fi 技术就是一种被人们所熟知的无线网络技术。

无线网络采用与有线网络同样的工作方法，它们按 PC、服务器、工作站、网络操作系统、无线适配器和访问点通过电缆连接建立网络。相比传统有线网络，无线网络的特点主要体现在以下两个方面：组网更加灵活，规模升级更加方便。

目前，市面上的无线网络应用主要分为无线个人网、无线局域网、无线城域网、移动设备网络。无线个人网是小范围内相互连接数个设备所形成的无线网络，蓝牙可以说是一种无线个人网；无线局域网的典型就是生活中常见的 Wi-Fi；无线城域网是连接数个无线局域网的无线网络形式；移动设备网络则与手机息息相关，全球移动通信系统就是大多数手机使用的移动设备网络标准。

无线网络技术在物联网中的应用，被称作无线传感器网络（Wireless Sensor Networks，WSNs），是由部署在检测区域内大量传感器系统按相互通信形成的多跳的自组织网络系统，是物联网底层网络的重要技术形式。随着无线通信、传感器技术、嵌入式应用和微电子技术的日趋成熟，WSNs 可以在任何时间、任何地点、任何环境条件下获取人们所需的信息，为物联网的发展奠定基础。由于 WSNs 具有自组织、部署迅速、高容错性和强隐蔽性等技术优势，因此非常适用于目标定位、生理数据收集、智能交通系统等众多领域。

WSNs 作为当今信息科学与计算机网络领域的研究热点，其关键技术具有跨学科交叉、多技术融合等特点。WSNs 的关键技术主要体现在 3 个方面，即信息采集系统设计、网络服务支持和网络通信协议设计，每项关键技术都亟待突破。未来只有 WSNs 在各技术领域取得新的进展，才能构建全球综合一体化信息感知网络，深入人们生活领域的各个方面，从而改变人与自然的交互方式。

7.2　大数据技术

随着云时代的来临，大数据吸引了人们越来越多的关注。大数据是无法在一定时间范围内用常规软件工具进行捕捉、管理和处理的数据集合。大数据处理需要特殊的技术。

7.2.1　什么是大数据

大数据，为 IT 行业术语，指无法在一定时间范围内用常规软件工具进行捕捉、管理和处理的数据集合，是需要新处理模式才能具有更强的决策力、洞察发现力和流程优化能力的，海量、高增长率和多样化的信息资产，如图 7-3 所示。

图 7-3　大数据

　　大数据技术的战略意义并不在于庞大的数据信息，而是对这些含有意义的数据的专业化处理，通过对数据的加工，实现对数据的增值。

　　与之相依托的就是云计算，只有依托于分布式处理、分布式数据库及云存储等技术，才能够将大数据的业务价值发挥到最大。

　　数据的单位有：bit、Byte、KB、MB、GB、TB、PB、EB、ZB、YB、BB、NB、DB。除了 bit 与 Byte 之间是八进制转换，即 1 Byte = 8 bit，其余单位之间均相差 1024 倍。

7.2.2　与传统数据的区别

　　大数据与传统数据相比，首先在字面上，就相差一个字"大"，大就大在它的数据量上，这也是区分它与传统数据的关键点。传统的数据在一般情况下只能达到 GB 级别，而大数据能够达到 PB、EB、ZB 级别，并且大数据是实时产生、持续更新的数据。

　　其次，传统数据大多是结构化的关系型数据，即由二维表结构进行逻辑表达与实现，严格地遵循数据格式与长度规范，通过关系型数据库对数据进行存储和管理。而大数据通常是半结构化或非结构化的数据，比如图像、音频、视频、文本文件等，具体如表 7-1 所示。

表 7-1　传统数据与大数据的对比

项目	传统数据	大数据
数据量	GB	数据持续产生，一般为 TB—ZB
产生速率	每小时、每天、甚至更久	每分、每秒，甚至更短
数据类型	结构化数据	半结构化或非结构化数据

续表

项目	传统数据	大数据
数据来源	来源单一，集中分布	来源多样，分散分布
数据集成	容易	困难
数据存储	关系数据库管理系统	Hadoop 分布式文件系统，NoSQL

7.2.3 大数据的特点

大数据产生机制复杂，所以其具有复杂的特性，并且随着时代的发展，其特性也在不断被挖掘、发展，逐步被补充、提出。

2001 年，META 集团的大数据分析师提出了 3V 特性，即规模性（Volume）、多样性（Variety）、高速性（Velocity），被业界广泛认可。而之后在 3V 基础上提出的 4V 特性也是广受认可，即在 3V 的基础上增加了价值（Value）的维度。随着大数据的不断发展，更多的特性也被提出，达到了 5V、6V、7V、8V，分别为准确性（Veracity）、动态性（Vitality）、可视性（Visualization）、合法性（Validity）。除此之外，大数据还有 1O 的特性，即在线的（Online）。

1）规模性

大数据拥有海量的数据规模，也体现了大数据中的"大"的含义。生活在这个信息社会，人离不开智能设备，而人在使用智能设备的同时，无时无刻不在产生着数据。可能个体的数据量并不会非常庞大，但是在映射到全国之后，这个数字就极为恐怖，每年产生的数据存储量能够达到上百亿 EB，并且随着物联网等技术的发展，这个数字会呈指数级增长。

2）多样性

所谓数据的多样性，也就是数据结构的多样性。大数据通常情况下为半结构化或非结构化数据，不同的应用、不同的场景产生的数据是不同的，有些是正常的结构化数据，能够存储到关系数据库中，而有些是非结构化的数据，类似于图像、音频、视频、文本文件等，种类繁多，不局限于一种形式。在通常情况下，这些数据不能够直接进行利用，需要进行挖掘分析。

3）高速性

高速性体现在数据的产生速度及处理速度上。在当今社会上，只要人还活着，就会一直产生数据，当映射到全国，可能每毫秒都在产生着大量数据，数据产生的速度异常迅速。每时每刻都在产生如此庞大的数据，单台设备对数据的处理就完全无法满足，云计算应运而生，将所有产生的数据进行分布式处理、分布式存储，并且对数据进行高速的实时分析。

4）价值

大数据的总体价值很高，主要原因是数据的体量很大，其中存在着大量无用数据，其价值密度异常低下。而稀疏的价值背后也带来了一个前沿的学术方法，也就是超高维问题。在一批数据中可能存在着几百个纬度，需要对这个问题进行降维处理，将数据的价值集中起来。

5）准确性

准确性就是数据的真实、准确性，强调了有意义的数据必须是真实的、准确的。也就是说，在大量数据中挖掘分析出来的信息必须是有效的、真实的、准确的。

6）动态性

数据的采集不是阶段性的，而是动态性的，在持续不断地采集数据。需要对采集到的数据进行实时处理，以保证数据的时效。比如，对于路况的分析，需要采集使用导航的智能设备的实时 GPS 定位信息，通过采集大量的实时定位信息，对道路的拥堵情况等进行实时分析并反馈给用户，如果不能够及时地处理数据，那么返回给用户的信息将会是失效的。

7）可视性

为了能够让用户更好地理解对大数据挖掘分析的结果，需要将挖掘分析到的信息以友好的、易于理解的、直观的方式呈现在用户的终端，辅助用户做出决策，为用户的决策提供支持。

8）合法性

在这个爬虫等技术手段横行的年代，人们提出了对数据来源合法性的需求，要求大数据获取的来源是合法的，不能够在他人不知情的情况下窃取他人信息或窃取他人的收集的数据信息。

9）在线的

数据是永远在线的，能够随时调用和进行计算，这是在互联网高速发展的背景下产生的特点。如果只是放在磁盘中进行离线存储，那么这些数据的商业价值远远不如在线数据的价值大。

7.2.4 大数据的发展历程

大数据的发展主要经历了萌芽阶段、发展阶段和应用阶段。

1）萌芽阶段（20 世纪 80 年代初到 90 年代末）

1986 年 7 月，哈尔·B. 贝克尔（Hal B. Becker）在《数据通信》上发表了一篇文章，名为《用户真的能够以今天或者明天的速度吸收数据吗？》，其在文中指出，从古到今，数据记录的密度不断增大，预计之后也会不断增大。

1997 年 10 月，在第八届美国电气和电子工程师协会的关于可视化的会议论文集中，迈克尔·考克斯（Michael Cox）和大卫·埃尔斯沃思（David Ellsworth）发表了一篇名为《为外存模型可视化而应用控制程序请求页面调度》的文章，这是美国计算机学会的数字图书馆收录的第一篇使用"大数据"这一术语的文章。

1999 年 8 月，在《美国计算机协会通讯》上，史蒂夫·布赖森（Steve Bryson）等人发表了一篇名为《千兆字节数据集的实时性可视化探索》的文章，这是《美国计算机协会通讯》收录的第一篇使用"大数据"这一术语的文章。

2）发展阶段（2000—2008 年）

2001 年，美国的 Gartner 咨询公司首次开发出了大数据模型，这家公司在美国信息技术领域具有权威地位。同年 2 月，META 集团的分析师道格·莱尼（Doug Lenny）在一份题为《3D 数据管理：控制数据容量、处理速度及数据种类》的报告中首次提出了3V 的概念，该概念在之后也作为定义大数据的 3 个维度被广泛接受。

2006 年 2 月，Hadoop 诞生。Hadoop 始于 2002 年，是 Apache Lucene 的子项目之一。2004 年，谷歌在"操作系统设计与实现"会议上公开发表了题为《MapReduce：简化大规模集群上的数据处理》的论文之后，受到启发的道·卡庭（Doug Cutting）等人开始尝试实现 MapReduce 计算框架，并将它与 NDFS 结合，用以支持 Nutch 引擎的主要算法。由于NDFS 和 MapReduce 在 Nutch 引擎中有着良好的应用，所以它们于 2006 年 2 月被分离出来，成为一套完整而独立的软件，并被命名为 Hadoop。到了 2008 年初，Hadoop 已成为Apache 的顶级项目，包含众多子项目，被应用到包括 Yahoo 在内的很多互联网公司。

2007 年 3 月，约翰·F. 甘茨（John F. Gantz）、大卫·莱茵泽尔（David Reinzel）及互联网数据中心其他研究人员出版了一本白皮书，名为《膨胀的数字宇宙：2010 年世界信息增长预测》。

2008 年，在谷歌成立 10 周年之际，著名的《自然》杂志出版了一期专刊，专门讨论与未来的大数据处理相关的一系列技术问题和挑战，其中就提出了"Big Data"的概念。

3）应用阶段（2009年至今）

大数据基础技术成熟之后，学术界及企业界纷纷开始转向应用研究，2013年大数据技术开始向商业、科技、医疗、政府、教育、经济、交通、物流及社会的各个领域渗透，几乎所有世界级的互联网企业，都将业务触角延伸至大数据产业，因此2013年也被称为大数据元年。

7.2.5 大数据的生命周期

大数据的生命周期主要分为大数据采集、大数据存储、大数据预处理、大数据挖掘与分析。

1）大数据采集

采集的数据涵盖了各个领域，如互联网、金融、医疗、交通、教育、通信、科研等。由于领域不同，在数据的规模、数据的特性、数据的类型上均存在着较大的差异。常见的数据采集设备主要有移动终端、传感器、日志文件、网络爬虫等。

2）大数据存储

大数据储存即将采集到的数据以数据库的形式存储到存储器上。主要有3种常见的存储路线。

第一，基于大规模并行处理（Massively Parallel Processing，MPP）架构的新型数据库集群，主要采用Shared Nothing架构，结合MPP架构的高效分布式计算模式，是通过列存储、粗粒度索引等多项大数据处理技术，重点面向行业大数据所展开的数据存储方式。

第二，基于Hadoop的技术扩展和封装，是针对传统关系型数据库难以处理的数据和场景（针对非结构化数据的存储和计算等），利用Hadoop开源优势及相关特性（善于处理非结构、半结构化数据，复杂的抽取—转换—加载流程，复杂的数据挖掘和计算模型，等等），衍生出相关大数据技术的数据存储方式。

第三，大数据一体机，这是一种专为大数据的分析处理而设计的软件和硬件结合的产品，它由一组集成的服务器、存储设备、操作系统、数据库管理系统，以及为数据查询、处理、分析而预安装和优化的软件组成，具有良好的稳定性和纵向扩展性。

3）大数据预处理

数据源的多样性和数据传输中的某些因素使得大数据质量具有了不确定性，噪声、冗余、缺失、数据不一致等问题严重影响了大数据的质量。为了获得可靠的数据分析和挖掘结果，必须利用预处理手段提高大数据的质量。

数据预处理主要包括数据清理、数据集成、数据转换、数据规约 4 个部分。

数据清理的主要目的是格式标准化、异常数据清除、错误纠正、重复数据的清除。主要通过填写缺失的值、光滑噪声数据、识别或删除离群点并解决不一致性来"清理"数据。

数据集成是将多个数据源中的数据结合起来并统一存储，建立数据仓库的过程实际上就是数据集成。

数据转换通过平滑聚集、数据概化、规范化等方式将数据转换成适用于数据挖掘的形式。

数据挖掘时往往数据量非常大，在少量数据上进行挖掘分析需要很长的时间。数据归约技术可以用来得到数据集的归约表示，它小得多，但仍然接近于保持原数据的完整性，并且结果与归约前结果相同或几乎相同。

4）大数据挖掘与分析

大数据挖掘与分析是大数据处理体系的核心，其目标是通过一定的分析和挖掘技术发现大数据中隐藏的有价值的信息或知识从而辅助决策。大数据挖掘与分析涵盖了统计分析、机器学习、数据挖掘、模式识别等多个领域的技术和方法。

为了能够让用户更好地理解对大数据挖掘与分析的结果，需要将挖掘分析到的信息以友好的、易于理解的、直观的方式呈现在用户的终端，辅助用户做出决策，为用户的决策提供支持。

7.2.6　大数据的应用场景

大数据无处不在，已经渗透到了生活的方方面面，在各个领域都能见到它的身影，如互联网、金融、医疗、交通、教育、通信、科研等。

1）医疗大数据

医疗大数据能够使看病更加高效。医疗行业也是最早一批应用大数据的传统行业之一。在医疗行业的多年积累中，产生了大量病例、病理报告、治疗方法、药物报告等，如果对这些数据进行整理和应用将会极大地便利医生与病人，减轻医生的工作量。

通过收集不同病例的治疗方案、病人体征等信息，可以建立起一个针对各种疾病特点的数据库，并可以根据某些特征进行分类，能够及时为病人提供治疗方案，也有利于医药行业开发出新型药物和医疗器械，推动医疗行业进步。

但现在的医疗行业大多是孤岛数据，并没有打通，没有办法进行大规模的应用，需要一定的介入将其整合到一个统一的大数据平台，这样才能造福全人类。

2）金融大数据

金融大数据也存在孤岛问题，但是如今有国家层面的统一金融数据库，如个人或企业的征信记录，但是在各个银行与金融机构之间的客户信用信息还是不互相公开的，也就是说在对客户的个人征信及风险评估上只能依托国家、政府的信息。

在金融方面的应用主要可以总结为 5 个方面：精准营销、风险管控、决策支持、效率提升、产品设计。精准营销是通过分析客户的消费习惯、消费时间、所在地理位置等进行定向推荐，提高用户的购买欲望；风险管控是依据客户的消费行为和现金流等，分析出相应的信用等级，防止可能存在的欺诈行为；决策支持是利用决策树技术为抵押贷款进行管理，利用大数据分析进行信贷风险管控；效率提升是利用大数据技术加快内部数据的处理，通过对金融行业的全局进行大数据分析，对局部薄弱点进行加强；产品设计是利用大数据分析为客户制订合适的金融产品，满足客户的需求。

3）交通大数据

近年来，我国智能交通得到快速发展，许多技术已经达到了国际领先水平。但是问题仍然存在，从各城市的发展现状来看，智能交通的潜在价值并没有得到完全开发，对交通信息的感知与收集还比较有限，对交通情况缺乏预知能力。

目前，交通大数据的主要应用在两个方面：一是利用收集到的传感器数据分析车辆密度信息，进行合理的道路规划以及单行道线路规划；二是利用大数据来实现信号灯的调度，提高已有的道路路线的运行能力。

而在其他平台上，如高德地图等，通过用户的 GPS 信息等，为用户进行导航路线规划、分析拥堵路段、提供决策支持等。

4）教育大数据

在教育方面使用大数据技术，能够帮助教师因材施教，帮助家长和教师甄别出孩子的不足和提供有效的学习方法，尤其在国内的北京、上海、广州等城市，大数据已经在教育领域进行了非常多且有效的应用，例如慕课等。

毋庸置疑，随着大数据技术的发展，在未来，无论是教育管理部门，还是校长、教师、学生和家长，都能够得到针对通过大数据分析得到的不同应用的个性化分析报告。通过大数据分析来优化、改革教育机制，也可以为做出更科学的决策提供决策支持。个性化的学习终端将会引入更多的学习资源云平台，根据每个学生的兴趣爱好和特长，个性化推荐相关领域的前沿技术、资讯、资源乃至未来职业发展方向等，并伴随人一生的学习过程。

7.3 云计算

云计算也正成为信息技术产业发展的战略重点，全球的信息技术企业都纷纷向云计算转型。云计算被视为计算机网络领域的一次革命，因为它的出现，社会的工作方式和商业模式发生了巨大的变化。

7.3.1 云计算概念

云计算是分布式计算的一种，指的是通过网络"云"将巨大的数据计算处理程序分解成无数个小程序，然后通过多部服务器组成的系统进行处理和分析，最后将得到结果并返回给用户，如图 7-4 所示。云计算也被称为网格计算，可以在很短的时间内（几秒钟）完成对数以万计的数据的处理，从而进行强大的网络服务。

图 7-4　云计算概念图

从狭义上讲，云计算就是一种提供资源的网络，使用者可以随时获取"云"上的资源，按需求量使用，并且可以看成是无限扩展的，只要按使用量付费就可以。"云"就像自来水厂一样，用户可以随时接水，并且不限量，只要按照自己家的用水量，付费给自来水厂就可以。

从广义上讲，云计算是与信息技术、软件、互联网相关的一种服务，这种计算资源共享池叫作"云"，云计算把许多计算资源集合起来，通过软件实现自动化管理，只需要很少的人参与，就能让资源被快速提供。也就是说，计算能力作为一种商品，可以在互联网上流通，就像水、电、煤气一样，可以方便地取用，且价格较为低廉。

云计算主要具有以下特点。

（1）虚拟性

云计算提出了"云"的虚拟化概念，支持用户在任意位置、使用各种终端获取应用服务。在使用过程中，用户无须了解，也不用担心应用运行的具体位置，只需要通过网络服务就能实现高效的计算任务。

（2）可靠性

云计算通过多点服务器分布互联的方式，解决单点服务器可能出现故障的问题。同时，还采取了多副本容错、计算节点同构可互换等措施，来保障云数据的安全。云计算还可以作为网上数据存储中心，用户无须担心本地数据丢失。

（3）兼容性

目前市场上大多数 IT 资源、软件、硬件都支持虚拟化，比如存储网络、操作系统、开发软件和硬件等。虚拟化要素统一放在云系统资源虚拟池当中进行管理，可以兼容低配置机器、不同厂商的硬件产品。

（4）扩展性

云计算具有高效的运算能力，在原有服务器基础上增加云计算功能，能够使计算速度迅速提高，最终实现动态扩展虚拟化的层次达到对应用进行扩展的目的。用户还可以利用应用软件的快速部署条件对自身所需的已有业务及新业务进行扩展。

（5）廉价性

云计算采用自动化集中式管理使大量企业无须负担日益高昂的数据中心管理成本，其中"云"的通用性使资源的利用率较传统系统大幅提升，因此用户可以充分享受"云"的低成本优势，经常只要花费几百美元、几天时间就能完成以前需要数万美元、数月时间才能完成的任务。

云计算是一种全新的网络应用概念，其核心就是以互联网为中心，在网站上提供快速且安全的云计算服务与数据存储，让每一个使用互联网的人都可以使用网络上的庞大计算资源与数据中心。

7.3.2　云计算的发展

从 10 年前"云"概念的提出到如今,云计算已经取得了飞速的发展与翻天覆地的变化。随着云计算模式的不断变革,社会的工作方式和商业模式也在发生巨大的改变。

云计算的发展主要经历了以下 4 个阶段。

（1）电厂模式阶段

电厂模式就好比利用电厂的规模效应来降低电力的价格,并让用户使用起来更方便,且无须维护和购买任何发电设备。云计算最初就是这种模式,其将大量分散资源集中在一起,进行规模化管理,降低成本,方便用户。

（2）效用计算阶段

在 1960 年左右,当时计算设备的价格是非常昂贵的,远非普通企业、学校和机构所能承受的,所以很多人产生了共享计算资源的想法。1961 年,约翰·麦卡锡（John McCarthy）在一次会议上提出了"效用计算"这个概念,其核心借鉴了电厂模式,具体目标是整合分散在各地的服务器、存储系统和应用程序来共享给多个用户,让用户能够像把灯泡插入灯座一样来使用计算机资源,并且根据其所使用的量来付费。

（3）网格计算阶段

网格计算主要是研究如何把一个需要巨大的计算能力才能解决的问题分成许多小的部分,然后把这些部分分配给许多低性能的计算机来处理,最后把这些计算结果综合起来攻克大问题。可惜的是,由于网格计算在商业模式、技术和安全性方面的不足,其并没有在工程界和商业界取得预期的成功。

（4）云计算阶段

云计算的核心与效用计算和网格计算非常类似,也是希望 IT 技术能像使用电力那样方便,并且成本低廉。但与效用计算和网格计算不同的是,2014 年,云计算在需求方面已经有了一定的规模,同时在技术方面也已经基本成熟了。

7.3.3　云计算的应用

在信息时代,云计算可以轻松实现不同设备间的数据与应用共享,满足不同客户对客户端的设备要求。最重要的是,云计算提供了相当可靠、安全的数据存储中心,用户无须担心本地数据丢失、病毒入侵等意外的发生。如今,云计算技术已经广泛分布于各种互联网行业中。

1）云存储

云存储是一个以数据存储和管理为核心的云计算系统。用户可以通过云平台开放的数据接口，将本地的资源远程上传到云端。这样做的好处是，用户无论是身处家中，还是出门在外，只要将手机、平板、台式电脑等设备连接到互联网，就能实现随时随地访问云资源，如图7-5所示。与此同时，云储存还提供了对云资源的备份、记录、归档等服务，以及必要的数据安全保障，极大地便捷了用户对资源的管理。国外比较常见的云平台有微软、谷歌、亚马逊等，国内比较常见的有阿里云、腾讯云、微云等。

图7-5　多设备访问云资源

根据存储接口的不同，云存储通常可以分为3种类型：对象存储、块存储、文件存储。对象存储也可以称为键值存储，它主要基于HTTP协议，并使用RESTful风格进行资源的管理，比如七牛云提供的对象存储服务，使用Fetch从URL中抓取资源，使用Upload上传单一文件，使用Delete删除指定资源；块存储是一种提供了块设备存储的接口，它体现的是能够直接被主机当作硬盘使用的存储形式；文件存储指的是在文件系统上的存储，也就是主机操作系统中的文件系统。文件存储会提供一种网络附属存储（Network Attached Storage，NAS）架构，使得主机的文件系统不仅限于本地的文件系统，还可以连接基于局域网的共享文件系统。

2）云医疗

云医疗是指在不同的多媒体新技术基础上，结合医疗技术，并使用云计算来创建医疗健康服务云平台，实现医疗资源共享和医疗范围扩大，从而满足广大人民群众需求的一项全新的医疗服务，如图7-6所示。

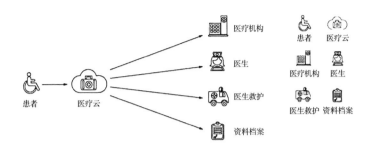

图 7-6　云医疗服务

云医疗包括云医疗健康信息平台、云医疗远程诊断及会诊系统、云医疗远程监护系统，以及云医疗教育系统等。云医疗健康信息平台是一套集合电子病历、预约挂号、电子处方等环节在内的完整的电子健康档案系统，能够方便居民与医生在线沟通，以及提高线上、线下的就诊效率。云医疗远程诊断及会诊系统主要针对边远地区，以及应用于社区门诊，该系统使得医生与病人之间"面对面"的会诊成为可能，能够极大地节省会诊时间和人力成本。云医疗远程监护系统主要应用于老年人，以及大型疾病、手术后等病人康复的监护。该系统提供了全方位的生命信号检测，并能在出现异常数据后发出警告并通知监护人。云医疗教育系统主要用于医疗健康信息的传播、指导，该系统结合了大量现实统计数据，能够进行远程、实时、动态的电视直播会诊，大型国际会议全程转播，并组织国内外专题讲座、学术交流和手术观摩。

云计算技术运用于医疗服务，不仅提升了医疗机构的效率，也方便了居民就医，在未来能极大地促进我国医疗事业的发展。

3）云金融

云金融是指基于云计算商业模式应用的金融产品、信息、服务、用户、各类机构，以及金融云服务平台的总称。从技术上讲，云金融就是利用云计算机系统模型，将金融机构的数据中心与客户端分散到云里，从而达到提高自身系统运算能力、数据处理能力，改善客户体验评价，降低运营成本的目的。

云金融最早的应用便是亚马逊于 2006 年推出的弹性云计算（Elastic Compute Cloud EC2）服务。其核心便是分享系统内部的运算、数据资源，以达到使中小企业以更小的成本获得更加理想的数据分析、处理、储存的效果。

2013 年 11 月 27 日，阿里云整合阿里巴巴旗下资源并推出来阿里金融云服务。其实，这就是已基本普及了的快捷支付，因为金融与云计算的结合，人们只需要在手机上简单操作，就可以完成银行存款、购买保险和基金买卖等。现在，不仅仅阿里巴巴推出了金融云服务，像苏宁金融、腾讯等企业也推出了自己的金融云服务。

4）云教育

云教育是指基于云计算商业模式应用的教育平台服务。教育云可以将所需要的任何教育硬件资源虚拟化，然后将其传入互联网中，以向教育机构和学生老师提供一个方便、快捷的平台。云教育打破了传统的教育信息化边界，推出了全新的教育信息化概念，集教学、管理、学习、娱乐、分享、互动交流于一体，让教育部门、学校、教师、学生、家长及其他教育工作者等不同身份的人可以在同一个平台上，根据权限去完成不同的工作。

现在流行的慕课就是云教育的一种应用。慕课指的是大规模开放的在线课程。现阶段慕课的三大优秀平台是 Coursera、edX 和 Udacity，在国内，中国大学 MOOC 也是非常好的平台，如图 7-7 所示。

图 7-7 常见的云教育平台

5）云会议

云会议是基于云计算技术的一种高效、便捷、低成本的会议形式。使用者只需要通过互联网界面，进行简单易用的操作，便可快速、高效地与全球各地团队及客户同步分享语音、数据文件及视频，而会议中数据的传输、处理等复杂技术由云会议服务商帮助使用者进行操作。

国内云会议主要集中在以软件即服务（Software as a Service，SaaS）模式为主体的服务内容，包括电话、网络、视频等服务形式。SaaS 提供了一种软件布局模型，专为网络交付而设计，便于用户通过互联网托管、部署及接入。也就是说，数据的传输、处理、存储全部由视频会议厂家的计算机资源处理，用户完全无须再购置昂贵的硬件和安装烦琐的软件，只需打开浏览器，登录相应界面，就能进行高效的远程会议，如图 7-8 所示。

云会议系统支持多服务器动态集群部署，并提供多台高性能服务器，大大提升了会议的稳定性、安全性、可用性。近年来，视频会议因能大幅提高沟通效率，持续降低沟通成本，带来内部管理水平升级，而获得众多用户欢迎，已广泛应用在政府、军队、交通运输、金融、运营商、教育等各个领域。毫无疑问，视频会议运用云计算以后，在方便性、快捷性、易用性上具有更强的吸引力，必将促进视频会议应用新高潮的到来。

图 7-8   SaaS 模式

7.4 人工智能技术

人工智能是一门极富挑战性的科学，从事这项工作的人必须懂得计算机知识、心理学知识和哲学知识。人工智能由不同领域组成，如机器学习，计算机视觉等。总的说来，人工智能研究的主要目标是使机器能够胜任一些通常需要人类智能才能完成的复杂工作。

7.4.1 人工智能概念

人工智能，英文缩写为 AI，是研究、开发用于模拟、延伸和扩展人的智能的理论、方法、技术及应用系统的一门新的技术科学。人工智能的概念最早由英国数学家图灵提出。1950 年，他公开发表了题为 "Computing Machinery and Intelligence"（《计算机器与智能》）的论文。在论文中，图灵论述并提出了这样一个问题："机器是否具备思考能力？"接着，他设计了一个"模仿游戏"，并认为该游戏是对上述问题的等价描述。

　　模仿游戏要求人与机器分别在两个封闭的房间内，他们之间可以通过对讲机通话，但是彼此看不见对方。测试的任务就是让机器通过对话，欺骗、迷惑另一个房间的人。如果作为人的一方无法分辨出对方是人或者机器，那么就可以认定机器已经达到了人类智能的水平。

　　图灵指出，如果我们仅仅根据和一个人简单的交流就判断他能够思考，那么我们没理由不对一台机器一视同仁。这个思想，后来发展成了著名的图灵测试。现在许多人仍把图灵测试作为衡量机器智能的准则，如图7-9所示。

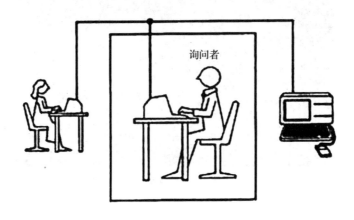

图7-9　图灵测试

　　尼尔斯·约翰·尼尔森（Nils John Nilsson）教授对人工智能下了这样一个定义："人工智能是关于知识的学科——怎样表示知识以及怎样获得知识并使用知识的科学。"而美国麻省理工学院的帕特里克·温斯顿（Patrick Winston）教授认为："人工智能就是研究如何使计算机去做过去只有人才能做的智能工作。"这些说法反映了人工智能学科的基本思想和基本内容，即人工智能是研究人类智能活动的规律，构造具有一定智能的人工系统，研究如何让计算机去完成以往需要人的智力才能胜任的工作，也就是研究如何应用计算机的软硬件来模拟人类某些智能行为的基本理论、方法和技术。

　　如今，人工智能已经成为计算机科学中的一个重要分支，从20世纪70年代以来被称为世界三大尖端技术之一。人工智能专门研究如何构造智能设备、智能系统，使计算机能实现更高层次的应用，从而更有效地服务人类社会。人工智能涉及计算机科学、心理学、哲学和语言学等学科，研究领域包含图像识别、语音识别、自然语言处理、机器人等。随着科学理论和技术设备的日益成熟，人工智能的应用领域也在不断扩大。

7.4.2 人工智能的发展

人工智能的发展历程可以归结为萌芽阶段、形成阶段和发展阶段。

1）萌芽阶段（1956 年以前）

自古以来，人们就借助各类机器来取代复杂、繁重的人类劳动。在公元前 770 年至公元前 256 年的东周时期，中国人就已发明了许多古代机器人，如跳舞机器人、唱歌机器人、捉鱼机器人等。这类机器人形象地反映了人类追求智能、发展智能的梦想。

12 世纪末至 13 世纪初，西班牙的逻辑学家罗门·卢乐（Romen Luee）提出了可解决各种问题的通用逻辑机。

1642—1643 年，法国著名的哲学家、数学家、科学家布莱士·帕斯卡（Blaise Pascal）发明了一个用齿轮运作的加法器，也就是第一部机械加法器。

19 世纪，英国数学家和力学家查尔斯·巴贝奇（Charles Babbage）研制出差分机和分析机，为现代计算机设计思想的发展奠定了基础。

1936 年，英国数学家艾伦·图灵提出了人工智能机械化的可能性和图灵机的理论模型，为现代计算机的出现奠定了理论基础。

1941 年，世界上的第一台电子计算机诞生，使得信息存储和处理在各个方面都发生了极大的变革。计算机的发展产生了计算机科学，并为人工智能的实现提供了必要的技术基础。

1955 年，艾伦·纽厄尔（Allen Newell）和赫伯特·西蒙（Herbert Simon）制作出名为"逻辑专家"的程序。这个程序被普遍认为是世界上第一个人工智能程序。这个程序对公众和人工智能研究领域产生了很大影响，是人工智能发展史中一个十分重要的里程碑。

2）形成阶段（1956—1969 年）

1956 年，人工智能之父约翰·麦卡锡在美国的达特茅斯学院组织了人工智能夏季研究会，被认为是人工智能学科正式诞生的标志。

1959 年，A. M. 塞缪尔（A. M. Samuel）研制了具有自学习、自组织、自适应能力的西洋跳棋程序。这个程序学习了大量棋谱，可以根据残局猜测出所有推荐的走步，具有很高的准确度。这是机器模拟人类学习过程卓有成就的探索。

1959 麦卡锡发明的表（符号）处理语言 LISP（List Processing），成为人工智能程序设计的主要语言，至今仍被广泛采用。麦卡锡 1958 年建立的行动计划咨询系统，以及马文·明斯基（M. Minsky）1960年的论文《走向人工智能的步骤》，对人工智能的发展都起到积极的推动作用。

1963年，美国政府为保证美国在技术进步上领先于苏联，资助了机器辅助识别研究，加快了人工智能研究的发展步伐。

1966年，斯坦福研究所研发出了机器人沙基，这是世界上第一个能够根据环境来推理的移动机器人。同年，美国麻省理工学院一位教授开发出了计算机程序Eliza，该程序可以在电脑上进行病人和治疗专家之间对话的模拟。

3）发展阶段（1970年以后）

20世纪70年代，人工智能开始从理论研究走向实践。一批高水准的程序系统开始出现，知识库、专家等系统在全世界范围内得到了迅速的发展和应用，它们的应用范围延伸到了人类生活等各个领域，创造了很大的经济效益。

20世纪70年代初，T.维诺格拉德（T. Winograd）、R. C.山克（R. C. Schank）和R. F.西蒙（R. F. Simmon）等人在自然语言理解方面做了许多发展工作，较重要的成就是维诺格拉德提出的积木世界中理解自然语言的程序。关于知识表示技术有：1973年，R. F.西蒙等人提出的语义网结构，1972年R. C.夏克（R. C. Schank）提出的概念网结构，1974年马文·明斯基提出的框架系统的分层组织结构。

1977年，阿曼德·费根堡姆（Armand Vallin Feigenbaum）提出了知识工程（Knowledge Engineering）的研究方向，使专家系统和知识库系统向更深入的方向进行研究和开发。

20世纪80年代，人工智能发展达到阶段性的顶峰，同时也进入了以知识为中心的发展阶段，越来越多的人开始认识到知识在人工智能中的重要性，围绕知识、推理、机器学习，以及结合问题领域等知识的新认知模拟开始了更深入的探索。

1982年，生物物理学家J. J.霍普菲尔德（J. J. Hopfield）提出了一种新的全互联的神经元网络模型，被称为Hopfield模型。利用该模型的能量单调下降特性，可进行求解优化问题的近似计算。1985年，霍普菲尔德利用这种模型成功地求解了"旅行商（Traveling Salesman Problem，TSP）"问题。

1986年，鲁梅尔哈特（Rumelhart）提出了反向传播（Back Propagation，BP）学习算法，解决了多层人工神经元网络的学习问题，成为广泛应用的神经元网络学习算法。从此，掀起了新的人工神经元网络的研究热潮。

20世纪90年代，人工智能出现了新的研究高潮。由于网络技术，尤其是互联网技术的高速发展，人工智能也开始从单一的智能个体研究转向基于网络环境发展的分布式人工智能研究。人工智能研究不再局限于同一目标的分布式问题求解，人工智能技术逐渐与数据库、多媒体等主流技术相结合，并融合在主流技术之中。可见人工智能正逐渐变得更为实用化、生活化，也逐渐地深入到社会生活的方方面面。

1996 年，美国 IBM 公司研发的电脑"深蓝（Deep Blue）"机器人战胜了国际象棋棋王卡斯帕罗夫。"深蓝"的胜利向世人说明，电脑能够以人类远远不能及的速度和准确性实现属于人类思维的大量任务。

我国自 1978 年以来，把"智能模拟"作为国家科学技术发展规划的主要研究课题之一。我国先后成立了中国人工智能学会、中国计算机学会人工智能和模式识别专业委员会、中国自动化学会模式识别与机器智能专业委员会等学术团体，开展这方面的学术交流。此外，我国还着手兴建了若干个与人工智能研究有关的国家重点实验室，这些都将促进我国人工智能的研究，为这一学科的发展做出贡献。

目前，人工智能技术正在向大型分布式人工智能及多专家协同系统、并行推理、多种专家系统开发工具，以及大型分布式人工智能开发环境和分布式环境下的多智能体协同系统等方向发展。随着加入人工智能研究行列的学者不断增多，人工智能上的新思想、新技术不断出现，人们也在不停地开拓新的领域和方向。人工智能的理论研究越来越深入，应用的范围越来越广泛，社会影响力也越来越大。

7.4.3　人工智能的应用

近年来，人工智能在很多方面取得了新的进展，尤其是随着因特网的普及和应用，对人工智能的需求变得越来越迫切，这也给人工智能的研究提供了新的广泛的舞台。

人工智能的应用主要包括专家系统、模式识别、计算机视觉、机器学习、智能机器人等。

1）专家系统

专家系统是一种模拟人类专家智能来解决某些领域问题的计算机程序系统，是人工智能研究领域中一个重要分支，它实现了人工智能从理论研究向实际应用的重大突破。专家系统内部含有大量具有专家水平的知识与经验，在决策过程中，能够运用人类专家的知识和解决问题的方法来进行推理和判断，从而解决各类复杂问题。

根据专家系统处理的问题的类型，可以把专家系统分为解释型、诊断型、调试型、维修型、教育型、预测型、规划型、设计型和控制型等 9 种类型。具体有血液凝结疾病诊断系统、电话电缆维护专家系统、花布图案设计和花布印染专家系统等。

2）模式识别

模式识别是一门研究对象描述和分类方法的学科，通过计算样本特征的方法来将样本划分到一定的类别中。模式识别以图像处理与计算机视觉、语音语言信息处理、脑网络组、类脑智能等为主要研究方向，研究人类模式识别的机理以及有效的计算方法。

模式识别技术是人工智能的基础技术。在国际上，各大权威研究机构、各大公司都纷纷开始将模式识别技术作为公司的战略研发重点。模式识别衍生出的相关技术有语音识别技术、生物认证技术、数字水印技术等。

3）计算机视觉

计算机视觉是一门研究如何使机器"看"的科学，更进一步说，就是指用摄影机和电脑代替人眼对目标进行识别、跟踪和测量等机器视觉，并进一步做图形处理，使电脑处理成为更适合人眼观察或传送给仪器检测的图像。

计算机视觉相关的研究学科包括图像分类、图像识别、图像跟踪等。比如，车辆自动驾驶中的视觉导航，需要自动识别和理解周围环境，从而避免与道路上的车辆、建筑物等发生碰撞。这里需要说明的一点是，在计算机视觉系统中，计算机起着代替人脑的作用，但并不意味着计算机必须按照人类视觉的方法完成视觉信息的处理，计算机视觉可以而且应该根据计算机系统的特点来进行视觉信息的处理。

4）机器学习

机器学习是一门研究怎样使用计算机模拟或实现人类学习活动的学科。机器学习涵盖了数学、统计学、心理学、生物学等多门技术理论，通过模拟人类学习方式，来有效提高学习和工作效率。

机器学习主要研究以下 3 个方面的问题。

学习机理：这是对人类学习机制的研究，即人类获取知识、技能和抽象概念的天赋能力。这一研究将从根本上解决机器学习过程中遇到的问题。

学习方法：研究人类的学习过程，探索各种可能的学习方法、建立起独立于具体应用领域的学习算法。机器学习方法的构造是在对生物学习机理进行简化的基础上，用计算的方法进行再现。

学习系统：根据特定任务的要求，建立相应的学习系统。

机器学习的应用领域十分广泛，比如三维地图测绘与建模、数据分析与挖掘、智能交通、生物工程等。

5）智能机器人

智能机器人是一类具有专门用途，能够半自主或全自主工作的智能机器。这类机器一般具有强大的中央处理器和庞大的存储资源，有些还具备形形色色的内部信息传感器和外部信息传感器，如视觉、听觉、触觉、嗅觉等，可以辅助甚至替代人类完成危险、繁重、复杂的工作，提高工作效率与质量，服务人类生活，扩大或延伸人的活动及能力范围。

根据应用领域的不同，智能机器人可以分为以下 4 类。

医用机器人：用于医院、诊所的医疗或辅助医疗的机器人。这类机器人能独自编制操作计划，依据实际情况确定动作程序，然后把动作变为操作机构的运动。常见的有药物配送机器人、临床护理机器人、医用教学机器人等。

军用机器人：用于军事领域的具有某种仿人功能的自动机。常见的有地面机器人、无人机、水下机器人、勘察机器人等。

工业机器人：用于工业领域的多关节机械手或多自由度的机器装置。这类机器人具有一定的自动性，可依靠自身的动力能源和控制能力实现各种工业加工制造功能。常见的有包装机器人、电焊机器人、分拣机器人、切割机器人等。

家用机器人：为人类服务的特种机器人，主要从事家庭服务、维护、保养、修理、运输、清洗、监护等工作。常见的有电器机器人、娱乐机器人、厨师机器人、移动助理机器人等。

7.5 区块链技术

近年来，但作为比特币底层技术之一的区块链技术日益受到重视，其主要原因是区块链能够解决信息不对称问题，实现多个主体之间的协作信任与一致行动。

7.5.1 区块链基础

2008 年，神秘人物中本聪（Nakamoto Satoshi）在一家隐秘的密码论坛上撰写了一篇文章《比特币：一种点对点的电子现金系统》。在这篇文章中，中本聪首次提出了一种全新的互联网货币设计方案——比特币。该技术别具一格地采用了点到点技术（Peer-to-peer，P2P）和不对称加密技术，使得人类历史进程中第一个真正具有金融意义的互联网货币得以产生。

比特币的诞生，使得区块链技术走向台前，为众人所知。如今，比特币已经成为区块链技术最成功、最成熟的应用案例。比特币使用公钥地址作为交易账户地址，发送和接收比特币，并进行交易记录，利用加密技术实现账户资金的转移，而不再依赖于中央银行，从而实现交易者身份信息的匿名。交易确认的过程则需要交易者贡献算力，共同对交易达成共识，继而将交易记录到全网公开账本之中。用户则可以利用电脑、手机等设备发送或接收比特币，并选择交易费用。现有逾百种加密数字货币（未来币、点点币、莱特币、狗狗币等），比特币约占所有加密数字货币市值的 90%。

基于区块链的比特币拥有四大跨时代的显著特点。

去中心化：比特币使用点到点网络技术，发行机制不依赖于特定的中心机构，不管是银行还是大型公司，都无法掌控比特币的发行。

总量有限：比特币以一种递减的、可预测的速率产生，预计在 2140 年达到 2100 万枚的发行上限。由于上限固定，增速递减，所以从设计上来说，比特币具有通货紧缩的倾向。

匿名性：比特币依靠加密技术，实现了完全匿名的自由使用。

流通无界限：互联网的无界特征和比特币的开源特性决定了比特币交易活动的无界。它让跨国交易不再受到国家或者银行的限制。

比特币的区块链是为比特币体系的设计而专门定制的，因此比特币的区块链技术并不完全等同于区块链技术。区块链技术应该是可以有多种形态、不同体系、众多用途、各式规格的技术，其概念为：区块链是一个去中心化的分布式数据库，该数据库由一串使用密码学方法产生的数据区块有序链接而成，区块中包含在一定时间内产生的无法被篡改的数据记录信息，如图 7-10 所示。

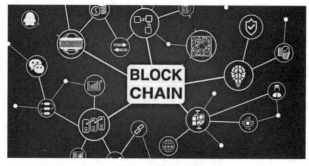

图 7-10　区块链

7.5.2　区块链的分类

目前主流的区块链技术应用大致分为 3 类。

公共区块链（Public Blockchain），指全世界内所有人都可读取、发送交易并进行交易有效性确认，所有人都能参与其共识过程的区块链。区块链上的数据记录完全公开，所有人都可以通过公开接口访问，都可以发出交易请求，并通过验证被写入区块链记录。共识过程的参与者通过特定的密码学技术共同维护公共区块链数据的安全性、透明性、不可篡改性。公共区块链的典型应用包括比特币、以太坊等。

公共区块链是完全分布式的区块链，区块链数据透明公开，用户参与程度高，同时易于产生网络效应，促进应用推广。但是，区块链的运行依赖于内建约定的奖励机制。公共区块链上保存的数据价值越高，就越要保证其安全性，以及考虑高安全性带来的交易成本、系统可扩展性等问题。

共同体区块链（Consortium Blockchain），别名联盟链，指参与区块链的节点是事先指定的，节点间通常有优良的网络连接等合作关系，区块链上的数据可以是公开的也可以是内部私有的，在部分意义上是去中心化的，可视为"部分去中心化"。

因为共同体区块链的参与节点间的网络连接状态好、验证效率高，所以维持运行的成本相对较低，在提供高速交易处理的同时并没有产生较高的交易费用，系统扩展性良好，数据拥有一定的隐私性。但这也意味着在共识机制达成的条件下，参与节点可以一起篡改数据。

私有区块链（Private Blockchain），指参与的节点在有限的范围之内，比如特定机构的自身拥有者等，数据的访问和操作由一套严格、完善的权限管理系统控制。有些区块链中写入权限仅被参与者拥有，读取权限可以对外界开放。相关的应用囊括数据库管理、数据库审计，以及公司管理系统，尽管在有些情况下希望私有区块链可以拥有公共的可审计性，但在通常情况下，没有公共的可读性。由于是私有拥有者掌控，里面的数据可以进行暗中修改，对于第三方的保障力度大幅降低。因此，目前很多私有区块链会通过依附在比特币等已有区块链的方式存在，定期将系统数据记录到比特币等系统中，以提高置信度。

7.5.3　区块链的特征

区块链的基本特征如下。

第一，去中心化。区块链最基本的特征是去中心化。区块链不依赖于中央处理节点，实现了数据的分布式记录、存储和更新。分布在全网的节点拥有相同的权利和义务，系统中的数据是由全网节点一起维护的。每个区块链节点遵循约定的相同规则，该规则基于密码算法而非信用，同时每次数据更新需要网络内其他用户的批准，所以不需要一套第三方中介机构或信任机构背书。在传统的中心化网络中，对一个中心节点实行网络攻击即可破坏整个系统，而在一个去中心化的区块链网络中，攻击单个节点无法控制或破坏整个网络，掌握网内超过 51% 数目的节点只是获得控制权的开始而已。

第二，透明性。区块链系统的数据记录和更新操作对全网节点都是公开透明的，这是区块链系统值得信任的基石。由于区块链系统使用开源的程序、公开约定的规则和高可参与度，区块链数据和运行规则可以被全网节点审查、追溯，具有很高的透明性。

第三，开放性。区块链系统是开放的，除了数据直接相关各方的隐私信息被加密，区块链的数据对所有人公开。任何人或参与节点都可以通过公开提供的接口查询区块链数据记录或者进行相关应用的二次开发，因此整个系统信息高度透明。

第四，自治性。区块链使用基于协商一致的规范和协议，使整个系统中的所有节点能够在去信任的环境自由、安全地记录数据、更新数据、交换数据，把对第三方机构的信任改成对整个体系的信任，任何人为的干预都将不起作用。

第五，不可篡改性。区块链系统的信息一旦经过验证并添加到区块链后，就会得到永久保存，无法被更改。除非能够同时控制系统中超过 51% 数目的节点，否则在单个节点上对数据库的修改是无作用的，因此区块链的数据稳定性和可靠性极高。

第六，匿名性。区块链技术解决了节点间信任的问题，因此数据交换甚至交易均可在匿名的情况下进行。由于节点之间的数据交换遵循固定且可知的算法，因而其数据交互是无须取得信任的，可以基于账户地址而非个人身份信息进行，也就是说交易双方无须公开身份来获取对方信任。

7.5.4 区块链工作原理

区块链是分布式数据存储、点对点传输、共识机制、加密算法等计算机技术的新型应用模式。

1）拜占庭将军问题

提到区块链的工作原理，就不得不提"拜占庭将军问题"。"拜占庭将军问题"是一个经典的协议问题，由莱斯利·兰伯特（Leslie Lamport）等人在 1982 年提出。当年的拜占庭罗马帝国国土辽阔，为了防御，每个军队都驻扎在相隔遥远的关卡，军队之间的将军们只能依靠使者来传递消息。拜占庭帝国军队的将军们必须全体决定是否攻击某一支敌军，不过问题是这些将军在地域上是被分隔开来的，并且在将军中存在叛徒。叛徒可以任意行动以达到以下目标。

①欺骗某些将军采取进攻行动。

②促成一个不是所有将军都同意的决定，例如，当将军们不希望进攻时促成进攻行动；或者迷惑某些将军，使他们无法做出决定。

如果叛徒达到了这些目的之一，那么任何攻击行动的结果都注定是失败的，只有完全达成一致才能获得胜利。

"拜占庭将军问题"是对现实世界的模型化，由于硬件问题、网络壅塞或者网络连接断开，以及可能遭到恶意攻击等，计算机和网络会发生不可预料的事故。"拜占庭容错协议"必须要考虑到这些失效，并且给出解决的策略。

针对"拜占庭将军问题"的传统解决方法包括：口头协议算法、书面协议算法等。口头协议算法的核心思路如下：要求每个发送的消息都能被正确送达，消息接收者知道消息发送者的身份，同时明确缺少的消息信息。在采用口头协议算法的情况下，叛徒数为 x 时，只有将军总数 y 至少为 $3x+1$ 时，问题可解。不过，口头协议算法存在明显的缺点，那就是消息不能往回追溯。为解决这个问题，才有了书面协议算法。书面协议算法要求签名不可伪造，一旦内容被篡改即可发现，同时任何人都可以验证消息中签名的可靠性。但书面协议算法也不能完全解决"拜占庭将军问题"。因为该算法没有考虑消息传输的时间差，另外签名系统难以实现且签名消息记录的保存并未能脱离中心化机构。

区块链技术是解决"拜占庭将军问题"的完美方案。区块链为发送信息添加了成本属性，引入了一个随机数来控制在一段时间内只有一个成员可以进行消息传递。它加入的成本便是工作量，区块链之中的成员必须完成一个随机哈希算法的计算工作量才能向各城邦发送消息。

当用户在区块链系统中完成一笔交易时，交易客户端中的标准公钥加密工具会被调用，为这笔交易进行签名。在"拜占庭将军问题"中，签名的完成使用的是将军的"印章"，以证明消息的合法性。在区块链中，因为硬件性能限制了哈希计算速率，同时拥有着公钥加密，使得低置信度的网络成为一个可信的网络，也使得系统的所有参与者对交易记录达成一致。

2）公钥私钥加密

在介绍区块链的算法之前，先简单普及一下公钥私钥加密系统的原理。

区块链系统上的每一个用户都有一把公钥和一把私钥，私钥是保密的，而公钥对所有用户都是公开的。系统上的用户 A 要把一段内容发送给用户 B。用户 A 可以用他的私钥对内容加密，然后发送给用户 B，而用户 B 可以用用户 A 的公钥来解密，从而看到这段内容，如图 7-11 所示。

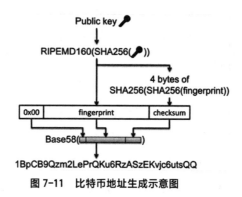

图 7-11　比特币地址生成示意图

如果用户 B 需要的是用户 A 的数字签名，那么同理，用户 B 可以用用户 A 的公钥来验证这个签名确实是用户 A 用私钥创建的，也就是说，这确实是用户 A 的签名。

用系统认同的算法，用户可以用私钥来产生公钥，不过这个过程是不可逆的，也就是说用户是无法用公钥反过来把私钥推算出来的，这确保了区块链系统的安全性。

在比特币中，从公钥生成比特币地址的流程如下。

①计算公钥的 SHA-256 哈希值。

②计算第①步结果的 RIPEMD-160 哈希值，这个结果是 fingerprint（指纹）。

③计算 fingerprint 的 SHA-256 哈希值。

④对第③步的结果再做一次 SHA-256 哈希值，这个结果是 checksum（校验码）。

⑤在第②步的结果 fingerprint 的前面加上 0×00，后面加上 checksum。

⑥用 Base58 表示法转换第⑤步的结果，就得到了比特币的地址。

在此，需要对 Base58 做一下解释。Base58 是专门为比特币区块链算法设计的进位方法，其实就是把字母表分大小写并加上所有的数字，然后去除容易混淆的数字"0"，大写字母"O"，大写字母"I"和数字"1"。

7.5.5 区块链工作流程

区块链的工作流程主要包括如下步骤。

①收到数据的节点向全网进行广播，发送数据。

②接收到广播的节点，提取数据内容并按照算法约定进行数据校验。通过校验的数据记录将被纳入一个新的区块。

③区块链中所有收到数据广播的节点对新区块执行共识机制。

④在第③步的共识机制通过之后，新的区块被全网节点所接受，该区块的随机散列值成为最新的区块散列值，后续的区块将以此为基础继续延长。

收到数据的节点会将新的数据进行广播，但实际上不需要数据到达全部的节点，只要有足够多的节点接收到数据记录，那么新的区块很快就能被整合并诞生。在这种机制下，会存在有些节点没有特定区块的问题，不过在节点中运行的容错机制会发现该问题，并向区块链发出下载请求进行补充。

在区块链延长的过程中，会出现区块链分叉问题。为了解决这个问题，区块链中的节点会将最长的区块链视为正确的链，以此为基础进行验证和延长。当有两个节点同时广播两个新区块时，距离该节点距离不同的节点，会在不同的时间区间接收到该区块的信息。节点会按照时间先后顺序进行工作，也就是说节点会在先到达的区块基础上进行工作，但是会备份保留另一个区块链条，因为后者有可能成为长的链条。该状态的打破便需要共识算法进行验证，共识算法可以验证两条链条中谁是较长的一条，那么在另外一条链条上工作的节点将转移阵地，到较长的链条上进行工作。

区块链中节点负责记账相关的功能，节点将数据记录到数据区块中，因为可能存在用户上传假数据的情况，那么如何保证记账信息的准确性？节点需要运行一套机制来判断用户上传的数据是否正确。这套机制就是时间戳，节点将数据写入区块中，因此一个区块就相当于一页账本，每条数据在账本中的记录顺序可以按时间前后来决定，区块和区块之间的顺序关系便按时间戳来判定。

因为时间戳的存在，数据区块形成了新的结构。在这个结构体系下，各个区块由贯穿全局的时间线进行有序连接，最终形成了一个区块的链条，这也正是区块链名字的由来。每条数据记录都有自己的时间标签，时间标签赋予了每条数据的唯一性；同时时间标签也是一种索引，使得数据记录在区块和区块中的位置上可以被精确定位，便于算法之中其他校验机制的运行。

由时间戳连接起来的区块记录环环相扣，若想要在区块链中加入一条假的数据记录，则需要修改区块链上的所有数据记录；若要修改区块链上的历史记录，则必须构造出一条更长的区块链条，当这个新链条的长度超过当前的区块链，节点才会转移阵营，在新链条上工作，双重支付的虚假数据才会被写入区块链之中，得到认可。这个造假的代价是非常大的，因为随着区块链的发展，历史区块链的数据非常庞大，制造新链条的难度和成本是呈指数级别上升的。同时，因为区块链去中心化的性质，区块链中的核心客户端同时也是服务器，记录着区块链网络的完整数据，所以一般的网络攻击对区块链网络无法造成重大冲击。最终，区块链网络成为一个难以攻破的、公开的、不可篡改数据记录和无法制造虚假数据的诚实可信系统。

7.5.6 共识机制

上文提到了区块链是一个去中心化的诚实可信系统，它做到了在尽可能短的时间内保证分布式数据记录的安全性、明确性和不可逆性。在具体的设计中，该效果的实现主要通过两个方面的机制来完成：一是选择一个独特的节点来产生一个区块；二是使分布式数据记录不可逆。

其技术核心便是本小节内容——共识机制。所谓共识机制，就是全网区块链就区块信息达成一致的共识算法。共识机制可以保证最新产生的区块被准确地添加到区块链中，全网节点存储的区块链信息相同。目前主流的共识机制包括工作量证明、权益证明、工作量证明与权益证明混合。

工作量证明，顾名思义，该共识机制就是指工作量的证明。工作量证明机制的算法流程如下：区块链中的节点监听全网的数据记录，通过基本合法性校验的数据记录在节点中进行暂时保存；节点进行指定哈希计算，消耗算力尝试不同的随机数，并且不断循环该过程，直到找到合理的随机数；节点找到合理的随机数后，便可以生成区块信息，区块信息的构造从区块头信息开始，加入数据记录信息；新区块诞生后，节点对外进行广播，收到广播的节点进行验证，验证通过后加入主链之中，然后全网节点切换到新区块后继续工作。

工作量证明机制的工作量便体现在哈希计算中，节点需要不断进行哈希计算，找到合理的随机数，这一过程会消耗算力。以比特币区块链为例，通过工作量证明机制维持区块链的整体运行及安全性。负责验证的节点需要进行随机的散列运算，来抢夺比特币区块链的记账权力，避免双重支付问题的发生。这一过程消耗电力、算力，需要高性能硬件的支持。所以，验证节点有着"矿工"的称呼，随机数串的哈希计算过程也被称为"挖矿"。在比特币区块链中，每一个区块都包含一个随机数串，这是一个由无意义数据构成的字符串，找到这样一个随机数串的唯一方法就是不停随机生成直到验证通过。

权益证明机制是一个根据持有货币的数量和时间进行利息发放和区块产生的机制。在权益证明机制中，有一个专有名词"币天"。币天就是币 x 天，例如，每个币每天产生 2 币天，如果持有 50 个币，总共持有了 20 天，那么此时币天就为 2000。在这种情况下，如果产生了一个新的 PoS 区块，那么持有的币天就会被清空，每被减去 365 币天，区块就会奖励若干币的利息。

未来币就是以权益证明机制为基础搭建的，和比特币等其他加密货币一样，未来币体系的总账目也是建立和保存在一系列的区块之中，也就是说，在未来币网络中，每个节点都有着区块链的备份，而且在每个节点中，没有加密的每个账户都能够创建区块，只要有新账户的交易已经确认了 1440 次即可。这个数字是未来币体系中制定的标准，任何账户只要到达了这个标准就会被视为激活账户。

在未来币体系中，每个区块都记录着 255 条交易记录，交易记录的数据结构是由包含识别参数的 192 字节的数据头开始的，区块交易记录中的交易量由 128 个字节代表，计算可知未来币区块链中最大的区块大小为 32 字节。全网的每个区块都有一个参数名为"生成签名"，激活账户用属于自己的私钥在原先的区块中保存"生成签名"。这就产生了一个 64 字节的签名，再通过 SHA256 散列该签名字段，哈希产生的前 8 个字节给出了一个数字，视为一个 hit。将 hit 和当前的目标值进行比较，如果算出的 hit 值要比目标值低，那么表明可以生成下一个区块。

作为一个激活账户，在拥有产生区块的权力后，可以将所有可获得且未确认的交易记录移到区块中，并用数据记录所需要的参数来填充该区块。完成这个步骤后，区块便可以作为一个区块链的备选被传播到网络上。区块数据结构中的负载值、hit、产生的账户和签名都可以被网络上的其他节点所接收和确认。每个区块遵循之前的区块原则，所有区块构成的区块链可以用来查询和回溯网络中的交易历史，直到追溯至创世区块。上述内容完整地展示了利用币天进行区块产生和验证共识的过程，这正是 PoS 核心思想的体现。

除了 PoW 共识机制和 PoS 共识机制构建的区块链之外，还有将两者整合在一起的区块链体系 Peercoin（PPC），该体系由化名 Sunny King 的极客在 2012 年 8 月推出。PPC在发行新币上使用工作量证明机制 PoW，在维护网络安全上采用权益证明机制 PoS，即

PoW+PoS 机制。在这种新型的区块链体系中，区块被分为两种形式——PoW 区块和 PoS 区块，区块的拥有者可以消耗他的币天获得利息，同时获得为区块链产生新区块和使用 PoS 机制造币的优先权。PoS 的首次输入被称为权益核心，需要符合某一哈希目标协议。所以，PoS 区块的产生具有随机性，其过程和 PoW 类似，但是一个关键的区别在于，PoS 随机散列运算是在一个被限定的空间里面完成的，不同于 PoW 机制在无限空间中搜索。因此 PoS 无须消耗大量算力和能源。权益核心所要求的随机散列数值是在核心中消耗的币天的目标值，这和 PoW 机制是不同的，PoW 的每个区块节点都具有相同的目标值。

在 PoW+PoS 机制中，每个区块都必须由其拥有者签名，拥有签名的区块不会被复制和被攻击者利用，能有效得抵御分布式拒绝服务攻击。同时，每个节点会收集其接触到的配对信息，这些信息中包含核心、时间戳等内容。假如一个已接收到的区块包含与其他之前收到的区块中的配对信息是重复的，会忽略此区块直到后者被孤立出去，这种约定能有效地抵御攻击者复制产生多个区块进行分布式拒绝服务攻击的手段。

在工作量证明与权益证明混合机制中，只要是持有币的人，无论持有的数量多少，都能够通过哈希运算挖到数据块，而不需要采用"矿池"的方式使得算力集中。同时，利用币天生成区块，降低了算力和资源消耗，解决了单纯 PoW 机制在维护网络安全方面先天不足的问题。

◎ 习题

一、选择题

1. 物联网的核心和基础仍然是（ ）。

A. RFID   B. 计算机技术   C. 人工智能   D. 互联网

2. 射频识别技术是一种射频信号通过（ ）实现信息传递的技术。

A. 能量变化   B. 空间耦合   C. 电磁交互   D. 能量转换

3. 射频识别技术由电子标签（射频标签）和阅读器组成。电子标签附着在需要标识的物品上，阅读器通过获取（ ）信息来识别目标物品。

A. 物品   B. 条形码   C. IC 卡   D. 标签

4. 用于"嫦娥2号"遥测月球的各类遥测仪器或设备、用于住宅小区保安之用的摄像头、火灾探头、用于体检的超声波仪器等，都可以被看作是（　　　　）。

A. 传感器　　　　　B. 探测器　　　　　C. 感应器　　　　　D. 控制器

5. 被誉为"人工智能之父"的科学家是（　　　　）。

A. 明斯基　　　　　B. 图灵　　　　　　C. 麦卡锡　　　　　D. 冯·诺依曼

二、简答题

1. 简述物联网的架构。

2. 简述大数据的特点。

3. 简述人工智能的发展历程。

4. 简述云计算的发展历程。

5. 简述区块链中工作量证明的概念。